实|战|开|发|大|系

20多年软件开发和培训名师倾情力作
带你循序渐进学习Web前端开发

U0183044

Vue. js
从入门到实战

微课视频版

孙鑫◎编著

中国水利水电出版社
www.waterpub.com.cn
·北京·

内 容 简 介

　　《Vue.js 从入门到实战（微课视频版）》是一本系统介绍 Web 前端开发框架 Vue.js 的实战教程。全书共分两篇，包括知识篇和进阶篇。知识篇循序渐进地介绍了 Vue.js 前端开发的各项知识，包括开发与调试环境准备、ECMAScript 6 语法简介、Vue.js 语法、指令、计算属性、监听器、class 与 style 绑定、表单输入绑定、过滤器、组件、虚拟 DOM 和 render 函数等。知识的讲解贯穿了实例代码分析，掌握基础知识，为实战开发做准备。进阶篇介绍了绝大多数前端 Vue 项目开发中用到的功能，从 Vue CLI 3.x 创建脚手架项目开始，到使用 Vue Router 开发单页应用、使用 axios 与服务端通信、使用 Vuex 进行全局状态管理、部署 Vue.js 项目到生产环境，最后通过网上商城项目实战的完整案例，来进一步提升实战技能，让读者充分领略 Vue 前端项目开发的魅力。

　　《Vue.js 从入门到实战（微课视频版）》适合希望或者正在从事 Web 前端开发的初学者、Vue.js 前端开发人员。具有 HTML、CSS 和 JavaScript 基础但毫无前端开发经验的初学者、具有传统 Web 程序开发经验但没有从事过前后端分离开发的读者、具有其他前端框架（如 React、Angular）开发经验的读者，均可选择本书学习。本书内容详尽而完整，不仅可以作为学习用书，还可以作为开发工作中的参考手册使用。

图书在版编目（C I P）数据

Vue.js 从入门到实战：微课视频版 / 孙鑫编著. -- 北京：
中国水利水电出版社, 2020.4（2021.1 重印）
 ISBN 978-7-5170-8385-6

Ⅰ.①V... Ⅱ.①孙... Ⅲ.①网页制作工具—程序设计
Ⅳ.①TP393.092.2

中国版本图书馆 CIP 数据核字（2020）第 024180 号

书　名	Vue.js 从入门到实战（微课视频版） Vue.js CONG RUMEN DAO SHIZHAN
作　者	孙鑫　编著
出版发行	中国水利水电出版社 （北京市海淀区玉渊潭南路 1 号 D 座　100038） 网址：www.waterpub.com.cn E-mail：zhiboshangshu@163.com 电话：（010）62572966-2205/2266/2201（营销中心）
经　售	北京科水图书销售中心（零售） 电话：（010）88383994、63202643、68545874 全国各地新华书店和相关出版物销售网点
排　版	北京智博尚书文化传媒有限公司
印　刷	河北华商印刷有限公司
规　格	190mm×235mm　16 开本　24.75 印张　609 千字
版　次	2020 年 4 月第 1 版　2021 年 1 月第 4 次印刷
印　数	11001—16000 册
定　价	89.80 元

凡购买我社图书，如有缺页、倒页、脱页的，本社营销中心负责调换

前　言

Preface

现阶段，Web 前端开发中比较热门的框架之一就是 Vue.js。Vue.js 是一套用于构建用户界面的渐进式 JavaScript 框架。该框架入门简单、功能强大，深受广大前端开发者的喜爱。本书系统完整地介绍了 Vue.js 开发中的各种技术，从知识的讲解到知识的运用，再到实际问题的解决，最后到项目实战，一步一步地引导读者掌握基于 Vue.js 的前端开发。

掌握本书的内容后，可以直接从事基于 Vue.js 的前端项目开发工作。

本书的内容组织

全书共分两篇，包括知识篇和进阶篇。

知识篇循序渐进地介绍了 Vue.js 前端开发的各项知识，包括开发与调试环境准备、ECMAScript 6 语法简介、Vue.js 语法、指令、计算属性、监听器、class 与 style 绑定、表单输入绑定、过滤器、组件、虚拟 DOM 和 render 函数等。知识的讲解贯穿了实例代码分析，掌握基础知识，为实战开发做准备。

进阶篇介绍了绝大多数前端 Vue 项目开发中用到的功能，从 Vue CLI 3.x 创建脚手架项目开始，到使用 Vue Router 开发单页应用、使用 axios 与服务端通信、使用 Vuex 进行全局状态管理、部署 Vue.js 项目到生产环境，最后通过网上商城项目实战的完整案例，来让读者进一步提升实战技能，充分领略 Vue 前端项目开发的魅力。

本书显著特色

1．视频讲解

本书关键章节设有二维码，共 81 集视频讲解，微信扫一扫，可以随时随地看视频。

2．实例丰富

基础知识配备实例代码演示，实例丰富，代码演示超过 310 个。跟着实例边学边做、从做中学，学习可以更深入、更高效。

3．入门容易

遵循学习规律，入门实战相结合。编写模式采用基础知识+中小实例+实战案例，内容由浅入深、循序渐进，以便夯实基础知识，提升实战历练。

4．便捷服务

提供公众号资源下载服务、QQ 群在线交流服务，与作者和广大读者在线交流，让学习无后顾之忧。

本书资源下载

本书提供全书的视频和源文件的下载，读者可微信关注下面的公众号（人人都是程序猿），然后输入"Vue83856"，并发送到公众号后台，即可获取本书资源的下载链接，然后将此链接复制到计算机浏览器的地址栏中，根据提示下载即可。

加入 QQ 群 715075235（请注意加群时的提示，根据提示加入对应的群），与笔者及广大技术爱好者在线交流学习，选择本书作为教材的老师可以申请 PPT 课件。

如何阅读本书

建议读者按顺序阅读，不过考虑到本书内容详尽，以及人的大脑的记忆规律，建议如下：

1．第 3 章读者可先阅读一遍，在后期自己编写代码时尽量使用 ECMAScript 6 语法来编写示例程序，一方面可以加深知识的理解，另一方面也为后期项目的开发打下基础，毕竟实际项目开发中，老手都会使用 ECMAScript 6 语法。

2．第 5 章介绍了 Vue.js 所有的内置指令，读者可重点学习常用的 v-show、v-if/v-else-if/v-else、v-for、v-bind、v-model（结合第 9 章）、v-on 指令。

3．第 12 章可跳过或简单了解，毕竟现阶段开发中很少使用 render 函数，但熟悉 React 的读者可以仔细阅读。

4．第 14 章内容虽不多，但很重要，需要认真学习掌握，并辅以示例来加强学习效果。

5．第 15 章内容完整，但在项目开发中不会用到 axios 的全部功能，重点掌握如何发起请求，如何设置参数，如何处理响应数据，以及一些常用配置即可。

6．第 16 章也需要好好学习并掌握，尤其要注意使用命名空间模块中的 state、mutation、action 和 getter 进行访问，在实际开发中，使用 mapState、mapMutations、mapActions 和 mapGetters 辅助函数来简化对 store 的访问。

7．第 17 章的学习需要先把项目代码下载下来，安装依赖包（执行 npm install 命令即可），然后运行项目体验一下，之后再实际动手按照项目流程一步步编写。为了方便读者，笔者将第 17 章项目的服务端程序部署到公网上了，IP 地址为：111.229.37.167。

本书面向的读者

● 希望或者正在从事 Web 前端开发的初学者。

- 具有 HTML、CSS 和 JavaScript 基础，但毫无前端开发经验的初学者。
- 具有传统 Web 程序开发经验，但没有从事过前后端分离开发的读者。
- 具有其他前端框架（如 React、Angular）开发经验，想要快速转向 Vue.js 开发的前端工程师。
- 正在从事基于 Vue.js 前端开发的初、中级工程师。

关于作者

孙鑫，IT 技术和教育专家，2009 年中国教育杰出人物，具有 20 多年的软件开发和教育培训经验，精通多种程序语言和技术架构，曾主讲过 C/C++、VC++、COM/DCOM/COM+、SQL Server、Oracle、Java、J2EE、Struts/Struts 2、Hibernate、MyBatis、Spring、数据库建模等课程。2004 年曾推出"Java 无难事"和"VC++深入编程"教学视频，获得了强烈反响，在网络上掀起了一股视频教学的风潮，数十万名学员通过这两套视频走上了软件开发的道路。从 2006 年开始，相继出版了畅销技术专著：《Java Web 开发详解》《VC++深入详解》《Struts 2 深入详解》《Servlet/JSP 深入详解》《XML、XML Schema、XSLT 2.0 和 XQuery 开发详解》《HTML5、CSS 和 JavaScript 开发》等。

致谢

本书能够顺利出版，是作者、编辑和所有审校人员共同努力的结果，在此表示深深地感谢。同时，祝福所有读者在职场一帆风顺。

编　者

目　录

Contents

第1篇　知　识　篇

第 2 篇 进 阶 篇

第1篇

知识篇

知识篇循序渐进地介绍了 Vue.js 框架的各项功能，包含数据双向绑定、指令、计算属性、监听器、class 与 style 绑定、表单输入绑定、过滤器、组件、虚拟 DOM 和 render 函数，同时介绍了 Vue.js 项目开发中需要用到的集成开发环境 Visual Studio Code、ECMAScript 6 语法等内容。

掌握本篇的内容就已经足以胜任中小型项目的开发工作了。

第 1 章 Vue.js 概述

1.1 Web 前端技术的发展

早期的 Web 应用主要是静态页面的浏览（如新闻的浏览），这些静态页面使用 HTML 语言来编写。1995 年，Netscape 公司的工程师 Brendan Eich 设计了 JavaScript 脚本语言，从而让前端网页具有了动态的效果（跑马灯、浮动广告等），以及与用户交互的能力（表单）。

然而随着网络的发展，很多线下业务开始向线上发展，基于 Internet 的 Web 应用也变得越来越复杂，用户所访问的资源已不仅仅局限于服务器硬盘上存放的静态网页，更多的应用需要根据用户的请求动态生成页面信息，复杂一些的还需要从数据库中查询数据，经过一定的运算，生成一个页面返回给客户。1996 年微软推出了 ASP 技术，1997 年 Sun 公司推出了 JSP 技术，1998 年 6 月 PHP 3 正式发布，由此网页开启了真正动态交互的阶段。这些服务器端的动态页面技术使得网页可以获取服务器的数据信息并保持更新，推动了以 Google 为代表的搜索引擎和各种论坛的出现，万维网开始快速发展。服务器端网页动态交互功能的不断丰富，伴随的是后端逻辑复杂度的快速上升，代码越来越复杂。为了更好地管理后端逻辑，出现了大量后端的 MVC 框架。

📝 提示：

> MVC（Model-View-Controller）即模型-视图-控制器，MVC 架构有助于将应用程序分割成若干逻辑部件，使程序设计变得更加容易。MVC 架构提供了一种按功能对各种对象进行分割的方法（这些对象是用来维护和表现数据的），其目的是将各对象间的耦合程度降至最低。
>
> 更多内容参见 1.2.1 节。

动态页面实现了动态交互和数据即时存取，但由于动态页面是由后端技术驱动的，每一次的数据交互都需要刷新一次浏览器，频繁的页面刷新非常影响用户的体验，这个问题直到 Google 在 2004 年使用 Ajax 技术开发的 Gmail 和谷歌地图的发布，才得到解决。

Ajax 改变了传统的用户请求-等待-响应这种 Web 交互模式，采用异步交互机制避免了用户对服务器响应的等待，提供了更好的用户体验。此外，它也改变了用户请求-服务器响应-页面刷新的用户体验方式，提供了页面局部刷新的实现机制。Ajax 开启了 Web 2.0 的时代。

由于 Ajax 的火热，也带动了一些"古老"技术的复兴，CSS 和 JavaScript 这两个原先被程序员"瞧不上眼"的技术受到了前所未有的关注。而这一切，都源于 Ajax 所带来的全新的用户体验。

📝 提示：

> Ajax 的全称是 Asynchronous JavaScript and XML，即异步 JavaScript 和 XML。
>
> Ajax 最早是由 Adaptive Path 公司的咨询顾问 Jesse James Garrett 于 2005 年 2 月提出的，Garrett 专门写了一篇文章来讲述 Ajax 这一新的 Web 开发方式，文章名为 Ajax: A New Approach to Web Applications。

Garrett 将 XHTML 和 CSS、DOM、XML 和 XSLT、XMLHttpRequest 和 JavaScript 多种技术的综合应用称为 Ajax。换句话说，Ajax 并不是一种技术，它是多种技术的组合，包括：

● 使用 XHTML 和 CSS 来呈现数据
● 使用 DOM 实现动态显示和交互
● 使用 XML 和 XSLT 实现数据交换与操作
● 使用 XMLHttpRequest 实现异步数据的发送与接收
● 使用 JavaScript 将 XHTML、DOM、XML 和 XMLHttpRequest 绑定

实际上，早在 Garrett 发表文章为 Ajax 命名之前，Ajax 就已经在一些 Web 系统中应用了。Google 是最早采用 Ajax 的公司之一，它在一些产品中使用了 Ajax，如 Google Suggest、Google Maps 和 Gmail 等，也正是因为 Ajax 在这些产品中的成功应用，极大地鼓舞了开发人员在 Web 系统中使用 Ajax 的信心，使得 Ajax 得以迅速推广。

Ajax 为用户带来了更好的用户体验。在传统的 Web 应用程序中，用户向服务器发送一个请求，然后等待，服务器对用户请求进行处理，然后返回一个响应。这是一种同步的处理方式，如果服务器处理请求的时间比较长，那么用户将不得不长时间地等待。

之后的一段时间，前端技术的发展主要集中在如何简化页面的开发，如何实现富页面，相继涌现出很多前端框架和库，如 jQuery、Dojo、Ext JS、ECharts 等。直到 HTML 5 的出现，打破了这种发展格局，随着各大浏览器纷纷开始支持 HTML 5，前端能够实现的交互功能越来越多，相应的代码复杂度也快速提高，以至于用于后端的 MV* 框架也开始出现在前端部分。从 2010 年 10 月出现的 Backbone 开始，Knockout、Angular、Ember、React、Vue 相继出现，这些框架的应用，使得网站从 Web Site 进化成了 Web App，开启了网站应用的 SPA（Single Page Application）时代。

📝 提示：

SPA 即单页应用程序，是指只有一个 Web 页面的应用。单页应用程序是加载单个 HTML 页面并在用户与应用程序交互时动态更新该页面的 Web 应用程序。浏览器一开始会加载必需的 HTML、CSS 和 JavaScript，所有的操作都在这个页面上完成，由 JavaScript 来控制交互和页面的局部刷新。

SPA 的优点如下：

（1）前后端分离

前端工作在浏览器端，后端工作在服务器端，使得前后端可以彻底地分离开发，并行工作，对开发人员的技能要求也会变得更加单一。单页 Web 应用可以和 RESTful 规约一起使用，通过 REST API 提供接口数据，并使用 Ajax 异步获取，这样有助于分离客户端和服务器端工作。

（2）良好的用户体验

用户不需要重新刷新页面，数据通过 Ajax 异步获取，页面显示更加流畅。

（3）减轻服务器压力

服务器只需要提供数据就可以了，不用管展示逻辑和页面合成，吞吐能力会大幅提高。

（4）共用一套后端程序代码

不用修改后端程序代码就可以同时用于 Web 界面、手机、平板等多种客户端。

当然，SPA 也有一些缺点：

（1）初次加载耗时较多

为实现单页 Web 应用功能及显示效果，需要在加载页面的时候将 JavaScript 和 CSS 统一加载（部分页面可以在需要的时候异步加载），因此第一次加载的时候会稍微慢一些。为了减少加载时的数据流量，提高加载时间，必须对 JavaScript 及 CSS 代码进行合并压缩处理。

（2）前进、后退的问题

由于单页 Web 应用在一个页面中显示所有的内容，所以不能使用浏览器的前进、后退功能。如果要实现浏览器的前进、后退功能，需要编写额外的代码来手动实现。

（3）SEO 难度较高

由于所有的内容都在一个页面中动态替换显示，所以在 SEO 上有着天然的弱势，如果你的站点对 SEO 很看重，且要用单页应用，那么可以编写一些静态页面给搜索引擎，或者通过服务器端渲染技术来解决。

2015 年 6 月，ECMAScript 6 发布，并被正式命名为 ECMAScript 2015。该版本增加了很多新的语法，极大地拓展了 JavaScript 的开发潜力。由于浏览器对 ECMAScript 6 语法支持的滞后，出现了 Babel 编译器，它可以将 ECMAScript 6 代码编译成浏览器支持的 ECMAScript 5 代码。

当前的前端技术已经形成了一个大的技术体系：

- 以 Github 为代表的代码管理仓库
- 以 NPM 和 Yarn 为代表的包管理工具
- ECMAScript 6、TypeScript 及 Babel 构成的脚本体系
- HTML 5、CSS 3 和相应的处理技术
- 以 React、Vue、Angular 为代表的前端框架
- 以 Webpack 为代表的打包工具
- 以 Node.js 为基础的 Express 和 Koa 后端框架

1.2　MV*模式

MVC 是 Web 开发中应用非常广泛的一种架构模式，之后又演变出 MVP 模式和 MVVM 模式。

1.2.1　MVC

在 MVC 架构中，一个应用被分成三个部分，即模型（Model）、视图（View）和控制器（Controller）。

模型代表应用程序的数据以及用于访问控制和修改这些数据的业务规则。当模型发生改变时，它会通知视图，并为视图提供查询模型相关状态的能力。同时，它也为控制器提供访问封装在模型内部的应用程序功能的能力。

视图用来组织模型的内容。它从模型那里获得数据并指定这些数据如何表现。当模型变化时，视图负责维护数据表现的一致性。视图同时将用户的请求通知控制器。

控制器定义了应用程序的行为。它负责对来自视图的用户请求进行解释，并把这些请求映射成相应的行为，这些行为由模型负责实现。在独立运行的 GUI 客户端，用户的请求可能是一些鼠标单击或菜单选择操作。在一个 Web 应用程序中，它们的表现形式可能是一些来自客户端的 GET 或 POST 的 HTTP 请求。模型所实现的行为包括处理业务和修改模型的状态。根据用户请求和模型行为的结果，控制器选择一个视图作为对用户请求的响应。图 1-1 描述了在 MVC 应用程序中模型、视图、控制器三部分的关系。

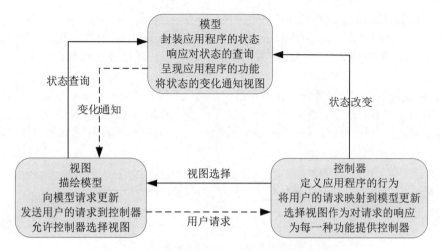

图 1-1 MVC 应用程序中模型、视图、控制器的关系图

1.2.2 MVP

MVP（Model-View-Presenter）是由经典的 MVC 模式演变而来的，它们的基本思想有相通的地方：Presenter 负责逻辑的处理，Model 提供数据，View 负责显示。

MVP 与 MVC 最大的区别是：在 MVP 中 View 并不直接使用 Model，它们之间的通信是通过 Presenter 来进行的，所有的交互都发生在 Presenter 内部，而在 MVC 中 View 会直接从 Model 中读取数据而不是通过 Controller。

MVP 模式中模型（Model）、视图（View）和表示器（Presenter）三者的关系如图 1-2 所示。

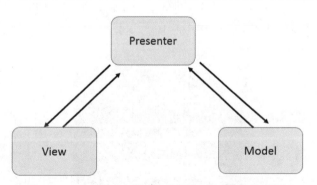

图 1-2 MVP 模式中模型、视图、表示器的关系图

1.2.3 MVVM

MVVM（Model-View-ViewModel）是一种软件架构模式，由微软 WPF 和 Silverlight 的架构师 Ken Cooper 和 Ted Peters 开发，是一种简化用户界面的事件驱动编程方式，由 John Gossman（WPF 和 Silverlight 的另一架构师）于 2005 年在他的博客上发表。

　　MVVM 模式的核心是数据驱动，即 ViewModel，ViewModel 是 View 和 Model 的关系映射。ViewModel 是一个值转换器（Value Converter），负责转换 Model 中的数据对象，使得数据变得更加易于管理和使用。在 MVVM 中 View 和 Model 是不可以直接进行通信的，它们之间存在着 ViewModel 这个中介充当观察者的角色。

　　MVVM 模式最核心的特性就是数据双向绑定，当用户操作 View，ViewModel 感知到变化，然后通知 Model 发生了相应改变；反之 Model 发生了改变，ViewModel 感知到变化，通知 View 进行更新。ViewModel 向上与视图层 View 进行双向数据绑定，向下与 Model 通过接口请求进行数据交互，起到承上启下的作用，如图 1-3 所示。

图 1-3　MVVM 模式示意图

　　MVVM 的核心理念是通过声明式的数据绑定来实现 View 的分离，完全解耦 View。

　　不少前端框架采用 MVVM 模式，如早期的 Knockout、Ember，以及当前流行的 Angular 和 Vue.js。

1.3　初识 Vue.js

　　Vue（读音/vjuː/，类似于 view）是一套基于 MVVM 模式的用于构建用户界面的 JavaScript 框架，它是以数据驱动和组件化的思想构建的，如图 1-4 所示。Vue.js 是一位名叫尤雨溪（英文名 Evan You）的人开发的，于 2013 年 12 月 7 日发布了 Vue.js 的 0.6.0 版本（之前版本不叫 Vue.js），2015 年 10 月 26 日发布了 1.0.0 版本，2016 年 10 月 1 日发布了 2.0.0 版本。在写作本书时，Vue.js 的最新版本是 2.6.10。

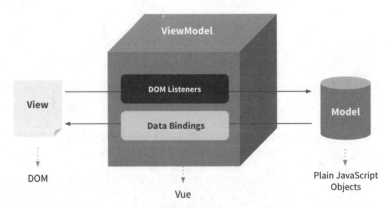

图 1-4　Vue.js 的 MVVM 实现

ViewModel 是 Vue 框架的核心，它是一个 Vue 实例。Vue 实例是作用于某一个 HTML 元素上的，这个元素可以是 HTML 的 body 元素，也可以是某个指定了 id 的元素。

当创建了 ViewModel 后，双向绑定是如何达成的呢？首先，将图 1-4 中的 DOM Listeners 和 Data Bindings 看作两个工具，它们是实现双向绑定的关键。从 View 侧看，ViewModel 中的 DOM Listeners 工具会帮我们监测页面上 DOM 元素的变化，如果有变化，则更改 Model 中的数据；从 Model 侧看，当我们更改 Model 中的数据时，Data Bindings 工具会帮我们更新页面中的 DOM 元素。

通过例 1-1 所示的代码可以很清楚地看到 Vue.js 实现的 MVVM 模式的三个部分。

例 1-1　hello.html

```html
<<!DOCTYPE html>
<html>
    <head>
        <meta charset="UTF-8">
        <title>Hello Vue.js</title>
        <script src="vue.js"></script>
    </head>
    <body>
        <!-- View -->
        <div id="app">
            <p>{{message}}</p>
        </div>

    <script>
        //Model
        var modelData = {
            message: 'Hello Vue.js!'
        }

        //创建一个 Vue 实例，即 ViewModel，它连接 View 与 Model
        new Vue({
          el: '#app',                          //选项对象的 el 属性指向 View
          data: modelData                      //data 属性指向 Model
        })
    </script>
  </body>
</html>
```

在前端页面开发中使用 Vue 框架，就是定义 MVVM 模式中的各个组成部分，并通过 Vue 提供的机制实现它们之间的交互。

1.4　小　　结

本章介绍了 Web 前端技术的发展，让读者对前端技术的演变有一个很好的了解，同时介绍了 MVC、MVP 和 MVVM 模式，并引出了 Vue.js 这一优秀的基于 MVVM 模式的前端框架。

第 2 章　准备开发与调试环境

Vue 支持所有兼容 ECMAScript 5 的浏览器（目前主流的浏览器均支持 ECMAScript 5），但不支持 IE8 及以下版本，因为 Vue 使用了不被 IE 8 支持的 ECMAScript 5 特性。

2.1　安装 Vue.js

Vue.js 的安装可以使用三种方式：
- 使用独立版本
- 使用 CDN 方式
- 使用 NPM 方式

2.1.1　使用独立版本

直接从 Vue 官网（https://vuejs.org/）上下载 Vue 的 JavaScript 脚本文件，然后在页面中通过 <script> 标签引入。官方提供了两个不同的版本：开发版本和生产版本。

1. 开发版本

包含了完整的警告和调试模式，用于开发阶段。开发版本的下载地址为 https://vuejs.org/js/vue.js。

2. 生产版本

删除了警告，并进行了代码压缩，文件较小，用于产品发布后的正式运行环境。生产版本的下载地址为 https://vuejs.org/js/vue.min.js。

下载 vue.js 文件后，即可像引用普通的 JavaScript 脚本文件一样，通过 <script> 标签引入来使用 Vue 框架。

```
<!DOCTYPE html>
<html>
   <head>
      <script src="vue.js"></script>
   </head>
   <body>
      ...
   </body>
</html>
```

2.1.2　使用 CDN 方式

CDN（Content Delivery Network）即内容分发网络。CDN 是构建在现有网络基础之上的智能虚拟网络,依靠部署在各地的边缘服务器,通过中心平台的负载均衡、内容分发、调度等功能模块,使用户就近获取所需内容,降低网络拥塞,提高用户访问的响应速度和命中率。

CDN 系统能够实时地根据网络流量和各节点的连接、负载状况,以及到用户的距离和响应时间等综合信息,将用户的请求导向离用户最近的服务节点上。对于普通的 Internet 用户来说,每个 CDN 节点就相当于一个放置在它周围的 Web 服务器。通过全局负载均衡 DNS 的控制,用户的请求被透明地指向离它最近的节点,节点中的 CDN 服务器会像网站的原始服务器一样,响应用户的请求。由于它离用户更近,因而响应时间必然更快。

CDN 的基本工作原理是广泛采用各种缓存服务器,并将这些缓存服务器分布到用户访问相对集中的地区或网络中,这就像我们今天的大型电商一样,会在国内各个城市建设自己的仓储或租用大量的仓库及物流,目的其实和 CDN 一样,就是希望能够把商品尽快送到客户的手中。

例如,一个北京的用户和一个上海的用户同时在某购物网站上购买同一种产品,他们当天上午买的商品下午就已经都送达了。显而易见,这两个相隔上千千米的用户所收到的商品肯定不是从同一个仓库中发的货,而是分别从距离各自所在地很近的仓库中发出的。

而 CDN 其实就是干了这么一件事情,在网络中布设了大量的节点(缓存服务器),而不同节点中的缓存服务器就相当于分布在全国各地的仓库,当不同地域的用户在访问网站中的内容时,CDN 首先利用全局负载技术将用户的访问指向距离最近的缓存服务器上,再由缓存服务器来直接响应用户的请求,就好比北京用户买东西从北京仓库发货,上海用户买东西从上海仓库发货一样,这样就最大程度地保证了用户访问的速度和体验。

使用 CDN 方式来安装 Vue 框架,实际上就是选择一个提供 Vue.js 链接的稳定的 CDN 服务商。这里推荐两个国内比较稳定的 CDN。

1. Staticfile CDN

网址为 https://www.staticfile.org/,首页上提供了一个搜索框,输入 vue 即会列出最新版本的 Vue 的 URL,也可选择其他版本的 Vue,如图 2-1 所示。

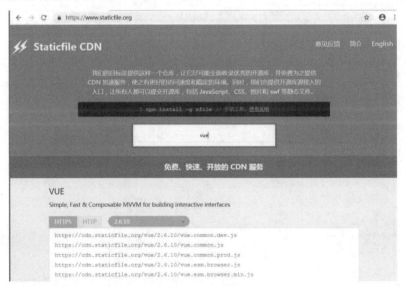

图 2-1　Staticfile 首页

开发版本的 Vue 的 URL 为 https://cdn.staticfile.org/vue/2.6.10/vue.js。

生产版本的 Vue 的 URL 为 https://cdn.staticfile.org/vue/2.6.10/vue.min.js。

2．BootCDN

网站为 https://www.bootcdn.cn/，首页上提供了一个搜索框，输入 vue 即会列出所有与 vue 相关的库，如图 2-2 所示。

图 2-2　BootCDN 首页

然后单击 vue，就会看到各个版本的 Vue URL，如图 2-3 所示。

图 2-3　BootCDN 上各个版本 Vue URL

开发版本的 Vue 的 URL 为 https://cdn.bootcss.com/vue/2.6.10/vue.js。

生产版本的 Vue 的 URL 为 https://cdn.bootcss.com/vue/2.6.10/vue.min.js。

选择好 CDN 后,在页面中引入 Vue 的方式和使用独立版本一样,使用<script>标签来引入,只是地址换成了 CDN URL。代码如下所示:

```
<!DOCTYPE html>
<html>
    <head>
        <script src="https://cdn.staticfile.org/vue/2.6.10/vue.js"></script>
    </head>
    <body>
        ...
    </body>
</html>
```

📋 提示:

国外的 CDN 可以使用如下两个:

(1) https://unpkg.com

https://unpkg.com/browse/vue@2.6.10/dist/vue.js(开发版本)

https://unpkg.com/browse/vue@2.6.10/dist/vue.min.js(生产版本)

(2) https://cdnjs.cloudflare.com

https://cdnjs.cloudflare.com/ajax/libs/vue/2.6.10/vue.js(开发版本)

https://cdnjs.cloudflare.com/ajax/libs/vue/2.6.10/vue.min.js(生产版本)

2.1.3 使用 NPM 方式

NPM 的全称是 Node Package Manager,是一个 Node.js 包管理和分发工具,也是整个 Node.js 社区最流行、支持第三方模块最多的包管理器。使用 NPM 可以便捷而快速地进行 Vue.js 的安装、使用和升级,不用去担心 Vue 项目中用到的第三方库从哪儿下载,用哪个版本最合适等问题,因为这一切都交给了 NPM,它可以对第三方依赖进行很好的管理。

Node.js 是一个基于 Chrome V8 引擎的 JavaScript 运行环境。Node.js 使用了一个事件驱动、非阻塞式 I/O 的模型。我们知道,JavaScript 是一种脚本语言,它编写的程序不能独立运行,需要由浏览器中的 JavaScript 引擎来解释执行,而 Node.js 就是一个可以让 JavaScript 运行在服务端的开发平台,这使得 JavaScript 不再受限于前端网页的开发,也可以进行后端服务程序的开发。Node.js 发布于 2009 年 5 月,由 Ryan Dahl 开发,它实质上是对 Chrome V8 引擎进行了封装。

Node.js 已经集成了 NPM,只要安装了 Node.js,NPM 也就一并安装好了。进入 Node.js 官网(https://nodejs.org),如图 2-4 所示。

有两个版本:LTS 和 Current,前者是长期支持版本,比较稳定;后者是最新版本,包含了最新的特性,自然也可能会存在一些 Bug。不过我们主要是使用绑定在 Node.js 中的 NPM 来进行 Vue 的安装和第三方依赖的管理,并不会基于 Node.js 进行开发,因此这两个版本选择哪一个都可以,读者可以根据自己的情况选择其中一个版本进行下载。

图 2-4　Node.js 官网

在这里，笔者选择 10.16.3 LTS 版本进行下载，下载后双击下载的文件 node-v10.16.3-x64.msi，开始安装，如图 2-5 所示。

图 2-5　Node.js 安装程序界面

单击 Next 按钮，勾选 I accept the terms in the License Agreement 复选框，继续单击 Next 按钮，指定安装位置，连续单击 Next 按钮，最后单击 Install 按钮，完成安装过程。

打开命令提示符窗口，执行 node -v，可以看到如图 2-6 所示的界面。

继续执行 npm -v，可以看到如图 2-7 所示的界面。

图 2-6 查看 Node.js 的版本

图 2-7 查看 npm 的版本

表明 Node.js 和 NPM 都已经安装成功。如果要使用最新版本的 NPM，可执行下面的命令：

```
npm install npm@latest -g
```

接下来就可以使用 NPM 来安装 Vue 了，NPM 包的安装分为本地安装和全局安装。代码如下所示：

```
npm install vue                                          //本地安装
npm install vue -g                                       //全局安装
```

区别就是全局安装多了一个-g 参数。也可以使用 install 的简写形式 i 来简化命令的输入。代码如下所示：

```
npm i vue
```

本地安装将包安装到./node_modules 目录下（.代表运行 npm 命令时所在的目录），如果没有 node_modules 目录，会在当前执行 npm 命令的目录下生成 node_modules 子目录，本地安装的模块将无法被其他路径下的项目所引用。全局安装将包安装到 C:\Users\%user%\AppData\Roaming\npm 目录下（根据操作系统的不同，该位置会有所不同），%user%表示当前登录 Windows 系统的账户名，全局安装的包可以直接在命令提示符窗口中使用。

也可以修改全局模块的默认安装路径。方法如下：

（1）在自己选定的目录下新建 npm_global 和 npm_cache 目录（目录名根据自己的喜好设置），前者作为全局模块的存放路径，后者作为缓存的路径；

（2）找到 Node.js 的安装目录，编辑".\node_modules\npm\npmrc"文件，输入下面的内容：

```
prefix=E:\NodeModules\npm_global
cache=E:\NodeModules\npm_cache
```

（3）修改 Windows 的环境变量 NODE_PATH，右击【这台电脑】，从弹出的快捷菜单中选择【属性】→【高级系统设置】→【环境变量】命令，在系统变量下修改 NODE_PATH 变量（如果不存在，则新建一个），变量值为 E:\NodeModules\npm_global，如图 2-8 所示。

之后再通过 NPM 安装模块，就会直接安装到 E:\NodeModules\npm_global 目录下。由于 NODE_PATH 环境变量也指向了正确的安装位置，在项目中引用模块时，也能正确地找到模块了。

本地安装的包可以直接在"./node_modules"目录下查看。要查看全局安装的包，可以执行下面的命令：

```
npm list -g                    //或
npm list -g --depth 0          //--depth 0 表示仅
                                 查看一级目录
```

图 2-8 设置 NODE_PATH 环境变量的值

对于一些需要经常使用的工具包，自然是采用全局安装会更为方便，如第 13 章的 Vue CLI，项目中用到的 NPM 包一般是采用本地安装。

如果要更新 Vue 的版本，可以使用下面的命令：

```
npm update vue -g
```

如果要卸载 Vue，可以使用下面的命令：

```
npm uninstall vue -g
```

我们知道，在国内访问国外的服务器是非常慢的，而 NPM 的官方镜像就是国外的服务器，为了节省安装模块的时间，我们可以使用淘宝镜像。淘宝 NPM 镜像是一个完整 npmjs.org 镜像，可以用它代替官方版本。我们使用淘宝定制的 cnpm 命令行工具代替默认的 npm，在命令提示符窗口中执行下面的命令：

```
npm install -g cnpm --registry=https://registry.npm.taobao.org
```

以后就可以直接使用 cnpm 命令来安装模块。如下所示：

```
cnpm install <Module Name>
```

2.2 安装 Visual Studio Code

工欲善其事，必先利其器。项目开发时，一款优秀的 IDE 可以大大提高开发效率。Visual Studio Code 就是这样一款免费的、开源的、跨平台的、非常适合前端开发的集成开发工具，而且由微软出品，品质也有保证。

打开浏览器，在地址栏中输入 https://code.visualstudio.com/，进入 Visual Studio Code 首页，如图 2-9 所示。

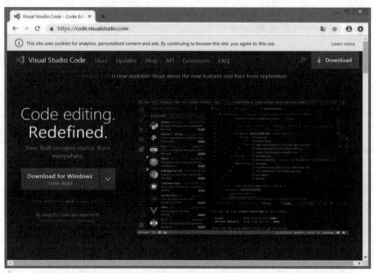

图 2-9　Visual Studio Code 首页

单击下载链接，开始下载 Visual Studio Code。运行下载的文件，连续单击"下一步"按钮完成安装，也可以根据自身的情况修改某些选项完成安装。

📝 提示：

> 下载 Visual Studio Code 时，会看到有两个版本的下载安装包：User Installer 和 System Installer，区别在于前者为单用户安装，后者为所有用户安装。

打开 Visual Studio Code，默认情况下，Visual Studio Code 使用的是英文，如果需要，也可以修改为中文。方法是：按 Ctrl+Shift+p 组合键，输入 config，或者按 Ctrl+p 组合键，输入>config，选择 Configure Display Language，如图 2-10 所示。

然后单击 Install additional language 链接，在左侧窗口中选择"中文（简体）"安装即可。重启 Visual Studio Code，界面上的文字都变成了中文。

接下来为 Visual Studio Code 安装 Vetur 插件。该插件支持.vue 文件的语法高亮显示，除了支持 template 模板以外，还支持大多数主流的前端开发脚本和插件，如 Sass 和 TypeScript 等。在 Visual Studio Code 开发环境最左侧的"活动栏"上单击 Extensions 图标按钮，如图 2-11 所示。

图 2-10　配置显示语言

图 2-11　安装 Vetur 插件

如果窗口下方的推荐中没有 Vetur，那么就直接在上方的搜索框中输入 Vetur，然后安装该插件即可。

接下来安装 ESLint 插件。ESLint 是一个 JavaScript 语法规则和代码风格的检查工具，可以帮助我们轻松写出高质量的 JavaScript 代码。与安装 Vetur 插件同样的步骤，在搜索框中输入 ESLint，找到该插件并安装。

2.3　安装 vue-devtools

vue-devtools 是基于 google chrome 浏览器的一款调试 vue.js 应用的开发者浏览器扩展，可以在浏览器开发者工具下调试代码。安装步骤如下：

（1）在 GitHub 上下载 vue-devtools 的源码，地址为 https://github.com/vuejs/vue-devtools，如图 2-12 所示。

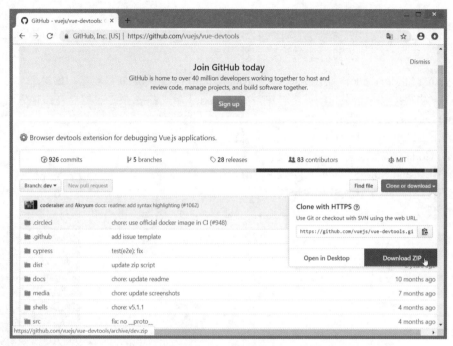

图 2-12   在 GitHub 上下载 vue-devtools 的源码

（2）解压缩后，打开命令提示符窗口，进入主目录中，执行 npm install，下载第三方依赖。下载完成后，执行 npm run build，编译源程序，如图 2-13 所示。

图 2-13   执行 npm run build 编译 vue-devtools 源码

（3）编译完成后，目录结构如图 2-14 所示。

名称	修改日期	类型	大小
.circleci	2019/9/27 0:38	文件夹	
.github	2019/9/27 0:38	文件夹	
cypress	2019/9/27 0:38	文件夹	
dist	2019/9/27 0:38	文件夹	
docs	2019/9/27 0:38	文件夹	
media	2019/9/27 0:38	文件夹	
node_modules	2019/10/10 18:49	文件夹	
✓ shells	2019/9/27 0:38	文件夹	
src	2019/9/27 0:38	文件夹	
types	2019/9/27 0:38	文件夹	
.browserslistrc	2019/9/27 0:38	BROWSERSLIST...	1 KB
.eslintrc.js	2019/9/27 0:38	JS 文件	1 KB
.gitignore	2019/9/27 0:38	GITIGNORE 文件	1 KB
cypress.json	2019/9/27 0:38	JSON File	1 KB
LICENSE	2019/9/27 0:38	文件	2 KB
package.json	2019/10/10 18:48	JSON File	4 KB
package-lock.json	2019/10/10 18:48	JSON File	352 KB
postcss.config.js	2019/9/27 0:38	JS 文件	1 KB
README.md	2019/9/27 0:38	MD 文件	3 KB
release.js	2019/9/27 0:38	JS 文件	2 KB
vue1-test.html	2019/9/27 0:38	HTML 文件	2 KB
yarn.lock	2019/9/27 0:38	LOCK 文件	266 KB

图 2-14　vue-devtools 编译完成后的目录结构

进入 shells\chrome 子目录，编辑 manifest.json 文件，找到下面的代码：

```
"persistent": false
```

将 persistent 的值修改为 true。

（4）打开 Chrome 浏览器，单击右上角的"自定义及控制"按钮，从弹出菜单中选择【更多工具】→【扩展程序】，确保"开发者模式"处于打开状态，如图 2-15 和图 2-16 所示。

图 2-15　打开 Chrome 浏览器的扩展程序

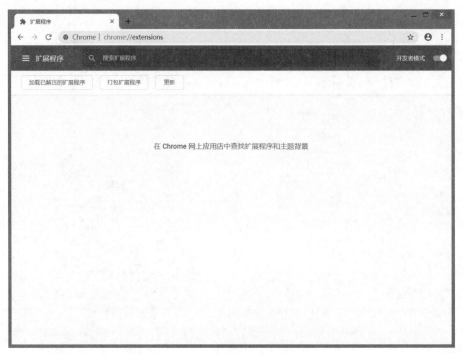

图 2-16　确保"开发者模式"处于打开状态

单击"加载已解压的扩展程序"按钮，选择 vue-devtools 主目录下的 shells\chrome 文件夹，出现图 2-17 所示的界面。

图 2-17　vue-devtools 浏览器扩展程序安装成功

至此，我们所需要的环境都已经安装和配置完毕，后面将逐步介绍开发和调试的过程。

2.4　小　　结

本章介绍了 Vue.js 的三种安装方式，在学习到进阶篇时，以及以后的项目开发中，常用的就是 NPM 方式。此外，还介绍了 Visual Studio Code 这款优秀的前端程序开发工具，并介绍了如何配置该开发工具，以适合我们的 Vue.js 开发之旅。

第 3 章　ECMAScript 6 语法简介

ECMAScript 6 是继 ECMAScript 5 之后发布的 JavaScript 语言的新一代标准，加入了很多新的特性和语法，该标准于 2015 年 6 月 17 日发布了正式版本，并被正式命名为 ECMAScript 2015。Vue 项目开发中经常会用到 ECMAScript 6 语法，因此本章对这一新标准中的一些特性和常用语法进行简要介绍。

3.1　块作用域构造 let 和 const

块级声明用于声明在指定块的作用域之外无法访问的变量。块级作用域存在于：
- 函数内部
- 块中（字符"{"和"}"之间的区域）

3.1.1　let 声明

在函数作用域或全局作用域中通过关键字 var 声明的变量，无论在哪里声明，都会被当成在当前作用域顶部声明的变量，这就是 JavaScript 的变量提升机制。看下面的代码：

```
//函数内部
function changeState(flag){
    if(flag){
        var color = "red";
    }
    else{
        console.log(color);             //此处可以访问变量color，其值为undefined
        return null;
    }
}
changeState(false);

//块中
{
  var a = 1;
}
console.log("a = " + a);               //此处可以访问变量a，输出a = 1

//for循环中
for(var i = 0; i < 10; i++){
}
console.log("i = " + i);               //此处可以访问变量i，输出i = 10
```

　　这种变量提升机制在开发时会给我们造成很多的困扰，ECMAScript 6 引入了 let 声明，用法与 var 相同，不过用 let 声明的变量不会被提升，可以把变量的作用域限制在当前代码块中。

　　我们将上述代码中的变量用 let 进行声明。代码如下所示：

```
//函数内部
function changeState(flag){
    if(flag){
        let color = "red";
    }
    else{
        console.log(color);     //此处不能访问 color，报错：color is not defined
        return null;
    }
}
changeState(false);

//块中
{
  let a = 1;
}
console.log("a = " + a);         //此处不能访问变量 a，报错：a is not defined

//for 循环中
for(let i = 0; i < 10; i++){
}
console.log("i = " + i);         //此处不能访问变量 i，报错：i is not defined
```

　　使用 let 声明变量，还可以防止变量的重复声明。例如，在某个作用域下已经存在某个标识符，此时再使用 let 关键字声明它，就会抛出错误。如下所示：

```
var index = 0;
var index = 10;                  //OK
let index = 100;                 //报错：Identifier 'index' has already been declared
```

　　同一作用域下，不能使用 let 重复定义已经存在的标识符，但如果在不同的作用域下，则是可以的，这一点请注意。代码如下所示：

```
var index = 0;
{
   let index = 10;               //OK
}
```

3.1.2　const 声明

　　ECMAScript 6 还提供了 const 关键字，用于声明常量。每个通过 const 关键字声明的常量必须在声明的同时进行初始化。代码如下所示：

```
const sizeOfPage = 10;      //正确

const maxItems;             //错误
maxItems = 200;
```

与 let 类似，在同一作用域下用 const 声明已经存在的标识符也会导致语法错误，无论该标识符是使用 var，还是 let 声明的。

如果使用 const 声明对象，对象本身的绑定不能修改，但对象的属性和值是可以修改的。看下面的代码：

```
const person = {
    name: "zhangsan"
};

person.name = "lisi";      //OK
person.age = 20;           //OK

//错误，报错：Assignment to constant variable.
person = {
    name: "wangwu"
};
```

3.1.3 全局块作用域绑定

我们知道，在全局作用域中使用 var 声明的变量或对象，将作为浏览器环境中的 window 对象的属性，这意味着使用 var 很可能会无意中覆盖一个已经存在的全局属性。例如：

```
<!DOCTYPE html>
<html>
    <head>
        <script>
            var greeting = "Welcome";
            console.log(window.greeting);   //Welcome

            console.log(window.Screen);     //function Screen() { [native code] }
            var Screen = "liquid crystal";
            console.log(window.Screen);     //liquid crystal
        </script>
    </head>
</html>
```

greeting 被定义为一个全局变量，并立即成为 window 对象的属性。定义的全局变量 Screen，则覆盖了 window 对象中原有的 Screen 属性。

如果在全局作用域下使用 let 或 const，则会在全局作用域下创建一个新的绑定，但该绑定不会成为 window 对象的属性。代码如下所示：

```
<!DOCTYPE html>
<html>
    <head>
        <script>
            let greeting = "Welcome";
            console.log(window.greeting);              //undefined

            const Screen = "liquid crystal";
            console.log(Screen === window.Screen);  //false
        </script>
    </head>
</html>
```

综上所述，如果不想为全局对象 window 创建属性，或者为了避免覆盖 window 对象的属性，则应该使用 let 和 const 来声明变量和常量。

3.2　模板字面量

ECMAScript 6 引入了模板字面量（Template Literals），对字符串的操作进行了增强方式：
● 多行字符串
真正的多行字符串。
● 字符串占位符
可以将变量或 JavaScript 表达式嵌入占位符中并将其作为字符串的一部分输出到结果中。

3.2.1　多行字符串

模板字面量的基础语法就是用反引号（`）来替换字符串的单、双引号。例如：

```
let message = `Hello World`;
```

这句代码使用模板字面量语法创建了一个字符串，并赋值给 message 变量，这时变量的值与一个普通的字符串并无差异。

如果想要在字符串中使用反引号，那么用反斜杠（\）将它转义即可。如下所示：

```
let message = `Hello\` World`;
```

在模板字面量中，不需要转义单、双引号。

在 ECMAScript 5 中，如果一个字符串字面量要分为多行书写，那么可以采用两种方式来实现：在一行结尾的时候添加斜杠（\）表示承接下一行的代码，或者使用加号（+）来拼接字符串。代码如下所示：

```
let message = "Hello \
World";
```

```
let greeting = "Welcome"
             + " you";
console.log(message);
console.log(greeting);
```

这两种实现方式，前者是利用 JavaScript 的语法 bug 来实现，后者是利用字符串的拼接操作来实现。当把字符串 message 和 greeting 打印到控制台时，这两个字符串均未跨行显示，前者使用反斜杠（\）只是代表行的延续，并未真正插入新的一行。如果要输出新的一行，需要手动加入换行符。代码如下所示：

```
let message = "Hello \n\
World";

let greeting = "Welcome"
                + "\n"
                + " you";
console.log(message);
console.log(greeting);
```

在 ECMAScript 6 中，使用模板字面量语法，可以很方便地实现多行字符串的创建。如果需要在字符串中添加新的一行，只需要在代码中直接换行即可。代码如下所示：

```
let message = `Hello
World`;

console.log(message);
```

输出结果如下：

```
Hello
World
```

📢 **注意：**

在反引号中的所有空白字符（包括但不限于空格、换行、制表符）都属于字符串的一部分。

3.2.2　字符串占位符

在一个模板字面量中，可以将 JavaScript 变量或者任何合法的 JavaScript 表达式嵌入占位符中并将其作为字符串的一部分输出到结果中。

占位符由一个左侧的"${"和右侧的"}"符号组成，中间可以包含变量或 JavaScript 表达。例如：

```
let name = "zhangsan";
let message =`Hello, ${name}`;
console.log(message);

let amount = 5;
```

```
let price = 86.5;
let total = `The total price is ${price * amount}`;
console.log(total);
```

模板字面量本身也是 JavaScript 表达式，因此也可以在一个模板字面量中嵌入另一个模板字面量。代码如下所示：

```
let name = "lisi";
let message = `Hello, ${
    `my name is ${name}`
    }.`;

console.log(message);  //输出: Hello, my name is lisi.
```

3.3　默 认 参 数

在 ECMAScript 5 中，没有提供直接在函数的参数列表中指定参数默认值的语法，要想为函数参数指定默认值，只能通过下面的模式来为参数指定默认值。

```
function makeRedirect(url, timeout)
{
    url = url || "/home";
    timeout = timeout || 2000;

    //函数的其余部分
}
```

在这个示例中，url 和 timeout 是可选参数，如果不传入对应的参数值，它们也将被赋予一个默认值。但是这种模式设置函数的默认值有一个缺陷，如果形参 timeout 传入值 0，即使这个值是合法的，也会被视为一个假值，并最终将 timeout 设置为 2000。

在这种情况下，更安全的做法是通过 typeof 检查参数类型。代码如下所示：

```
function makeRedirect(url, timeout)
{
    url = (typeof url != "undefined") ? url : "/home";
    timeout = (typeof timeout != "undefined") ? timeout : 2000;

    //函数的其余部分
}
```

尽管这种方式更为安全，但需要额外的代码来执行这种非常基础的操作。在 ECMAScript 6 中，简化了为形参提供默认值的过程，可以直接在参数列表中为形参指定默认值。代码如下所示：

```
function makeRedirect(url = "/home", timeout = 2000)
{
```

```
    //函数的其余部分
}
```

如果调用 makeRedirect()，则使用参数 url 和 timeout 的默认值；如果调用 makeRedirect("/login")，则使用参数 timeout 的默认值；如果调用 makeRedirect()时传入两个参数，则不使用默认值。

此外，与 Java、C++等语言要求具有默认值的参数只能在函数参数列表的最右边不同，在 ECMAScript 6 中，声明函数时，可以为任意参数指定默认值，在已指定默认值的参数后还可以继续声明无默认值的参数。代码如下所示：

```
function makeRedirect(url = "/home", timeout = 2000, callback)
{
    //函数的其余部分
}
```

在这种情况下，只有在没有为 url 和 timeout 传值，或者主动为它们传入 undefined 时才会使用它们的默认值。

```
//使用 url 和 timeout 的默认值
makeRedirect();

//使用 url 和 timeout 的默认值
akeRedirect(undefined, undefined, function(){});

//使用 timeout 的默认值
makeRedirect("/login");

//不使用 timeout 的默认值
makeRedirect("/login", null, function(){});
```

为一个具有默认值的参数传值 null 是合法的，所以，最后一次调用 makeRedirect()函数时，将不会使用 timeout 的默认值，其值最终为 null。

3.4   rest 参数

我们知道，JavaScript 函数一个特别的地方是，无论在函数定义中声明了多少形参，都可以传入任意数量的参数，在函数内部可以通过 arguments 对象来接收传入的参数。看下面的代码：

```
function calculate(op){
    if(op === "+"){
        let result = 0;
        for(let i = 1; i < arguments.length; i++){
            result += arguments[i];
        }
        return result;
    }
```

```
    else if(op === "*"){
        let result = 1;
        for(let i = 1; i < arguments.length; i++){
            result *= arguments[i];
        }
        return result;
    }
}
```

calculate()函数根据传入的操作符的不同而执行不同的计算，计算的数据可以是任意多个，因此在函数声明时无法明确地定义要传入的所有参数。幸好，我们可以通过 arguments 对象来解决任意数量参数传入的问题。不过这种方式也有一些不足的地方：首先，调用者需要知道该函数可以接受任意数量的参数，单从函数声明的参数列表是看不出来的；其次，因为第一个参数是命名参数且已被使用，因此遍历 arguments 对象时，索引要从 1 开始而不是 0。当然这些都是小问题，不过，要是这些小问题不存在岂不是更好。

ECMAScript 6 引入了 rest 参数，在函数的命名参数前添加三个点（...），就表明这是一个 rest 参数，用于获取函数的多余参数。rest 参数是一个数组，包含着自它之后传入的所有参数，通过这个数组名就可以逐一访问里面的参数。

我们使用 rest 参数重写上例中的 calculate()函数。代码如下所示：

```
function calculate(op, ...data){
    if(op === "+"){
        let result = 0;
        for(let i = 0; i < data.length; i++){
            result += data[i];
        }
        return result;
    }
    else if(op === "*"){
        let result = 1;
        for(let i = 0; i < data.length; i++){
            result *= data[i];
        }
        return result;
    }
}
```

rest 参数包含的是 op 之后传入的所有参数（arguments 对象包含的是所有传入的参数，包括op）。可以看到，使用 rest 参数，函数可以处理的参数数量一目了然，代码更清晰了。

要注意的是，每个函数最多只能声明一个 rest 参数，并且它只能是最后一个参数。例如，下面的函数声明就是错误的。

```
//语法错误: Rest parameter must be last formal parameter
function calculate(op, ...data, last){
}
```

3.5　展开运算符

展开运算符在语法上与 rest 参数是相似的，也是三个点（...），它可以将一个数组转换为各个独立的参数，也可用于取出对象的所有可遍历属性，而 rest 参数是让你指定多个独立的参数，并通过整合后的数组来访问。

看下面的代码：

```
function sum(a, b, c){
    return a + b + c;
}


let arr = [1, 2, 3];
sum(...arr);
```

展开运算符（...）提取数组 arr 中的各个值并传入 sum 函数中。

展开运算符可以用来复制数组，看下面的代码：

```
let arr1 = [1, 2, 3];
let arr2 = arr1;        //arr2 与 arr1 是同一个数组对象
let arr3 = [...arr1];   //arr3 与 arr1 是两个不同的数组对象

arr1[0] = 4;
console.log(arr2[0]);   //arr2 中的元素同时被改变，输出：4
console.log(arr3[0]);   //输出：1
```

从上述代码可以看到，在需要复制一个新的数组对象时，可以使用展开运算符来便捷地实现。

展开运算符也可以用来合并数组。代码如下所示：

```
let arr1 = ['a'];
let arr2 = ['b', 'c'];
let arr3 = ['d', 'e'];
console.log([...arr1, ...arr2, ...arr3]); //[ 'a', 'b', 'c', 'd', 'e' ]
```

展开运算符还可以用于取出对象的所有可遍历属性，复制到当前对象中。代码如下所示：

```
let book = {
    tille: "Vue.js 从入门到实战",
    price: 98
}


let bookDetail = {...book, desc: "a fine book"}
console.log(bookDetail); //{ tille: ' Vue.js 从入门到实战', price: 98, desc: 'a fine book' }
```

3.6　对象字面量语法扩展

在 JavaScript 中，对象的使用无处不在，且随着 JavaScript 应用复杂度的增加，开发者在程序中使用对象的数量也在持续增长，因此对象使用效率的提升就变得至关重要。

对象字面量（Object Literals）是 JavaScript 中创建对象的一种非常流行的方法，因其简单而实用。在 ECMAScript 6 中，通过下面的几种语法，让对象字面量变得更加强大、更加简洁。

3.6.1　属性初始值的简写

在 ECMAScript 5 及早先的版本中，对象字面量只是简单的键值对集合，如下面的代码所示：

```
function createCar(color, doors){
    return {
        color : color,
        doors : doors
    }
}
```

createCar() 函数创建了一个对象，其属性名称与函数的参数相同，在返回的结果中，color 和 doors 分别重复了两遍，冒号（:）左边的是对象的属性名称，冒号右边的是为属性赋值的变量（函数的形参）。

再看一个例子：

```
let name = "zhangsan";
let age = 18;

var person = {name: name, age : age};
console.log(person);
```

这段代码中定义了一个 person 对象，其属性 name 和 age 的值是前面用 let 声明的变量 name 和 age。

在 ECMAScript 6 中，通过使用属性初始值的简写语法，可以消除这种属性名称与本地变量之间的重复书写。当一个对象的属性与本地变量同名时，可以不用写冒号和值，简单地只写属性名即可。代码如下所示：

```
function createCar(color, doors){
    return {
            //有同名的参数，只写属性名即可
        color,
        doors
    }
}
```

```
let name = "zhangsan";
let age = 18;
//有同名的本地变量, 只写属性名即可
var person = {name, age};
```

当对象字面量里只有属性名称时，JavaScript 引擎会在可访问作用域中查找其同名的变量，如果找到，则该变量的值被赋给对象字面量里的同名属性。

3.6.2 对象方法的简写语法

ECMAScript 6 也改进了为对象字面量定义方法的语法。ECMAScript 5 及早先的版本中，如果为对象添加方法，必须通过指定名称并完整定义函数来实现。代码如下所示：

```
var car = {
    color: "red",
    doors: 4,
    showColor: function(){
        console.log(this.color);
    }
}
```

而在 ECMAScript 6 中定义对象方法时可以省略冒号和 function 关键字。代码如下所示：

```
var car = {
    color: "red",
    doors: 4,
    showColor(){
        console.log(this.color);
    }
}
car.showColor();
console.log(car.showColor.name);  //showColor
```

📢 注意：

通过对象方法的简写语法创建的方法有一个 name 属性，其值为圆括号前面的名称。在本例中，car.showColor()方法的 name 属性值为 showColor。

3.6.3 可计算的属性名

在 JavaScript 中，访问对象的属性，可以通过点号或者方括号，如果属性名包含了特殊字符或中文，亦或者需要通过计算得到属性名，则只能使用方括号。代码如下所示：

```
let suffix = "name";
let person = {};
person["first name"] = "san";          //属性名中有空格
person["last " + suffix] = "zhang";    //属性名由表达式计算得到
```

```
person.age = 20;              //常规的属性可以直接通过点号访问
console.log(person);          //{ 'first name': 'san', 'last name': 'zhang', age: 20 }
```

如果采用对象字面量的语法来定义对象，那么在 ECMAScript 5 及早先的版本中是不允许出现带有表达式的属性名的，而在 ECMAScript 6 中，则可以在对象字面量中使用可计算的属性名称。代码如下所示：

```
let suffix = "name";
let person = {
    ["first " + suffix] : "san",
    ["last " + suffix]: "zhang",
    age: 20
}
console.log(person); //{ 'first name': 'san', 'last name': 'zhang', age: 20 }
```

当然，任何可用于对象实例方括号记法的属性名，都可以作为对象字面量中的计算属性名。

3.7　解　构　赋　值

在 JavaScript 中，我们经常需要从某个对象或者数组中提取特定的数据赋给变量，这种操作重复且无趣。代码如下所示：

```
//真实应用场景中，book 对象通常是从服务器端得到的数据
let book = {
    title: "Vue.js 从入门到实战",
    isbn: "9787121362217",
    price: 98,
    category: {
        id: 1,
        name: "Web 前端"
    }
}
//提取对象中的数据赋给变量
let title = book.title;
let isbn = book.isbn;
let price = book.price;
let category = book.category.name;

//提取数组中的数据赋给变量
let arr = [1, 2, 3];
let a = arr[0], b = arr[1], c=arr[2];
```

在 ECMAScript 6 中为对象和数组提供了解构功能，允许按照一定模式从对象和数组中提取值，对变量进行赋值。

3.7.1　对象解构

对象解构的语法形式是在一个赋值操作符的左边放置一个对象字面量。代码如下所示：

```
let book = {
    title: "Vue.js 从入门到实战",
    isbn: "9787121362217",
    price: 98
}
let {title, isbn, price} = book;
console.log(title);  //Vue.js 从入门到实战
console.log(isbn);   //9787121362217
console.log(price);  //98
```

在这段代码中，book.title 的值被存储在名为 title 的变量中；book.isbn 的值被存储在名为 isbn 的变量中；book.price 的值被存储在名为 price 的变量中。title、isbn 和 price 都是本地声明的变量。

📢 注意：

如果使用 var、let 或 const 解构声明变量，则必须提供初始化程序，即等号右侧必须提供值。下面的代码都会导致程序抛出语法错误。

```
var {title, isbn, price};
let {title, isbn, price};
const {title, isbn, price};
```

如果变量之前已经声明，之后想要用解构语法给变量赋值，那么需要用圆括号包裹整个解构赋值语句。代码如下所示：

```
let book = {
    title: "Vue.js 从入门到实战",
    isbn: "9787121362217",
    price: 98
}

let title, isbn, price;
{title, isbn, price} = book;        //语法错误
({title, isbn, price} = book);      //正确
```

JavaScript 引擎将一对开放的花括号视为一个代码块，而语法规定，代码块语句不允许出现在赋值语句的左侧，添加圆括号后可以将块语句转化为一个表达式，从而实现整个解构赋值的过程。

整个解构赋值表达式的值与表达式右侧（即"="右侧）的值相等，这样，就可以实现一些有趣的操作。例如，给变量赋值的同时向函数传参。看下面的代码：

```
let book = {
    title: "Vue.js 从入门到实战",
    isbn: "9787121362217",
```

```
    price: 98
}
let title, isbn;

function outputBookInfo(book){
    console.log(book);
}
//给 title、isbn 变量赋值后，因解构表达式的值是 "=" 右侧的值，
//所以此处向 outputBookInfo() 函数传递的参数是 book 对象
outputBookInfo({title, isbn} = book);
console.log(title);              //Vue.js 从入门到实战
console.log(isbn);              //9787121362217
```

使用解构赋值表达式时，如果指定的局部变量名称在对象中不存在，那么这个局部变量会被赋值为 undefined，在这种情况下，可以考虑为该变量定义一个默认值，在变量名称后添加一个等号（=）和相应的默认值即可。代码如下所示：

```
let book = {
    title: "Vue.js 从入门到实战",
    isbn: "9787121362217",
    price: 98
}

let {title, isbn, salesVolume = 0} = book;
console.log(title);              //Vue.js 从入门到实战
console.log(isbn);              //9787121362217
console.log(salesVolume);      //0
```

当 book 对象中没有 salesVolume 属性，或者该属性值为 undefined 时，则使用预设的默认值。

如果希望在使用解构赋值时，使用与对象属性名不同的局部变量名字，那么可以采用 "属性名: 局部变量名" 的语法形式。代码如下所示：

```
let book = {
    title: "Vue.js 从入门到实战",
    isbn: "9787121362217",
    price: 98
}
,
let {title: bookTitle, isbn: bookIsbn} = book;
console.log(bookTitle);          //Vue.js 从入门到实战
console.log(bookIsbn);          //9787121362217
```

title:bookTitle 语法的含义是：读取名为 title 的属性并将其值存储到变量 bookTitle 中。要注意的是，变量的名称在冒号（:）右边，而左边则是要读取的对象的属性名。

在 JavaScript 中，对象经常会有嵌套，而对于嵌套的对象如何通过解构语法来提取值呢？看下面的代码：

```
let book = {
    title: "Vue.js 从入门到实战",
    isbn: "9787121362217",
    price: 98,
    category: {
        id: 1,
        name: "Web 前端"
    }
}

//let {category: {name}} = book; //局部变量名为 name
let {title, isbn, category: {name: category}} = book;
console.log(title);         //Vue.js 从入门到实战
console.log(isbn);         //9787121362217
console.log(category);      //Web 前端
```

注意代码中粗体显示的部分，其含义是：在找到 book 对象的 category 属性后，继续深入下一层（即到 category 对象中）查找 name 属性，并将其值赋给 category 局部变量。要注意代码中最后一条语句中的 category 是{name: category}中的 category。

结合前面让局部变量名与对象属性名不同的例子一起来看，可以知道，在解构语法中，冒号前的标识符代表的是对象中的检索位置，其右侧为要被赋值的变量名；如果冒号右侧是花括号，则表示要赋予的最终值嵌套在对象内部更深的层级中。

在 3.5 节介绍了展开运算符，该运算符也可以和对象解构结合起来一起使用。代码如下所示：

```
let person = {
    name: '张三',
    age: 18
}
let {...newObject} = person;
let {anotherObject} = person;
let {name, age, gendar} = {...person, gendar: '男'};
console.log(newObject);     //{ name: '张三', age: 18 }
console.log(anotherObject); //undefined
console.log(name);          //张三
console.log(gendar);        //男
```

注意粗体显示的代码的区别，后者是提取 person 对象中的 anotherObject 属性并赋值给 anotherObject 变量，由于 person 对象没有该属性，因此为 undefined。

3.7.2   数组解构

与对象解构的语法不同，数组解构使用方括号。此外，由于数据结构本质上的不同，数组解构没有对象属性名的问题，因而语法上更为简单。代码如下所示：

```
let arr = [1, 2, 3];
```

```
let [a, b, c] = arr;
console.log(a); //1
console.log(b); //2
console.log(c); //3
```

在数组解构语法中，变量值是根据数组中元素的顺序进行选取的。如果要获取指定位置的数组元素值，可以只为该位置的元素提供变量名。例如，要获取数组中第三个位置的元素，可以采用下面的代码来实现：

```
let arr = [1, 2, 3];
let [, , c] = arr;
console.log(c); //3
```

变量 c 前面的逗号是前方元素的占位符，无论数组中的元素有多少个，都可以通过这种方式来提取想要的元素。

与对象解构不同，如果为已经声明过的变量进行数组解构赋值，不需要使用圆括号包裹解构赋值语句。如下所示：

```
let arr = [1, 2, 3];
let a, b, c;
[a, b, c] = arr; //OK
```

也可以在数组解构赋值表达式中为数组中的任意位置添加默认值，当指定位置的元素不存在或其值为 undefined 时使用默认值。代码如下所示：

```
let arr = [1, 2, 3];
let [a, b, c, d = 0] = arr;
console.log(d); //0
```

嵌套数组解构与嵌套对象解构的语法类似，在原有的数组解构模式中插入另一个数组解构模式，即可将解构过程深入下一个层级。代码如下所示：

```
let categories = ["C/C++", ["Vue", "React"], "Java"];

let [language1, [, language2]] = categories;

console.log(language1); //C/C++
console.log(language2); //React
```

变量 language2 两侧的方括号表示该变量的值应该到下一个层级的数组中去查找，language2 前面的逗号跳过了内部数组中的第一个元素，因此最终变量 language2 的值是 React。

3.5 节介绍了展开运算符，该运算符也可以和数组解构结合起来一起使用，将数组中剩余的元素赋给一个特定的变量。代码如下所示：

```
let arr = [1, 2, 3];
let [a, ...others] = arr; //将 arr 数组的剩余元素赋给 others 变量
let [...newArr] = arr;    //数组复制的另一种实现方式
console.log(a);           //1
```

```
console.log(others);        //[ 2, 3 ]
console.log(others[0])      //2
console.log(newArr);        //[ 1, 2, 3 ]
```

3.8 箭 头 函 数

ECMAScript 6 允许使用"箭头"（=>）定义函数，箭头函数的语法多变，根据实际的使用场景有多种形式，但都需要由函数参数、箭头和函数体组成。根据 JavaScript 函数定义的各种不同形式，箭头函数的参数和函数体可以分别采取多种不同的形式。

3.8.1 箭头函数的语法

单一参数、函数体只有一条语句的箭头函数定义形式如下：

```
let welcome = msg => msg;

/*
 *相当于
function welcome(msg){
    return msg;
}
 */

console.log(welcome("welcome you."));  //welcome you.
```

如果函数有多于一个的参数，则需要在参数的两侧添加一对圆括号。代码如下所示：

```
let welcome = (user, msg) => `${user}, ${msg}`;

/*
 *相当于
function welcome(user, msg){
    return user + ", " + msg;
}
 */

console.log(welcome("zhangsan", "welcome you."));  //zhangsan, welcome you.
```

如果函数没有参数，则需要使用一对空的圆括号。代码如下所示：

```
let welcome = () => "welcome you.";

/*
 *相当于
function welcome(){
```

```
      return "welcome you.";
}
 */

console.log(welcome("welcome you.")); //welcome you.
```

如果函数体有多条语句，则需要用花括号包裹函数体。代码如下所示：

```
let add = (a, b) => {
    let c = a + b;
    return c;
}

/*
 *相当于
function add(a, b){
    let c = a + b;
    return c;
}

 */

console.log(add(5, 3)); //8
```

如果要创建一个空函数，则需要写一对没有内容的圆括号代表参数部分，一对没有内容的花括号代表空的函数体。代码如下所示：

```
let emptyFunction = () => {};
/*
 *相当于
function emptyFunction(){}
 */
```

如果箭头函数的返回值是一个对象字面量，则需要将该字面量包裹在圆括号中。代码如下所示：

```
let createCar = (color, doors) => ({color: color, doors: doors});

/*
 *相当于
function createCar(color, doors){
    return {
        color: color,
        doors: doors
    }
}
 */

console.log(createCar("black", 4)); //{ color: 'black', doors: 4 }
```

将对象字面量包裹在圆括号中是为了将其与函数体区分开来。

箭头函数可以和对象解构结合起来使用。代码如下所示：

```
let personInfo = ({name, age}) => `${name}'s age is ${age} years old.`;

/*
 *相当于
function personInfo({name, age}){
    return `${name}'s age is ${age} years old.`;
}
 */

let person = {name: "zhangsan", age: 18};
console.log(personInfo(person)); //zhangsan's age is 18 years old.
```

3.8.2　箭头函数与 this

JavaScript 中的 this 关键字是一个神奇的东西，与其他高级语言中的 this 引用或 this 指针不同的是，JavaScript 中的 this 并不是指向对象本身，其指向是可以改变的，根据当前执行上下文的变化而变化。

下面来看一段代码：

```
<!DOCTYPE html>
<html>
    <head>
        <script>
            var greeting = "Welcome";
            function sayHello(user){
                alert(this.greeting + ", " + user);
            }

            var obj = {
                greeting: "Hello",
                sayHello: sayHello
            }
            sayHello("zhangsan");      //Welcome, zhangsan
            obj.sayHello("lisi");      //Hello, lisi
            var sayHi = obj.sayHello;
            sayHi("wangwu");           //Welcome, wangwu
        </script>
    </head>
</html>
```

下面来分析一下上述的 JavaScript 代码：

（1）调用 sayHello("zhangsan")时，相当于执行 window.sayHello("zhangsan")，因此函数内部的

this 指向的是 window 对象，我们在代码第一行定义的全局变量 greeting 将自动成为 window 对象的属性，因此最后的结果是"Welcome, zhangsan"。

（2）调用 obj.sayHello("lisi")时，函数内部的 this 指向的是 obj 对象，而 obj 对象内部定义了 greeting 属性，因此最后的结果是"Hello, lisi"。

（3）调用 sayHi("wangwu")时，虽然该函数是由 obj.sayHello 赋值得到，但是在执行 sayHi()函数时，当前的执行上下文对象是 window 对象，相当于调用 window.sayHi("wangwu")，因此最后的结果是"Welcome, wangwu"。

再看一段代码：

```
<!DOCTYPE html>
<html>
    <head>
        <script>
            var obj = {
                greeting: "Hello",
                sayHello: function(){
                    setTimeout(function(){
                        alert(this.greeting);
                    }, 2000);
                }
            }
            obj.sayHello();  //undefined
        </script>
    </head>
</html>
```

最后的输出结果是 undefined。为什么会这样呢？要注意，调用 obj.sayHello()时，只是执行了 setTimeout()函数，2s 之后才开始执行 setTimeout()函数参数中定义的匿名函数，而该匿名函数的执行上下文对象是 window，因此 this 指向的是 window 对象，而在 window 对象中并没有定义 greeting 属性，找不到该属性，自然输出的是 undefined。

为了解决 this 指向的问题，可以使用函数对象的 bind()方法，将 this 明确地绑定到某个对象上。代码如下所示：

```
<!DOCTYPE html>
<html>
    <head>
        <script>
            var greeting = "Welcome";

            function sayHello(user){
                alert(this.greeting + ", " + user);
            }
```

```
        var obj = {
            greeting: "Hello",
            sayHello: sayHello
        }

        var sayHi = obj.sayHello.bind(obj);
        sayHi("wangwu");    //Hello, wangwu

        var obj = {
            greeting: "Hello",
            sayHello: function(){
                setTimeout((function(){
                    alert(this.greeting);
                }).bind(this), 2000);
            }
            //或者
            /*sayHello: function(){
                var that = this;
                setTimeout(function(){
                    alert(that.greeting);
                }, 2000);
            }*/
        }
        obj.sayHello();  //Hello
    </script>
    </head>
</html>
```

　　使用 bind()方法实际上是创建了一个新的函数，称为绑定函数，该函数的 this 被绑定到参数传入的对象。为了避免创建一个额外的函数，可以通过更好的方式来解决 this 的问题，这就该箭头函数出场了。

　　箭头函数中没有 this 绑定，必须通过查找作用域来决定其值。如果箭头函数被非箭头函数包含，则 this 绑定的是最近一层非箭头函数的 this；否则，this 的值会被设置为全局对象。使用箭头函数修改上述代码，如下所示：

```
<!DOCTYPE html>
<html>
    <head>
        <script>
        var obj = {
            greeting: "Hello",
            sayHello: function(){
                setTimeout(() => alert(this.greeting), 2000);
            }
```

```
      }
      obj.sayHello();  //Hello
    </script>
  </head>
</html>
```

　　alert 函数参数中的 this 与 sayHello()方法中的 this 一致，而这个 this 指向的是 obj 对象，因此最后调用 obj.sayHello()的结果是 Hello。

　　箭头函数中的 this 值取决于该函数外部非箭头函数的 this 值，且不能通过 call()、apply()或 bind()方法来改变 this 的值。

　　箭头函数在使用时有几个要注意的地方：

　　（1）没有 this、super、arguments 和 new.target 绑定。箭头函数中的 this、super、arguments 和 new.target 这些值由外围最近一层非箭头函数决定。

　　（2）不能通过 new 关键字调用。箭头函数不能被用作构造函数，也就是说，不可以使用 new 关键字调用箭头函数，否则程序会抛出一个错误。

　　（3）没有原型。由于不可以通过 new 关键字调用箭头函数，因而没有构建原型的需求，所以箭头函数不存在 prototype 这个属性。

　　（4）不可以改变 this 的绑定。函数内部的 this 值不可被改变，在函数的生命周期内始终保持一致。

　　（5）不支持 arguments 对象。箭头函数没有 arguments 绑定，所以只能通过命名参数和 rest 参数这两种形式访问函数的参数。

3.9　类

　　大多数面向对象的编程语言支持类和类继承的特性，而 JavaScript 不支持这些特性，只能通过其他方式来模拟类的定义和类的继承。ECMAScript 6 引入了 class（类）的概念，新的 class 写法让对象原型的写法更加清晰，也更像传统的面向对象编程语言的写法。

3.9.1　定义类

　　在 ECMAScript 5 及早先版本中，没有类的概念，可以通过构造函数和原型混合使用的方式来模拟定义一个类。代码如下所示：

```
function Car(sColor,iDoors)
{
    this.color= sColor;
    this.doors= iDoors;
}
Car.prototype.showColor=function(){
    console.log(this.color);
};
```

```
var oCar=new Car("red",4);
oCar.showColor();
```

ECMAScript 6引入了 class 关键字，使得类的定义更接近 Java、C++等面向对象语言中的写法。我们使用 ECMAScript 6 中的类声明语法来改写上述代码，如下所示：

```
class Car{
    //等价于 Car 构造函数
    constructor(sColor,iDoors){
        this.color= sColor;
        this.doors= iDoors;
    }
    //等价于 Car.prototype.showColor
    showColor(){
        console.log(this.color);
    }
}

let oCar = new Car("red",4);
oCar.showColor();
```

在类声明语法中，使用特殊的 constructor 方法名来定义构造函数，且由于这种类使用简写语法来定义方法，因此不需要添加 function 关键字。

自有属性是对象实例中的属性，不会出现在原型上，如本例中的 color 和 doors。自有属性只能在类的构造函数（即 constructor 方法）或方法中创建，一般建议在构造函数中创建所有的自有属性，从而只通过一处就可以控制类中所有的自有属性。本例中的 showColor()方法实际上是 Car.prototype 上的一个方法。

与函数一样，类也可以使用表达式的形式定义。代码如下所示：

```
let Car = class {
    //等价于 Car 构造函数
    constructor(sColor,iDoors){
        this.color= sColor;
        this.doors= iDoors;
    }
    //等价于 Car.prototype.showColor
    showColor(){
        console.log(this.color);
    }
}

let oCar = new Car("red",4);
oCar.showColor();
```

使用类表达式，可以实现立即调用类构造函数从而创建一个类的单例对象。使用 new 调用类表达式，紧接着通过一对圆括号调用这个表达式。代码如下所示：

```
let car = new class {
    //等价于 Car 构造函数
    constructor(sColor,iDoors){
        this.color= sColor;
        this.doors= iDoors;
    }
    //等价于 Car.prototype.showColor
    showColor(){
        console.log(this.color);
    }
}("red", 4);

car.showColor();
```

这段代码先创建了一个匿名类表达式，然后立即执行。按照这种模式可以使用类语法创建单例，并且不会在作用域中暴露类的引用。

3.9.2　访问器属性

访问器属性是通过关键字 get 和 set 来创建的，语法为关键字 get 或 set 后跟一个空格和相应的标识符，实际上是为某个属性定义取值和设值函数，在使用时以属性访问的方式来使用。与自由属性不同的是，访问器属性是在原型上创建的。看下面的代码：

```
class Car{
    constructor(sName, iDoors){
        this._name= sName;
        this.doors= iDoors;
    }
    //只读属性
    get desc(){
        return `${this.name} is worth having.`;
    }

    get name(){
        return this._name;
    }

    set name(value){
        this._name = value;
    }
}

let car = new Car("Benz", 4);
console.log(car.name);  //Benz
```

```
console.log(car.desc);  //Benz is worth having.
car.name = "Ferrari";
console.log(car.name);  //Ferrari
car.prototype.desc = "very good"; //TypeError: Cannot set property 'desc' of undefined
```

在构造函数中定义了一个_name 属性，_name 属性前面的下划线是一种常用的约定记号，用于表示只能通过对象方法访问的属性。当访问属性 name 时，实际上是调用它的取值方法；当给属性 name 赋值时，实际上是调用它的设值方法。因为是方法实现，所以定义访问器属性时，可以添加一些访问控制或额外的代码逻辑。

如果需要只读的属性，那么只提供 get 方法即可，如本例中的 desc 属性；同理，如果需要只写的属性，那么只提供 set 方法即可。

3.9.3　静态方法

ECMAScript 6 引入了关键字 static，用于定义静态方法。除构造函数外，类中所有的方法和访问器属性都可以用 static 关键字来定义。代码示例如下：

```
class Car{
    constructor(sName, iDoors){
        this.name= sName;
        this.doors= iDoors;
    }

    showName(){
        console.log(this.name);
    }

    static createDefault(){
        return new Car("Audi", 4);
    }
}

let car = Car.createDefault();
car.showName();          //Audi
car.createDefault();    //TypeError: car.createDefault is not a function
```

使用 static 关键字定义的静态方法，只能通过类名来访问，不能通过实例来访问。此外，要注意的是，ECMAScript 6 并没有提供静态属性，即不能在实例属性前面添加 static 关键字。

3.9.4　类的继承

同样地，ECMAScript 5 及早先版本也不支持类的继承，要模拟实现类的继承，需要采用一些额外的手段来实现。ECMAScript 6 提供了 extends 关键字，这样可以很轻松地实现类的继承。看下面的代码：

```
class Person{
    constructor(name){
        this.name = name;
    }

    work(){
        console.log("working...");
    }
}

class Student extends Person{
    constructor(name, no){
        super(name);   //调用父类的 constructor(name)
        this.no = no;
    }
}

let stu = new Student("zhangsan", 1);
stu.work();  //woking...
```

Student 类通过使用关键字 extends 继承自 Person 类，Student 类称为派生类。在 Student 的构造函数中，通过 super()来调用 Person 的构造函数并传入相应参数。要注意的是，如果在派生类中定义了构造函数，则必须调用 super()，而且一定要在访问 this 之前调用。如果在派生类中没有定义构造函数，那么当创建派生类的实例时会自动调用 super()并传入所有参数。例如，下面的代码定义了 Teacher 类，从 Person 类继承，在类声明中，没有定义构造函数。

```
class Person{
    constructor(name){
        this.name = name;
    }

    work(){
        console.log("working...");
    }
}

class Teacher extends Person{
    //没有构造函数
}
//等价于
/*class Teacher extends Person{
    constructor(...args){
        super(...args);
    }
}*/
```

```
let teacher = new Teacher("lisi");
teacher.work();  //working...
```

在派生类中，可以重写基类中的方法，这将覆盖基类中的同名方法。下面在 Student 类中重新
定义 work()方法。

```
class Person{
    constructor(name){
        this.name = name;
    }

    work(){
        console.log("working...");
    }
}

class Student extends Person{
    constructor(name, no){
        super(name);  //调用父类的 constructor(name)
        this.no = no;
    }

    //覆盖 Person.prototype.work()方法
    work(){
        console.log("studying...");
    }
}

let stu = new Student("zhangsan", 1);
stu.work();  //studying...
```

如果在 Student 的 work()方法中需要调用基类的 work()方法，可以使用 super 关键字来调用。代
码如下所示：

```
class Person{
    ...
}

class Student extends Person{
    ...
    work(){
        super.work();
        console.log("studying...");
    }
}

let stu = new Student("zhangsan", 1);
```

```
stu.work();  //working...
             //studying...
```

3.10 模   块

在 ECMAScript 5 及早先版本中，一直没有模块（module）体系，使得无法将一个复杂的应用拆分成不同的功能模块，再组合起来使用。为此，JavaScript 社区制定了一些模块加载方案，最主要的有 CommonJS 和 AMD 两种。ECMAScript 6 在语言标准的层面上，实现了模块功能，而且实现得相当简单，完全可以取代 CommonJS 和 AMD 规范，成为浏览器和服务器通用的模块解决方案。

一个模块通常是一个独立的 JS 文件，该文件内部定义的变量和函数除非被导出，否则不能被外部所访问。

使用 export 关键字放置在需要暴露给其他模块使用的变量、函数或者类声明前面，以将它们从模块中导出。看下面的代码：

```
                         Modules.js
1.  //导出数据
2.  export var color = "red";
3.  export let name = "module";
4.  export const sizeOfPage = 10;
5.
6.  //导出函数
7.  export function sum(a, b){
8.      return a + b;
9.  }
10.
11. //将在模块末尾进行导出
12. function subtract(a, b){
13.     return a - b;
14. }
15.
16. //将在模块末尾进行导出
17. function multiply(a, b){
18.     return a * b;
19. }
20.
21. //将在模块末尾进行导出
22. function divide(a ,b){
23.     if(b !== 0)
24.         return a / b;
25. }
26. //导出类
```

```
27.  export class Car{
28.      constructor(sColor, iDoors){
29.          this.color = sColor;
30.          this.doors = iDoors;
31.      }
32.      showColor(){
33.          console.log(this.color);
34.      }
35.  }
36.  //模块私有的变量
37.  var count = 0;
38.  //模块私有的函数
39.  function changeCount(){
40.      count++;
41.  }
42.
43.  //导出 multiply 函数
44.  export {multiply};
45.  //subtract 是本地名称，sub 是导出时使用的名称
46.  export {subtract as sub}
47.  //导出模块默认值
48.  export default divide;
```

需要说明的是：

（1）导出时可以分别对变量（代码第 2～4 行）、函数（代码第 7 行）和类（代码第 27 行）进行导出，也可以将导出语句集中书写在模块的尾部（代码第 44～48 行），当导出内容较多时，采用后者会更加清晰。

（2）没有添加 export 关键字而定义的变量（代码第 37 行）、函数（代码第 39～41 行）和类在模块外部是不允许被访问的。

（3）导出的函数和类声明都需要一个名称，如上述代码所示。如果要用一个不同的名称导出变量、函数或者类，可以使用 as 关键字来指定变量、函数或者类在模块外应该按照什么样的名字来使用（代码第 46 行）。

（4）一个模块可以导出且只能导出一个默认值，默认值是通过使用 default 关键字指定的单个变量、函数或者类（代码第 48 行）。非默认值的导出，需要使用一对花括号包裹名称（代码第 44 行、第 46 行），而默认值的导出则不需要。

（5）默认值的导出还可以采用下面两种语法形式。

```
//第二种语法形式
//使用 default 关键字导出一个函数作为模块的默认值，
//因为导出的函数被模块所代表，所以它不需要一个名称
export default function(a ,b){
    if(b !== 0)
        return a / b;
}
```

```
//------------------------------ //
function divide(a ,b){
    if(b !== 0)
        return a / b;
}
//第三种语法形式
export {divide as default}
```

如果想在一条导出语句中指定多个导出（包括默认导出），那么就需要用到第三种语法形式。我们将 Modules.js 中模块尾部的导出（第 44～48 行）合并为一条导出语句。代码如下：

```
export {multiply, subtract as sub, divide as default};
```

下面来看一下导入。导入是通过使用 import 关键字来引入其他模块导出的功能。import 语句由两个部分组成：要导入的标识符和标识符应当从哪个模块导入。看下面的代码：

```
                              index.js
1.   //导入模块默认值
2.   import divide from "./Modules.js";
3.   //导入多个绑定
4.   import {color, name, sizeOfPage} from "./Modules.js";
5.   //导入单个绑定
6.   import {multiply} from "./Modules.js";
7.   //因 Modules 模块中导出 subtract 函数时使用了名称 sub，这里导入也要用该名称
8.   import {sub} from "./Modules.js";
9.   //导入时重命名导入的函数
10.  import {sum as add} from "./Modules.js";
11.  //导入类
12.  import {Car} from "./Modules.js";
13.  //导入整个模块
14.  import * as example from "./Modules.js";
15.
16.  console.log(color);              //red
17.  console.log(name);              //module
18.  console.log(sizeOfPage);        //10
19.  //只能用 add 而不能用 sum
20.  console.log(add(6, 2));         //8
21.  console.log(sub(6, 2));         //4
22.  console.log(multiply(6, 2));    //12
23.  console.log(divide(6, 2));      //3
24.  let car = new Car("black", 4);
25.  car.showColor();                //black
26.  console.log(example.name);      //module
27.  //注意这里是 sum，而不是 add
28.  console.log(example.sum(6, 2)); //8
29.  //count 是 Modules 模块私有的变量，在外部不能访问
30.  console.log(example.count);     //undefined
```

```
31. //changeCount()函数是 Modules 模块私有的函数，在外部不能访问
32. vconsole.log(example.changeCount());//TypeError: example.changeCount is not a
                                      function
```

需要说明的是：

（1）导入模块时，模块文件的位置可以使用相对路径，也可以使用绝对路径，使用相对路径时，对于同一目录下的文件，不能使用 Modules.js 来引入，而要使用./Modules.js，即通过"."来代表当前目录。

（2）导入时，可以导入单个绑定，也可以同时导入多个绑定（代码第 4 行）。导入时，也可以使用 as 关键字对导入的绑定重新命名（代码第 10 行）。

（3）对于模块非默认值的导入，需要使用一对花括号包裹名称，而默认值的导入则不需要（代码第 1 行）。

（4）可以导入整个模块作为一个单一对象（代码第 14 行），然后所有的导出将作为该对象的属性使用（代码第 26、28 行）。

（5）多个 import 语句引用同一个模块，该模块也只执行一次。被导入的模块代码执行后，实例化后的模块被保存在内存中，只要另一个 import 语句引用它就可以重复使用它。

📝 提示：

> export 和 import 语句必须在其他语句或者函数之外使用，换句话说，import 和 export 语句只能在模块的顶层使用。

3.11　Promise

JavaScript 引擎是基于单线程事件循环的概念构建的，它采用任务队列的方式，将要执行的代码块放到队列中，当 JavaScript 引擎中的一段代码执行结束，事件循环会指定队列中的下一个任务来执行。事件循环是 JavaScript 引擎中的一段程序，负责监控代码执行并管理任务队列。

JavaScript 执行异步调用的传统方式是事件和回调函数，但随着应用的复杂，事件和回调函数无法完全满足开发者想做的事情，为此，ECMAScript 6 给出了 Promise 这一更强大的异步编程解决方案。

一个 Promise 可以通过 Promise 构造函数来创建，这个构造函数只接受一个参数：包含初始化 Promise 代码的执行器（executor）函数，在该函数内包含需要异步执行的代码。执行器函数接受两个参数，分别是 resolve 函数和 reject 函数，这两个函数由 JavaScript 引擎提供，不需要我们自己编写。异步操作结束成功时调用 resolve 函数，失败时调用 reject 函数。

看例 3-1 所示的代码。

例 3-1

```
const promise = new Promise(function(resolve, reject) {
    //开启异步操作
    setTimeout(function(){
        try{
```

```
            let c = 6 / 2 ;
            //执行成功调用 resolve 函数
            resolve(c);
        }catch(ex){
            //执行失败调用 reject 函数
            reject(ex);
        }
    }, 1000);
});
```

在执行器函数内包含了异步调用，在 1s 后执行两个数的除法运算，如果成功，则用相除的结果作为参数调用 resolve 函数，失败则调用 reject 函数。

每个 Promise 都会经历一个短暂的生命周期：先是处于进行中（pending）的状态，此时操作尚未完成，所以它也是未处理的（unsettled），一旦异步操作执行结束，Promise 则变为已处理的（settled）状态。操作结束后，根据异步操作执行成功与否，可以进入以下两个状态之一：

（1）fulfilled：Promise 异步操作成功完成。

（2）rejected：由于程序错误或者其他一些原因，Promise 异步操作未能成功完成，即已失败。

一旦 Promise 状态改变，就不会再变，任何时候都可以得到这个结果。Promise 对象的状态改变，只有两种可能：从 pending 变为 fulfilled 和从 pending 变为 rejected。

在 Promise 状态改变后，我们怎么去根据不同的状态来做相应的处理呢？Promise 对象有一个 then()方法，它接受两个参数：第一个是当 Promise 的状态变为 fulfilled 时要调用的函数，与异步操作相关的附加数据通过调用 resolve 函数传递给这个完成函数；第二个是当 Promise 的状态变为 rejected 时要调用的函数，所有与失败相关的附加数据通过调用 reject 函数传递给这个拒绝函数。

我们在例 3-1 的代码之后，添加 Promise 的 then()方法的调用。代码如下所示：

```
promise.then(function(value){
    //完成
    console.log(value);  //3
},function(err){
    //拒绝
    console.error(err.message);
})
```

then()方法的两个参数都是可选的。例如，只在执行失败后进行处理，可以给 then()方法的第一个参数传递 null。代码如下所示：

```
promise.then(null,function(err){
    //拒绝
    console.error(erro.message);
})
```

Promise 对象还有一个 catch()方法，用于在执行失败后进行处理，等价于上述只给 then()方法传入拒绝处理函数的代码。代码如下所示：

```
promise.catch(function (err){
```

```
    console.error(err.message);
})
```

通常是将 then()方法和 catch()方法一起使用来对异步操作的结果进行处理，这样能更清楚地指明操作结果是成功还是失败。代码如下所示：

```
promise.then(function(value){
    //完成
    console.log(value);  //3
}).catch(function (err){
    //拒绝
    console
    console.error(err.message);
});
```

修改例 3-1，将除数改为 0，在 Node 中运行代码，结果为 Infinity。

上述代码使用箭头函数会更加简洁，如下所示：

```
promise.then(value => console.log(value))
    .catch(err => console.error(err.message));
```

🖉 提示：

如果调用 resolve 函数或 reject 函数时带有参数，那么它们的参数会被传递给 then()或 catch()方法的回调函数。

Promise 支持方法链的调用形式，如上述代码所示。每次调用 then()或者 catch()方法时实际上会创建并返回另一个 Promise，因此可以将 Promise 串联调用。在串联调用时，只有在前一个 Promise 完成或被拒绝时，第二个才会被调用。

看下面的例子。

```
const promise = new Promise((resolve, reject) => {
    //调用 setTimeout 模拟异步操作
    setTimeout( ()=> {
        let intArray = new Array(20);
        for(let i=0; i<20; i++){
            intArray[i] = parseInt(Math.random() * 20, 10);
        }
        //成功后调用 resolve
        resolve(intArray);
    },1000);
    //该代码会立即执行
    console.log("开始生成一个随机数的数组")
});

promise.then(value => {
value.sort((a,b) => a-b);
return value;
}).then(value => console.log(value));
```

要说明的是：

（1）Promise 的执行器函数内的代码会立即执行，因此无论 setTimeout 指定的回调函数执行成功与否，console.log("开始生成一个随机数的数组")语句都会执行。

（2）在 20 个随机数生成完毕后，调用 resolve(intArray)，因而 then()方法的完成处理函数被调用，对数组进行排序，之后返回 value；接着下一个 then()方法的完成处理函数开始调用，输出排序后的数组。

（3）Promise 链式调用时，有一个重要特性就是可以给后续的 Promise 传递数据，只需要在完成处理函数中指定一个返回值（如上述代码中的 return value），就可以沿着 Promise 链继续传递数据。

上述代码在 Node.js 中的输出结果如下：

```
开始生成一个随机数的数组
[ 0, 1, 2, 2, 4, 4, 4, 5, 6, 7, 7, 9, 9, 10, 12, 12, 14, 15, 15, 16 ]
```

在完成处理程序或拒绝处理程序中也可能会产生错误，使用 Promise 链式调用可以很好地捕获这些错误。如下所示：

```
const promise = new Promise((resolve, reject)=>{
    resolve("Hello World");
});

promise.then((value) => {
    console.log(value);
    throw new Error("错误");
}).catch(err => console.error(err.message));
```

上述代码在 Node.js 中的输出结果如下：

```
Hello World
错误
```

要注意的是，与 JavaScript 中的 try/catch 代码块不同，如果没有使用 catch()方法指定错误处理的回调函数，那么 Promise 对象抛出的错误不会传递到外层代码，即不会有任何反应。

3.12　小　　结

本章针对前端开发中经常用到 ECMAScript 6 中的特性和语法作了一个简要介绍，方便读者学习和理解本书后面章节的知识，也方便对 ECMAScript 6 不熟悉的读者可以快速上手，从而可以在项目中编写更简洁的代码。

读者可以先大致过一遍本章的内容，然后在学习后面章节时遇到相关知识点的时候再回过来学习本章的内容。如果读者已经掌握了 ECMAScript 6，可以跳过本章。

第 4 章　Vue.js 语法简介

Vue.js 使用了基于 HTML 的模板语法，允许开发者声明式地将DOM绑定至底层 Vue 实例的数据。本章将介绍 Vue.js 中数据绑定的语法和指令的使用。

为了更好地学习本章的内容，先给出例 4-1 所示的示例代码。

例 4-1　syntax.html

```
1.  <!DOCTYPE html>
2.  <html>
3.      <head>
4.          <meta charset="UTF-8">
5.          <title>Hello Vue.js</title>
6.      </head>
7.      <body>
8.          <!--View-->
9.          <div id="app">
10.             <!--简单的文本插值-->
11.             <p>{{message}}</p>
12.             <!--使用 JavaScript 表达式-->
13.             <p>{{message.toUpperCase()}}</p>
14.             <!--HTML 代码将以普通文本的方式输出-->
15.             <p>{{spanHtml}}</p>
16.             <!--输出 HTML 代码-->
17.             <p v-html="spanHtml"></p>
18.             <!--使用 v-bind 指令对 HTML 元素的属性进行绑定-->
19.             <a v-bind:href="url">新浪网</a>
20.         </div>
21.
22.         <script src="vue.js"></script>
23.         <script>
24.             var vm = new Vue({
25.                 el: '#app',
26.                 data: {
27.                     message: "Hello Vue.js",
28.                     url: "http://www.sina.com.cn/",
29.                     spanHtml: "<span style='color: red'>HTML 元素，以红色字体显示</span>"
30.                 }
31.             })
32.         </script>
33.     </body>
34. </html>
```

4.1　Vue 实例

在一个使用 Vue.js 框架的页面应用程序中，至少要创建一个 Vue 实例（如例 4-1 中第 24～31 行代码所示），语法为 new Vue()，Vue 实例充当了 MVVM 模式中的 ViewModel。在创建 Vue 实例时，需要传入一个选项对象，该对象可以包含数据、方法、组件生命周期钩子等。

提示：

> 例 4-1 第 24 行，创建 Vue 实例后赋给了变量 vm，在实际开发中并不要求一定要将 Vue 实例赋值给某个变量，这里只是为了方便后面内容的讲解，可以通过浏览器的调试让读者更直观地掌握本章的内容。

在选项对象中，通过 el 属性绑定要渲染的 View，el: '#app'表示该 Vue 实例将挂载到<div id="app">...</div>这个元素；data 属性指定一个 Model，所有的数据都在该数据对象中定义。

除了使用 el 属性指定 Vue 实例要挂载的元素外，还可以使用 vm.$mount()方法手动挂载 Vue 实例，该方法返回实例本身。代码如下所示：

```
var vm = new Vue({...});
vm.$mount("#app");
//或者
var vm = new Vue({...}).$mount("#app");
```

定义了 Vue 实例之后，就可以通过插值来进行数据绑定了。

4.2　插　　值

扫一扫，看视频

数据绑定最常见的形式就是使用 Mustache 语法（双花括号）的文本插值，如例 4-1 中第 11 行代码所示：

```
<p>{{message}}</p>
```

Mustache 标签会被替换为 Vue 实例中数据对象上 message 属性的值。只要绑定的数据对象上 message 属性发生了改变，插值处的内容就会被更新。

使用 Chrome 浏览器打开例 4-1 的页面，按 F12 键，打开浏览器的开发者工具，如图 4-1 所示。

图 4-1　Chrome 浏览器的开发者工具

切换到 Console 窗口，输入 vm.message = "welcome you"，然后按 Enter 键，可以看到页面中的内容同步发生了更新，如图 4-2 所示。

图 4-2   使用 Chrome 浏览器的开发者工具演示数据绑定

如果绑定的数据中包含了 HTML 代码，那么使用 Mustache 语法（双花括号）将把 HTML 代码以普通文本的方式进行输出，也就是说，Vue 内部对 HTML 代码进行了字符转义。例 4-1 在数据对象中定义了 spanHtml 属性（第 29 行），其值是一段 HTML 代码，第 15 行的 {{spanHtml}} 在页面渲染时会被替换为下面的内容：

```
<span style='color: red'>HTML 元素，以红色字体显示</span>
```

如果要输出真正的 HTML 代码，以便浏览器能够正常解析，需要使用 v-html 指令（关于指令，请参看 4.3 节和第 5 章），如例 4-1 第 17 行代码所示。

Mustache 语法不能作用于 HTML 元素的属性上，要解决 HTML 元素属性值的绑定问题，需要使用 v-bind 指令。例 4-1 在数据对象中定义了 url 属性（第 28 行），第 19 行的代码如下：

```
<a v-bind:href="url">新浪网</a>
```

使用 v-bind 指令将 url 属性和 <a> 元素的 href 属性进行了绑定。读者可以在 Chrome 浏览器的控制台窗口中改变 url 的值，查看 <a> 元素的 href 属性是否同步发生了改变，如图 4-3 所示。

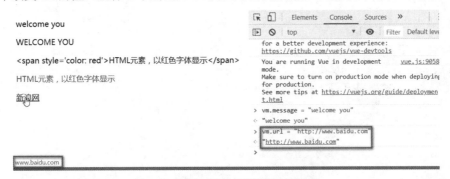

图 4-3   演示 HTML 元素的属性绑定

除了绑定简单的属性值外，对于所有的数据绑定，Vue.js 还提供了完全的 JavaScript 表达式支持。

例 4-1 的第 13 行代码：

```
<p>{{message.toUpperCase()}}</p>
```

就是一个使用 JavaScript 表达式的例子。还可以像如下代码所示，在插值语法中使用 JavaScript 表达式。

```
{{ a + b }}
{{ isLogin ? username : 'not login' }}
{{ message.split('').reverse().join('') }}
<div v-bind:id="'list-' + id"></div>
```

这些表达式会在所属 Vue 实例的数据作用域下作为 JavaScript 被解析。**要注意的是，每个绑定都只能包含单个表达式**，所以以下面的示例都不会生效。

```
<!-- 这是语句，不是表达式 -->
{{ var a = 1 }}
<!-- if 语句也不会生效，可以使用三元表达式来代替 -->
{{ if (ok) { return message } }}
```

4.3　指　　令

指令是带有 v-前缀的特殊属性，其值限定为单个表达式。指令的作用是，当表达式的值发生改变时，将这个变化反映到 DOM 上。例如，下面代码中的 v-if 指令将根据表达式 show 的值的真假来决定是插入还是删除<p>元素。

```
<p v-if="show">你能看到我吗</p>
```

此外，一些指令还可以带有参数，在指令名称之后以冒号表示，如 v-bind 和 v-on 指令。代码示例如下：

```
<a v-bind:href="url">新浪网</a>
<button v-on:click="sayGreet">Greet</button>
```

v-bind 指令用于响应式地更新 HTML 属性，v-on 指令用于监听 DOM 事件。

📝 提示：

因为 v-bind 和 v-on 指令经常使用，为此，Vue.js 为这两个指令提供了简写语法。代码如下所示：

```
<!--完整语法-->
<a v-bind:href="url">中国水利水电出版社</a>
<!--简写语法-->
<a :href="url">中国水利水电出版社</a>
<!--完整语法-->
<button v-on:click="sayGreet">Greet</button>
<!--简写语法-->
<button @click="sayGreet">Greet</button>
```

从 Vue.js 2.6.0 版本开始，指令的参数可以是动态参数，语法为指令:[JavaScript 表达式]。代码示例如下：

```
<a v-bind:[attribute]="url">新浪网</a>
```

这里的 attribute 会被作为一个 JavaScript 表达式进行动态求值，求得的值将作为最终的参数来使用。假设 Vue 实例中有一个数据对象属性为 attribute，其值为 href，那么这个绑定将等价于 v-bind:href。如果 attribute 的值计算为 null，那么这个绑定将被移除。最后的渲染结果如下：

```
<a>新浪网</a>
```

在 DOM 中使用模板时（直接在一个 HTML 文件里编写模板），还需要避免使用大写字符来命名动态参数，这是因为浏览器会把元素的属性名全部强制转换为小写字符。看例 4-2 所示的代码。

例 4-2 DynamicParameter.html

```
<!DOCTYPE html>
<html>
    <head>
        <meta charset="UTF-8">
        <title>Hello Vue.js</title>
    </head>
    <body>
        <!--View-->
        <div id="app">
            <a v-bind:[attributeName]="url">新浪网</a>
        </div>

        <script src="vue.js"></script>
        <script>
            var vm = new Vue({
                el: '#app',
                data: {
                    attributeName: "href",
                    url: "http://www.sina.com.cn/"
                }
            })
        </script>
    </body>
</html>
```

浏览器在加载该页面时，会将 v-bind:[attributeName]转换为 v-bind:[attributename]，之后 Vue 框架的核心代码在解析动态参数 attributename 时，发现在 Vue 实例的数据对象中找不到 attributename 属性（数据对象中定义的是 attributeName 属性），于是就报错，提示："attributename" is not defined on the instance。

使用动态参数时，还需要注意的是：不要使用复杂的表达式，因为 HTML 元素的属性命名是有规范的。例如，名称中不能有空格或者引号。下面的代码将不能正常工作。

```
<a v-bind:['foo' + bar]="value"> ... </a>
```

4.4　小　　结

　　本章简要介绍了 Vue.js 的基本用法，包括数据绑定和指令的使用，数据绑定分为模板文本中的绑定和 HTML 元素属性值的绑定；Vue.js 中内置的指令有些不需要带参数，有些需要带参数。关于指令，详见第 5 章。

　　后续章节我们会详细介绍 Vue.js 框架的应用。

第 5 章 指 令

指令是带有 v-前缀的特殊属性，其值限定为单个表达式。指令的作用是，当表达式的值发生改变时，将其产生的连带影响应用到 DOM 上。

本章将介绍 Vue.js 内置的指令和自定义指令的开发。

5.1 内 置 指 令

Vue.js 针对一些常用的页面功能提供了以指令来封装的使用形式，以 HTML 元素属性的方式使用，这些指令数量并不是很多，相信读者掌握起来也会很快。

扫一扫，看视频

5.1.1 v-show

v-show 指令根据表达式的值的真假，来显示或隐藏 HTML 元素。看例 5-1 所示的代码。

例 5-1 v-show.html

```html
<!DOCTYPE html>
<html>
    <head>
        <meta charset="UTF-8">
        <title>v-show 指令</title>
    </head>
    <body>
        <div id="app">
            <h1 v-show="yes">Yes!</h1>
            <h1 v-show="no">No!</h1>
            <h1 v-show="age >= 25">Age: {{ age }}</h1>
            <h1 v-show="name.indexOf('Smith') >= 0">Name: {{ name }}</h1>
        </div>
    <script src="vue.js"></script>
    <script>

        var vm = new Vue({
            el: '#app',
            data: {
                yes: true,
                no: false,
```

```
                    age: 28,
                    name: 'Will Smith'
                }
            })
        </script>
    </body>
</html>
```

我们用 Chrome 浏览器打开例 5-1 所示的页面，并按 F12 键调出开发者工具，切换到 Elements 标签窗口，展开<div>元素，如图 5-1 所示。

图 5-1　v-show.html 页面

从图 5-1 中可以看到，因为数据对象中的 no 属性为 false，因此使用 v-show 指令计算 no 表达式的<h1>元素没有显示；其他表达式的值计算都为 true，所以这些表达式所在的<h1>元素都正常显示了。

从 Chrome 浏览器的 Elements 窗口中可以看到，使用 v-show 指令，元素本身是要被渲染的，至于显示与否是通过设置 CSS 样式属性 display 来控制的，如果表达式的值计算为 false，则设置样式"display: none;"。接下来切换到 Console 窗口，修改 age 属性的值为 18（vm.age = 18），然后切换回 Elements 窗口，如图 5-2 所示。

图 5-2　修改 age 属性值后 v-show 页面的显示效果

由此可以进一步确认 v-show 指令是通过 CSS 样式属性 display 来控制元素的显示与否。

指令都是在某个元素上使用，如果要显示或隐藏多个元素，是否要在每个元素上使用一次 v-show 指令呢？答案是不需要，我们可以使用 HTML 5 新增的<template>元素来包裹需要切换显示与隐藏的这多个元素，然后在<template>元素上使用 v-show 指令，最终的渲染结果中是不会包含<template>元素的。实际上，<template>元素是被当作一个不可见的包裹元素，主要用于分组的条件判断和列表渲染。

看例 5-2 所示的代码。

例 5-2　v-show-template.html

```html
<!DOCTYPE html>
<html>
    <head>
        <meta charset="UTF-8">
        <title>v-show 指令</title>
    </head>
    <body>
        <div id="app">
            <template v-show="!isLogin">
                <form>
                    <p>username: <input type="text"></p>
                    <p>password: <input type="password"></p>
                </form>
            </template>
        </div>

        <script src="vue.js"></script>
        <script>

            var vm = new Vue({
                el: '#app',
                data: {
                    isLogin: false
                }
            })
        </script>
    </body>
</html>
```

渲染结果如图 5-3 所示。

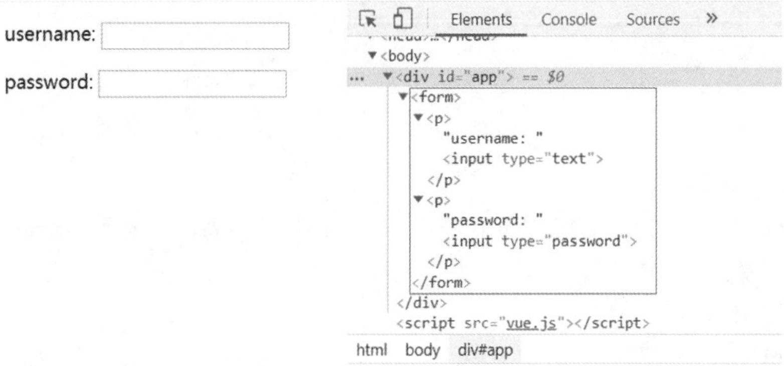

图 5-3 v-show-template.html 页面

5.1.2   v-if/v-else-if/v-else

v-if、v-else-if、v-else 这三个指令用于实现条件判断，先来看一下 v-if 指令。

1. v-if

v-if 指令根据表达式的值的真假来生成或删除一个元素。将例 5-1 所示代码中的 v-show 指令替换为 v-if 指令，代码如例 5-3 所示。

例 5-3   v-if.html

```html
<!DOCTYPE html>
<html>
    <head>
        <meta charset="UTF-8">
        <title>v-if 指令</title>
    </head>
    <body>
        <div id="app">
            <h1 v-if="yes">Yes!</h1>
            <h1 v-if="no">No!</h1>
            <h1 v-if="age >= 25">Age: {{ age }}</h1>
            <h1 v-if="name.indexOf('Smith') >= 0">Name: {{ name }}</h1>
        </div>

        <script src="vue.js"></script>
        <script>

            var vm = new Vue({
                el: '#app',
                data: {
                    yes: true,
                    no: false,
                    age: 28,
```

```
                name: 'Will Smith'
            }
        })
    </script>
  </body>
</html>
```

使用 Chrome 浏览器打开例 5-3 所示的页面，采用同样的步骤，切换到 Elements 标签窗口，展开<div>元素，如图 5-4 所示。

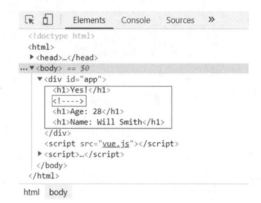

图 5-4   v-if.html 页面

从图 5-4 中可以看到，包含 no 表达式（值为 false）的<h1>元素并没有生成，其他表达式值为 true 的<h1>元素正常生成了。也就是说，v-if 指令在 HTML 元素的显示与否的实现机制上与 v-show 指令不同，当表达式的值计算为 false 时，v-if 指令不会创建该元素，只有当表达式的值为 true 时，v-if 指令才会真正创建该元素；而 v-show 指令不管表达式的值是真是假，元素本身都是会被创建的，显示与否是通过 CSS 的样式属性 display 来控制的。

切换到 Console 窗口，修改 age 属性的值为 18（vm.age=18），然后切换回 Elements 窗口，如图 5-5 所示。

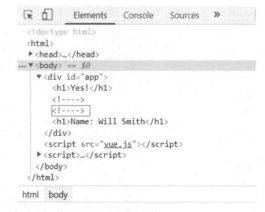

图 5-5   修改 age 属性值后 v-if 页面的显示效果

与 v-show 指令一样，如果 v-if 需要控制多个元素的创建或删除，可以用<template>元素来包裹这些元素，然后在<template>元素上使用 v-if 指令。

一般来说，v-if 有更高的切换开销，而 v-show 有更高的初始渲染开销。因此，如果需要非常频繁地切换元素的显示或隐藏，则使用 v-show 较好；如果在运行时条件很少改变，则使用 v-if 较好。

2．v-else-if/v-else

v-else-if 指令是在 Vue.js 2.1.0 版本中新增的，与 v-if 一起使用，可以实现互斥的条件判断。看例 5-4 所示代码。

扫一扫，看视频

例 5-4　v-else-if-v-else.html

```
<!DOCTYPE html>
<html>
    <head>
        <meta charset="UTF-8">
        <title></title>
    </head>
    <body>
        <div id="app">
        <span v-if="score >= 85">优秀</span>
        <span v-else-if="score >= 75">良好</span>
        <span v-else-if="score >= 60">及格</span>
        <span v-else>不及格</div>
        </div>

    <script src="vue.js"></script>
    <script>
        var vm = new Vue({
            el: '#app',
          data: {
            score: 90
          }
        })
    </script>
  </body>
</html>
```

当一个条件满足时，后续的条件都不会再判断。

使用时，v-else-if 和 v-else 要紧跟在 v-if 或者 v-else-if 之后。

3．用 key 管理可复用的元素

Vue 会尽可能高效地渲染元素，通常会复用已有元素而不是从头开始渲染，这么做使 Vue 渲染效率变得非常高。看例 5-5 所示的代码。

扫一扫，看视频

例 5-5　v-if-key.html

```
<!DOCTYPE html>
<html>
```

```
<head>
    <meta charset="UTF-8">
    <title>v-if-key</title>
</head>
<body>
    <div id="app">
        <template v-if="loginType === 'username'">
        <label>用户名: </label>
        <input placeholder="请输入你的用户名">
        </template>
        <template v-else>
          <label>Email: </label>
          <input placeholder="请输入你的 Email">
        </template>
        <p><button v-on:click="changeLoginType">切换登录方式</button></p>
    </div>

<script src="vue.js"></script>
<script>
    var vm = new Vue({
        el: '#app',
        data: {
          loginType: 'username'
        },
        methods: {
          changeLoginType(){
            if(this.loginType === 'username'){
                this.loginType = "email";
            }
            else{
                this.loginType = "username";
            }
          }
        }
    })
</script>
</body>
</html>
```

使用浏览器打开例 5-5 所示的页面，初始显示的是用户名输入框，读者可以任意输入一些文字，然后单击“切换登录方式”按钮，你会发现之前在用户名输入框中输入的内容被保留了下来，如图 5-6 所示。

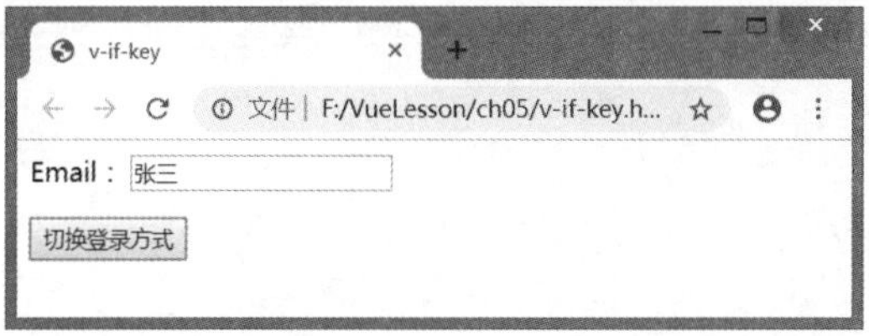

图 5-6　Vue 复用元素示例

这是因为在两个模板中使用了相同的<input>元素，Vue 为了提高渲染效率，复用了<input>元素，因此，在切换登录时，<input>不会被替换掉，仅仅是替换了它的 placeholder 属性。

但有时这并不是我们想要的，我们不希望在 Email 输入框中看到之前输入的用户名，这可以通过为<input>元素添加一个具有唯一值的 key 属性，来告诉 Vue，"这两个元素是完全独立的，不要复用它们"。

修改例 5-5 的代码，为每个<input>元素添加了一个 key 属性，取值唯一。

```
<template v-if="loginType === 'username'">
  <label>用户名: </label>
  <input placeholder="请输入你的用户名" key="username-input">
</template>
<template v-else>
  <label>Email: </label>
  <input placeholder="请输入你的 Email" key="email-input">
</template>
```

使用浏览器再次打开该页面，可以发现每次切换时，输入框都被重新渲染了。

5.1.3　v-for

顾名思义，v-for 指令就是通过循环的方式来渲染一个列表，循环的对象可以是数组，也可以是一个 JavaScript 对象。

1. v-for 遍历数组

表达式的语法形式为 item in items，其中 items 是源数据数组，而 item 则是被迭代的数组元素的别名。看例 5-6 所示的代码。

扫一扫，看视频

例 5-6　v-for-array.html

```
<!DOCTYPE html>
<html>
  <head>
    <meta charset="UTF-8">
    <title></title>
  </head>
  <body>
    <div id="app">
      <ul>
```

```
            <li v-for="book in books">{{book.title}}</li>
        </ul>
    </div>

    <script src="vue.js"></script>
    <script>
        var vm = new Vue({
            el: '#app',
            data: {
                books: [
                    {title: 'Vue 无难事'},
                    {title: 'VC++深入详解'},
                    {title: 'Servlet/JSP 深入详解'}
                ]
            }
        })
    </script>
  </body>
</html>
```

Vue 实例的数据对象中定义了一个数组属性 books，然后在<li>元素上使用 v-for 指令遍历该数组，这将循环渲染<li>元素。在 v-for 块中，可以访问所有父作用域的属性，book 是数组中元素的别名，每次循环，book 的值都被重置为数组当前索引的值，在<li>元素内部，可以通过 Mustache 语法来引用该变量。

最终渲染结果如图 5-7 所示。

- Vue无难事
- VC++深入详解
- Servlet/JSP深入详解

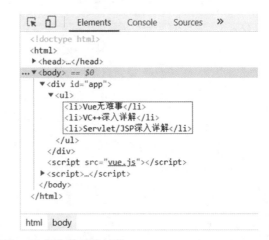

图 5-7   使用 v-for 指令的渲染结果

📝 提示：

v-for 指令的表达式也可以使用 of 替代 in 作为分隔符，它更接近 JavaScript 迭代器的语法，如<div v-for="item of items"></div>。

v-for 指令的表达式还支持一个可选的参数作为当前项的索引。

修改例 5-6 代码中的<li>元素，如下：

```
<li v-for="(book,index) in books">{{index}} - {{book.title}}</li>
```

多个参数需要放到圆括号中。最后的渲染结果如图 5-8 所示。

- 0 - Vue无难事
- 1 - VC++深入详解
- 2 - Servlet/JSP深入详解

图 5-8　带索引参数后的渲染结果

2．数组更新检测

Vue 的核心是数据与视图的双向绑定，为了监测数组中元素的变化，以便能及时将变化反映到视图中，Vue 对数组的下列变异方法（mutation method）进行了包裹。

- push()
- pop()
- shift()
- unshift()
- splice()
- sort()
- reverse()

我们可以用 Chrome 浏览器打开例 5-6 所示的页面，调出开发者工具，切换到 Console 标签窗口，输入下面的语句：

```
vm.books.push({ title: 'Java Web 开发详解' })
```

结果如图 5-9 所示。

图 5-9　修改数据对象中的数组属性，让变化同步更新到视图中

数组中还有一些非变异方法（non-mutating method），如 filter()、concat()和 slice()，它们不会改变原始数组，而总是返回一个新数组。对于这些方法，要想让 Vue 帮我们自动更新视图，可以使用新数组来替换原来的数组。

依然使用例 5-6 所示的页面，在浏览器的控制台窗口中输入下面的语句：

```
vm.books = vm.books.concat([{title: 'Java Web 开发详解'}, {title: 'Java 无难事'}])
```

结果如图 5-10 所示。

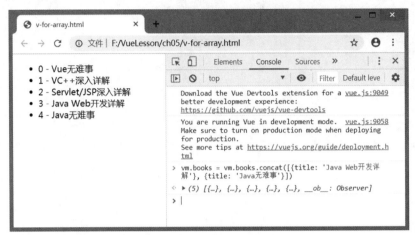

图 5-10　使用新数组替换原始数组，让 Vue 同步视图更新

Vue 在检测到数组变化时，并不是直接重新渲染整个列表，而是最大化地复用 DOM 元素。替换的数组中，含有相同元素的项不会被重新渲染，因此可以大胆地使用新数组来替换旧数组，不用担心性能问题。

要注意的是，通过下述方法引起的数组变动，Vue 不能检测到。

```
//通过索引直接设置数组项
vm.books[0] = {title: 'Java Web 开发详解'}
//修改数组的长度
vm.books.length = 1
```

要解决上述第一类问题，可以采用下面两种方式，这两种方式都可以实现 vm.books[0] = {...} 相同的效果。

```
//使用 Vue 的全局 set()方法
Vue.set(vm.books, 0, {title: 'Java Web 开发详解'})
//使用数组原型的 splice()方法
vm.books.splice(0, 1, {title: 'Java Web 开发详解'})
```

作为替代，也可以使用 Vue 实例的$set 方法，该方法是全局方法 Vue.set 的一个别名。如下所示：

```
//使用 Vue 实例的$set()方法
vm.$set(vm.books, 0, {title: 'Java Web 开发详解'})
```

前述第二类问题也是使用数组原型的 splice 方法来解决。代码如下所示：

```
vm.books.splice(1)
```

读者可以自行在 Chrome 浏览器的控制台窗口中进行测试。

3．过滤与排序

有时想要显示一个数组经过过滤或排序后的版本，但不实际改变或重置原始数据。在这种情况下，可以创建一个计算属性，来返回过滤或排序后的数组。

例如：

```
<li v-for="n in evenNumbers">{{ n }}</li>

data: {
  numbers: [ 1, 2, 3, 4, 5 ]
},
computed: {
  evenNumbers: function () {
    return this.numbers.filter(function (number) {
      return number % 2 === 0
    })
  }
}
```

在计算属性不适用的情况下（例如，在嵌套 v-for 循环中），也可以使用一个方法。

```
<li v-for="n in even(numbers)">{{ n }}</li>

data: {
  numbers: [ 1, 2, 3, 4, 5 ]
},
methods: {
  even: function (numbers) {
    return numbers.filter(function (number) {
      return number % 2 === 0
    })
  }
}
```

关于计算属性可参看第 6 章。

4．遍历整数

v-for 指令也可以接受整数。在这种情况下，它会把模板重复对应次数。代码如下所示：

```
<div>
  <span v-for="n in 10">{{ n }} </span>
</div>
```

输出结果如图 5-11 所示。

```
                    1 2 3 4 5 6 7 8 9 10              ▼<div>
                                                        <span>1 </span>
                                                        <span>2 </span>
                                                        <span>3 </span>
                                                        <span>4 </span>
                                                        <span>5 </span>
                                                        <span>6 </span>
                                                        <span>7 </span>
                                                        <span>8 </span>
                                                        <span>9 </span>
                                                        <span>10 </span>
                                                      </div>
                                                    </div>
```

图 5-11   遍历整数渲染元素

扫一扫，看视频

5. v-for 遍历对象

遍历对象的语法形式和遍历数组是一样的，即 value in object，其中 object 是被迭代的对象，value 是被迭代的对象属性的别名。

看例 5-7 所示的代码。

例 5-7   v-for-object.html

```html
<!DOCTYPE html>
<html>
    <head>
        <meta charset="UTF-8">
        <title></title>
    </head>
    <body>
        <div id="app">
            <ul>
                <li v-for="value in book">{{value}}</li>
            </ul>
        </div>

        <script src="vue.js"></script>
        <script>
            var vm = new Vue({
                el: '#app',
                data: {
                    book: {
                        title: 'VC++深入详解',
                        author: '孙鑫',
                        isbn: '9787121362217'
                    }
                }
            })
        </script>
    </body>
</html>
```

渲染后的结果如图 5-12 所示。

如果要获取对象的属性名，可以使用可选的属性名参数（也就是键名）作为第二个参数。修改例 5-7 代码中的<li>元素，代码如下所示：

```
<li v-for="(value, key) in book">{{key}} : {{value}}</li>
```

遍历对象的表达式中还可以使用第三个参数作为索引，代码如下所示：

```
<li v-for="(value, key, index) in book">{{index}}. {{key}} : {{value}}</li>
```

最终的渲染结果如图 5-13 所示。

- VC++深入详解
- 孙鑫
- 9787121362217

```
<!doctype html>
<html>
▶<head>...</head>
...▼<body> == $0
  ▼<div id="app">
    ▼<ul>
      <li>VC++深入详解</li>
      <li>孙鑫</li>
      <li>9787121362217</li>
    </ul>
  </div>
  <script src="vue.js"></script>
▶<script>...</script>
</body>
</html>
```

- 0. title : VC++深入详解
- 1. author : 孙鑫
- 2. isbn : 9787121362217

图 5-12　遍历对象的渲染结果 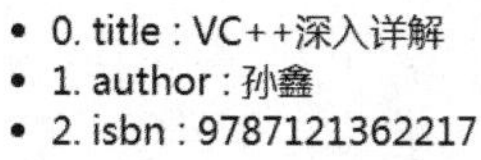　　　　图 5-13　带三个参数的表达式遍历对象渲染结果

6．对象更新检测

由于 JavaScript 的限制，Vue 不能检测对象属性的添加和删除。要解决这个问题，可以使用 Vue 全局的 set()和 delete()方法来添加和删除属性，或者 Vue 实例的$set()和$delete()方法来添加和删除属性，并触发视图更新。代码如下所示：

```
//使用 Vue 的全局 set() 方法添加属性
Vue.set(vm.book, 'publishDate', '2019-06-01')
//使用 Vue 实例的$set()方法添加属性
vm.$set(vm.book, 'publishDate', '2019-07-01')

//使用 Vue 的全局 delete() 方法删除属性
Vue.delete(vm.book, 'isbn')
//使用 Vue 实例的$delete()方法删除属性
vm.$delete(vm.book, 'isbn')
```

读者可以自行在 Chrome 浏览器的控制台窗口中进行测试。

7．在<template>上使用 v-for

类似于 v-show 和 v-if，也可以利用带有 v-for 指令的<template>来循环渲染一段包含多个元素的内容。代码如下所示：

```
<ul>
  <template v-for="item in items">
```

```
        <li>{{ item.msg }}</li>
        <li>{{ item.code }}</li>
    </template>
</ul>
```

扫一扫，看视频

8. key 属性

先来看一段代码，如例 5-8 所示。

例 5-8   v-for-key.html

```
<!DOCTYPE html>
<html>
    <head>
        <meta charset="UTF-8">
        <title></title>
    </head>
    <body>
        <div id="app">
            <p>
                ID: <input type="text" v-model="bookId"/>
                书名: <input type="text" v-model="title"/>
                <button v-on:click="add()">添加</button>
            </p>
            <p v-for="book in books">
                <input type="checkbox">
                <span>ID: {{book.id}} , 书名: {{book.title}}</span>
            </p>
        </div>

        <script src="vue.js"></script>
        <script>
            var vm = new Vue({
                el: '#app',
                data: {
                    bookId: '',
                    title: '',
                    books: [
                        {id: 1 ,title: 'Vue无难事'},
                        {id: 2, title: 'VC++深入详解'},
                        {id: 3, title: 'Servlet/JSP深入详解'}
                    ]
                },
                methods:{
                    add(){
                      this.books.unshift({
```

```
                        id : this.bookId,
                        title : this.title
                    });
                    this.bookId = '';
                    this.title = '';
                }
            }
        })
    </script>
  </body>
</html>
```

这段代码预先定义了一个 books 数组对象，通过 v-for 指令遍历该数组，同时提供了两个输入框，在用户输入了图书的 ID 和书名后，向数组中添加一个新的图书对象。我们使用的是数组的unshift()方法，该方法向数组的开头添加一个或多个元素。

使用浏览器打开例 5-8 所示的页面，先选中图书列表中的第一项，然后输入新的图书 ID 和书名，向 books 数组的开头添加一个新的图书对象，如图 5-14 所示。

单击"添加"按钮，你会发现先前选中的"Vue 无难事"变成了选中"Java Web 开发详解"，如图 5-15 所示。

图 5-14　准备添加新的图书　　　　图 5-15　选中的"Vue 无难事"自动变为数组中的第一项

很显然，这并不是我们想要的结果。产生问题的原因是：当 Vue 正在更新使用 v-for 渲染的元素列表时，它默认使用"就地更新"策略。如果数据项的顺序被改变，Vue 将不会移动 DOM 元素来匹配数据项的顺序，而是就地更新每个元素，并且确保它们在每个索引位置正确渲染。在本例中，当勾选"Vue 无难事"的时候，指令记住了你勾选的数组下标为 0，当往数组中添加新的元素后，虽然数组长度发生了变化，但是指令只记得你当时勾选的数组下标，于是就把新数组中下标为 0 的"Java Web 开发详解"给勾选了。

为了给 Vue 一个提示，以便它能跟踪每个节点的身份，从而重用和重新排序现有元素，需要为列表的每一项提供一个唯一 key 属性。key 属性的类型只能是 string 或者 number 类型。

修改例 5-8 所示的代码，在 v-for 指令后添加 key 属性。代码如下所示：

```
<p v-for="book in books" v-bind:key="book.id">
```

在浏览器中刷新例 5-8 所示的页面，再次输入新的图书信息，添加到图书列表中，可以看到结果显示正确了，如图 5-16 所示。

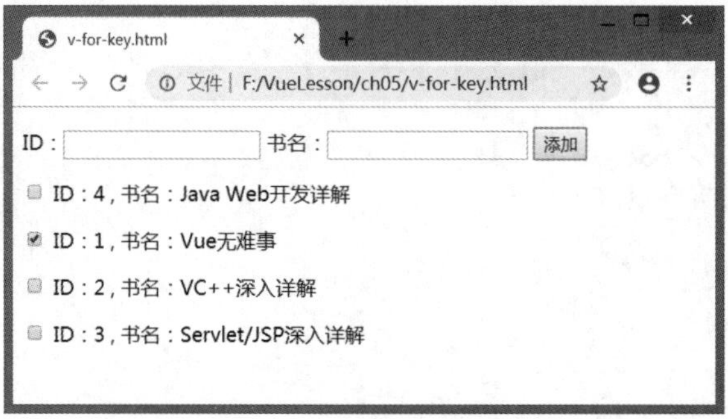

图 5-16   在添加了 key 属性后结果显示正确

9．v-for 与 v-if 一同使用

当 v-for 和 v-if 一起使用时，v-for 的优先级比 v-if 要高，这意味着 v-if 将分别重复运行于每个 v-for 循环中。如果在渲染一个列表时，对列表中的某些项需要根据条件来判断是否渲染，那么就可以将 v-if 和 v-for 联合一起使用。

看例 5-9 所示的代码。

例 5-9   v-for-v-if.html

```html
<!DOCTYPE html>
<html>
    <head>
        <meta charset="UTF-8">
        <title></title>
    </head>
    <body>
        <div id="app">
            <h1>已完成的工作计划</h1>
            <ul>
                <li v-for="plan in plans" v-if="plan.isComplete">
                    {{plan.content}}
                </li>
            </ul>
            <h1>未完成的工作计划</h1>
            <ul>
                <li v-for="plan in plans" v-if="!plan.isComplete">
                    {{plan.content}}
                </li>
            </ul>
        </div>

<script src="vue.js"></script>
<script>
    var vm = new Vue({
        el: '#app',
```

```
            data: {
                plans: [
                    {content: '写《Vue 无难事》', isComplete: false},
                    {content: '买菜', isComplete: true},
                    {content: '写PPT', isComplete: false},
                    {content: '做饭', isComplete: true},
                    {content: '打羽毛球', isComplete: false}
                ]
            }
        })
    </script>
</body>
</html>
```

渲染的结果如图 5-17 所示。

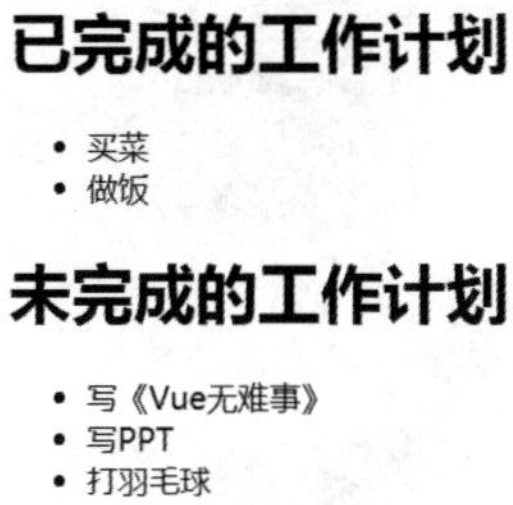

已完成的工作计划

- 买菜
- 做饭

未完成的工作计划

- 写《Vue无难事》
- 写PPT
- 打羽毛球

图 5-17 v-for 与 v-if 一起使用的渲染效果

如果仅仅是要根据某个条件的真假来决定是否跳过整个循环的执行，那么可以将 v-if 置于外层元素（或 <template>)上。例如：

```
<ul v-if="plans.length">
  <li v-for="plan in plans">
    {{ plan.content }}
  </li>
</ul>
<p v-else>没有工作计划</p>
```

5.1.4 v-bind

v-bind 指令在 4.2 节中已经介绍过了，主要用于响应更新 HTML 元素的属性，将一个或多个属性或者一个组件的 prop 动态绑定到表达式。

下面通过例 5-10 来学习 v-bind 的用法。

例 5-10 v-bind.html

```
<!DOCTYPE html>
<html>
```

```html
<head>
    <meta charset="UTF-8">
    <title></title>
</head>
<body>
    <div id="app">
        <!-- 绑定一个属性 -->
        <img v-bind:src="imgSrc">

        <!-- 缩写 -->
        <img :src="imgSrc">

        <!-- 动态属性名 (2.6.0+) -->
        <a v-bind:[attrname]="url">链接</a>

        <!-- 内联字符串拼接 -->
        <img :src="'images/' + fileName">
    </div>

    <script src="vue.js"></script>
    <script>
    var vm = new Vue({
        el: '#app',
        data: {
            attrname: 'href',
            url: 'http://www.sina.com.cn/',
            imgSrc: 'images/bg.jpg',
            fileName: 'bg.jpg'
        }
    })
    </script>
</body>
</html>
```

例子中有详细的注释，这里就不赘述了。

v-bind 指令还可以直接绑定一个有属性的对象。代码如下所示：

```html
<div id="app">
    <form v-bind="formObj">
        <input type="text">
    </form>
</div>
<script>
    var vm = new Vue({
        el: '#app',
        data: {
```

```
            formObj: {
                method: 'get',
                action: '#'
            }
        }
    })
</script>
```

5.1.5 v-model

扫一扫，看视频

v-model 指令用来在表单<input>、<textarea>及<select>元素上创建双向数据绑定，它会根据控件类型自动选取正确的方法来更新元素。尽管有些神奇，但 v-model 本质上不过是语法糖。它负责监听用户的输入事件以更新数据，并对一些极端场景进行特殊处理。

📄 提示：

语法糖（Syntactic sugar），也译为糖衣语法，是由英国计算机科学家彼得·约翰·兰达（Peter J. Landin）发明的一个术语，指计算机语言中添加的某种语法，这种语法对语言的功能并没有影响，但是更方便程序员使用。通常来说使用语法糖能够增加程序的可读性，从而减少程序代码出错的机会。

我们来看一个简单的例子，代码如例 5-11 所示。

例 5-11 v-model.html

```
<!DOCTYPE html>
<html>
    <head>
        <meta charset="UTF-8">
        <title></title>
    </head>
    <body>
        <div id="app">
            <input type="text" v-model="message">
        </div>

    <script src="vue.js"></script>
    <script>
        var vm = new Vue({
            el: '#app',
            data: {
                message: 'Hello World'
            }
        })
    </script>
    </body>
</html>
```

使用 Chrome 浏览器打开该页面，可以看到文本输入控件中的内容为 Hello World，调出开发者工具，切换到 Console 窗口，输入下面的内容并按 Enter 键：

```
vm.message = "Welcome you"
```

可以看到输入控件中的内容也发生了改变，如图 5-18 所示。

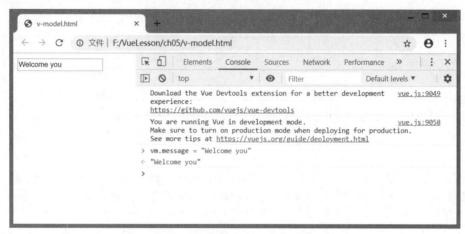

图 5-18　修改数据属性 message 的值引起输入控件内容的更新

接下来在输入控件中随意输入一些内容，然后在 Console 窗口中输入下面的内容：

```
vm.message
```

可以看到 message 的值也发生了变化，如图 5-19 所示。

图 5-19　修改输入控件中的内容引起数据属性 message 的变化

本节先简单了解一下 v-model 的用法，关于 v-model 作用于表单控件的更多内容，请参看第 9 章。

扫一扫，看视频

5.1.6　v-on

v-on 指令用于监听 DOM 事件，并在触发时运行一些 JavaScript 代码。v-on 指令的表达式可以是一段 JavaScript 代码，也可以是一个方法的名字或者方法调用语句。下面看例 5-12。

例 5-12　v-on.html

```html
<!DOCTYPE html>
<html>
    <head>
        <meta charset="UTF-8">
        <title></title>
    </head>
    <body>
        <div id="app">
            <p>
                <!--① click 事件直接使用 JavaScript 语句-->
                <button v-on:click="count += 1">Add 1</button>
                <span>count: {{count}}</span>
            </p>
            <p>
                <!--② click 事件直接绑定一个方法-->
                <button v-on:click="greet">Greet</button>
                <!--缩写语法-->
                <button @click="greet">Greet</button>
            </p>
            <p>
                <!--③ click 事件使用内联语句调用方法-->
                <button v-on:click="say('Hi')">Hi</button>
            </p>
        </div>

<script src="vue.js"></script>
<script>
    var vm = new Vue({
        el: '#app',
        data: {
            count: 0,
            message: 'Hello, Vue.js!'
        },
        //在选项对象的 methods 属性对象中定义方法
        methods: {
            greet: function() {
                //方法内 this 指向 vm
                alert(this.message)
            },
            //对象方法的简写语法
            say(msg) {
                alert(msg)
            }
        }
```

```
        })
    </script>
  </body>
</html>
```

要说明的是：

（1）方法是在选项对象的 methods 属性中定义的，该属性是一个对象属性。在 methods 属性中定义的方法，可以直接通过 Vue 实例来访问，针对本例，可以在 Chrome 浏览器的控制台窗口中以如下形式访问 greet() 和 say() 方法。

```
vm.greet();
vm.say("zhangsan");
```

📢 注意：

一定不要使用箭头函数来定义 method 方法（如 plus: () => this.a++ ）。这是因为箭头函数绑定的是父级作用域的上下文，所以 this 将不会按照期望指向 Vue 实例，this.a 将是 undefined。

（2）虽然 v-on 指令的表达式中可以直接书写 JavaScript 语句（如例 5-12 中的①），但在实际开发中，由于事件处理逻辑通常比较复杂，所以常用的还是例 5-12 中的②、③形式。

（3）在页面渲染的结果中，并不会在 v-on 指令所在元素上出现对应的 JavaScript 事件属性，例 5-12 渲染的结果如图 5-20 所示。

（4）当 Vue 实例销毁时，所有的事件处理器都会被自动删除，所以无须担心如何清理它们。

如果在事件绑定的方法中需要访问原始的 DOM 事件，可以使用特殊变量 $event 把它传入方法。我们知道，在单击链接的时候，会跳转到链接指向的页面，然而有时候会根据某个条件是否达成来决定是否跳转，如果条件不满足，这时会调用事件对象的 preventDefault() 方法来阻止跳转。**在使用 v-on 指令绑定事件处理器时，就可以使用 $event 传入原始的 DOM 事件对象，然后在事件处理器方法中访问原生的事件对象**。代码如下所示：

```
▼<div id="app">
  ▼<p>
      <button>Add 1</button>
      <span>count: 0</span>
   </p>
  ▼<p>
      <button>Greet</button>
      <button>Greet</button>
   </p>
  ▼<p>
      <button>Hi</button>
   </p>
</div>
```

图 5-20　例 5-12 渲染的结果

```
<a href="/login" v-on:click="login($event)">登录</a>


//...
methods: {
   login(event){
      //...


      event.preventDefault();
   }
}
```

上述代码也可以使用事件修饰符 .prevent 来实现相同的功能。

此外，在事件方法中如果要访问事件绑定的原始 DOM 元素节点对象，可以调用

event.currentTarget 来得到。

1．事件修饰符

在事件处理程序中调用 event.preventDefault()或 event.stopPropagation()是非常常见的需求，为了解决这个问题，Vue.js 提供了事件修饰符，让我们可以专注于纯粹的数据逻辑，而不需要去考虑如何处理 DOM 事件细节。

修饰符是由圆点（.）开头的指令后缀来表示的，紧接在事件名称后书写。针对 v-on 指令，Vue 提供了以下的修饰符：

- .stop：调用 event.stopPropagation()。
- .prevent：调用 event.preventDefault()。
- .capture：添加事件监听器时使用 capture 模式。
- .self：只当事件是从侦听器绑定的元素本身触发时才触发回调。
- .{keyCode | keyAlias}：只当事件是从特定按键触发时才触发回调。
- .native：监听组件根元素的原生事件。
- .once：只触发一次回调。
- .left：只当按鼠标左键时触发（2.2.0 版本）。
- .right：只当按鼠标右键时触发（2.2.0 版本）。
- .middle：只当按鼠标中键时触发（2.2.0 版本）。
- .passive：以{ passive: true } 模式添加侦听器（2.3.0 版本）。

针对前面调用 event.preventDefault()方法来阻止默认的链接跳转行为的需求，使用事件修饰符就可以轻松实现相同的功能。代码如下所示：

```
<a href="/login" v-on:click.prevent ="login">登录</a>

//...
methods: {
    login(event){
        //...
    }
}
```

下面来看上述部分事件修饰符的用法：

```
<!-- 阻止单击事件继续传播 -->
<a v-on:click.stop="doThis"></a>

<!-- 提交事件不再重新加载页面 -->
<form v-on:submit.prevent="onSubmit"></form>

<!-- 修饰符可以串联 -->
<a v-on:click.stop.prevent="doThat"></a>

<!-- 只有修饰符 -->
<form v-on:submit.prevent></form>
```

```
<!-- 添加事件监听器时使用事件捕获模式 -->
<!-- 即内部元素触发的事件先在该事件处理函数中处理，然后交由内部元素进行处理 -->
<div v-on:click.capture="doThis">...</div>

<!-- 只当在 event.target 是当前元素自身时触发处理函数 -->
<!-- 即事件不是从内部元素触发的 -->
<div v-on:click.self="doThat">...</div>

<!-- 单击事件处理函数将只执行一次 -->
<a v-on:click.once="doThis"></a>
```

要说明的是：

（1）DOM 事件规范支持两种事件模型，即捕获型事件和冒泡型事件，捕获型事件从最外层的对象（大部分兼容标准的浏览器使用 window 对象作为最外层对象）开始，直到引发事件的对象；冒泡型事件从引发事件的对象开始，一直向上传播，直到最外层的对象结束。任何发生在 DOM 事件模型中的事件，首先进入捕获阶段，直到达到目标对象，再进入冒泡阶段。v-on 指令提供的.stop 和.capture 修饰符即与此有关，所以了解 JavaScript 的 DOM 事件模型，就很容易理解这两个修饰符的作用。

（2）修饰符可以串联在一起使用，但顺序很重要。例如，使用 v-on:click.prevent.self 会阻止所有的单击，而 v-on:click.self.prevent 只会阻止对元素自身的单击。

（3）如果某个事件只需要响应一次，可以使用.once 修饰符。

2．按键修饰符

在监听键盘事件时，经常需要检查详细的按键，为此，可以在 v-on 监听键盘事件时添加按键修饰符。

```
<!-- 只有在按键是回车键时调用 submit()方法 -->
<input v-on:keyup.enter="submit">
<!-- 使用回车键的按键码 -->
<input v-on:keyup.13="submit">
```

为了在必要的情况下支持旧的浏览器，Vue 提供了绝大多数常用的按键码的别名：

- .enter
- .tab
- .delete （捕获"删除"和"退格"键）
- .esc
- .space
- .up
- .down
- .left
- .right

此外，Vue 还在 2.1.0 版本中新增了如下的系统修饰键，用来实现仅在按下相应按键时才触发鼠标或键盘事件的监听器。

- .ctrl
- .alt
- .shift
- .meta

📢》**注意：**

在 Mac 系统键盘上，meta 对应 command 键（⌘）；在 Windows 系统键盘上，meta 对应 Windows 徽标键（⊞）。在 Sun 操作系统键盘上，meta 对应实心宝石键（◆）。

例如：

```
<!-- Alt + C -->
<input @keyup.alt.67="clear">

<!-- Ctrl + Click -->
<div @click.ctrl="doSomething">Do something</div>
```

📢》**注意：**

修饰键与常规按键并不相同，在和 keyup 事件一起使用时，事件触发时修饰键必须处于按下状态。例如下面的代码：

```
<input @keyup.ctrl.67="doSomething">
```

当同时按下 Ctrl+c 时，doSomething()方法并不会被调用，只有在按住 Ctrl 键的情况下释放字母键 c 才能触发 doSomething()方法的调用。要想在同时按下 Ctrl+某个键时触发 keyup.ctrl，那么需要用 Ctrl 的虚拟键代码 17 来代替 Ctrl 修饰键。如下：

```
<input @keyup.17.67="doSomething">
```

3．.exact 修饰符

.exact 修饰符是 2.5.0 版本中新增的，用于精确控制系统修饰符组合触发的事件。

```
<!-- 即使同时按下 Alt 或 Shift 键，也会触发 -->
<button @click.ctrl="onClick">A</button>

<!-- 只有在按住 Ctrl 键而不按其他键时才会触发 -->
<button @click.ctrl.exact="onCtrlClick">A</button>

<!-- 只有在没有按下系统修饰键时才会触发 -->
<button @click.exact="onClick">A</button>
```

4．鼠标按钮修饰符

在 2.2.0 版本中新增了如下鼠标按钮修饰符，分别对应鼠标的左键、右键、中键。

- .left
- .right
- .middle

例如，下面的代码只有在鼠标右键单击的时候才会触发事件处理函数。

```
<input @click.right="doSomething">
```

5.1.7 v-text

v-text 元素用于更新元素的文本内容，如例 5-13 所示。

例 5-13 v-text.html

```
<span v-text="message"></span>
<!-- 等价于
    <span v-text>{{message}}</span>
-->
<script>
    var vm = new Vue({
        el: '#app',
        data: {
            message: 'Hello Vue.js'
        }
    })
</script>
```

渲染结果如下：

```
<span>Hello Vue.js</span>
```

如果只是更新部分文本内容，那么还是用 {{ Mustache }} 插值形式。

📎 **提示：**

从本节开始，为了更清晰地展示核心代码，方便读者阅读，一些完整页面中重复或无关的代码就不再列出了，如例 5-13 就只给出了核心代码。

5.1.8 v-html

v-html 指令用于更新元素的 innerHTML，该部分内容作为普通的 HTML 代码插入，不会作为 Vue 模板进行编译。在 4.2 节中已经使用过 v-html 指令，这里再给出一个示例，代码如例 5-14 所示。

例 5-14 v-html.html

```
<div v-html="hElt"></div>
<script>
    var vm = new Vue({
        el: '#app',
        data: {
            hElt: "<h1>《Vue 无难事》</h1>"
```

```
        }
    })
</script>
```

渲染结果如图 5-21 所示。

图 5-21　使用 v-html 指令的渲染结果

📢 注意：

在网站上动态渲染任意的 HTML 是非常危险的，因为很容易导致 XSS 攻击。切记，只在可信的内容上使用 v-html，永远不要在用户提交的内容上使用 v-html。

5.1.9　v-once

扫一扫，看视频

v-once 指令可以让元素或组件只渲染一次，该指令不需要表达式。之后再次渲染时，元素/组件及其所有的子节点将被视为静态内容并跳过。这可以用于优化更新性能。下面看例 5-15。

例 5-15　v-once.html

```html
<!DOCTYPE html>
<html>
    <head>
        <meta charset="UTF-8">
        <title></title>
        <style>
            a {
                margin: 20px;
            }
        </style>
    </head>
    <body>
        <div id="app">
            <h1>{{title}}</h1>
            <a v-for="nav in navs":href="nav.url" v-once>{{nav.name}}</a>
        </div>
```

```
        <script src="vue.js"></script>
        <script>
            var vm = new Vue({
                el: '#app',
                data: {
                    title: 'v-once指令的用法',
                    navs: [
                        {name: '首页', url: '/home'},
                        {name: '新闻', url: '/news'},
                        {name: '视频', url: '/video'},
                    ]
                }
            })
        </script>
    </body>
</html>
```

渲染结果如图 5-22 所示。

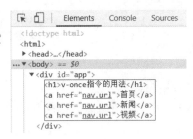

图 5-22　例 5-15 页面的渲染结果

有的读者可能会问，貌似不用 v-once 指令，渲染结果也是这样吧？确实，v-once 指令在首次渲染时，是看不出有什么不同的。下面切换到 Console 窗口，输入下面的语句并按 Enter 键。

```
vm.navs.push({name: '论坛', url: '/bbs'})
```

你会发现页面没有任何变化，如图 5-23 所示，这就是 v-once 指令的作用，只渲染一次，渲染的结果在之后将作为静态内容而存在。

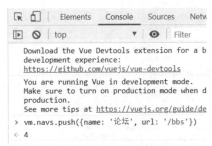

图 5-23　修改 navs 数组的内容并未引起视图的更新

5.1.10 v-pre

v-pre 指令也不需要表达式，用于跳过这个元素和它的子元素的编译过程。v-pre 指令可以用来显示原始 Mustache 标签。对于大量没有指令的节点使用 v-pre 指令可以加快编译速度。如例 5-16 所示。

例 5-16 v-pre.html

```
<h1 v-pre>{{message}}</h1>
<script>
    var vm = new Vue({
        el: '#app',
        data: {
            message: 'Vue.js 从入门到实战',
        }
    })
</script>
```

渲染结果为{{message}}。

5.1.11 v-cloak

v-cloak 指令也不需要表达式，这个指令保持在元素上直到关联实例编译结束，编译结束后该指令被移除。当和 CSS 规则如 [v-cloak] { display: none } 一起使用时，这个指令可以隐藏未编译的 Mustache 标签直到实例准备完毕。

下面看例 5-17。

例 5-17 v-cloak.html

```
<!DOCTYPE html>
<html>
    <head>
        <meta charset="UTF-8">
        <title></title>
        <style>
            [v-cloak] {
                display: none;
            }
        </style>
    </head>
    <body>
        <div id="app">
            <h1 v-cloak>{{message}}</h1>
        </div>
```

```
    <script src="vue.js"></script>
    <script>
        var vm = new Vue({
            el: '#app',
            data: {
                message: 'Vue.js 从入门到实战',
            }
        })
    </script>
  </body>
</html>
```

浏览器在加载页面时，如果网速较慢或者页面较大，那么浏览器在构造完 DOM 树后会在页面中直接显示{{message}}字样，直到 Vue 的 JS 文件加载完毕，Vue 实例创建、模板编译后，{{message}}才会被替换为数据对象中的内容。这个过程中，页面是会有闪烁的，这给用户的体验不好。如果加上一项CSS规则：[v-cloak] { display: none }，配合v-cloak指令一起使用，就可以解决这个问题了，如例 5-17 所示。

在Vue.js独立版本的页面开发中，使用v-cloak解决初始化慢所导致的页面闪烁是非常有效的。但是在较大的项目中，由于都是采用模块化的开发，项目的主页面只有一个空的 div 元素，剩下的内容都是由路由去挂载不同的组件来完成的，也就没必要使用 v-cloak 指令了。

5.1.12　v-slot

v-slot 指令用于提供命名的插槽或需要接收 prop 的插槽。详细内容请参看 11.6.3 节和 11.6.4 节。

5.2　自定义指令

前面已经介绍了 Vue 所有的内置指令，这些指令可以满足大多数业务需求，然而，在某些特殊情况下，我们希望可以对普通的 DOM 元素进行底层操作，这时就要用到自定义指令了。

扫一扫，看视频

5.2.1　自定义指令的注册

自定义指令需要注册后才能使用，Vue 提供了两种注册方式：全局注册和局部注册。全局注册使用 Vue.directive()方法来注册一个全局自定义指令，该方法接受两个参数，第一个参数是指令的 ID（即名字）；第二个参数是一个定义对象或者函数对象，指令要实现的功能在这个对象中定义。语法形式如下：

```
Vue.directive( id, [definition] )
```

例如，要编写一个让元素自动获取焦点的全局指令。代码如下所示：

```
Vue.directive('focus', {
```

```
    ...
})
```

全局指令可以在任何 Vue 实例的模板中使用。代码如下所示：

```
<div id="app">
    <input v-focus>
</div>

<div id="app2">
    <input v-focus>
</div>

<script>
    Vue.directive('focus', {
        ...
    })
    new Vue({
        el: '#app'
    })

    new Vue({
        el: '#app2'
    })
</script>
```

v-focus 是一个全局自定义指令，因此可以在任何 Vue 实例的模板中使用。

局部注册是在 Vue 实例的选项对象中使用 directives 选项进行注册，代码如下所示：

```
new Vue({
  el: '#app',
  directives: {
    //注册一个局部的自定义指令
    focus: {
      ...
    }
  }
})
```

局部注册的自定义指令只能在该实例绑定的视图中使用。看下面的代码：

```
<div id="app">
  <input v-focus>
</div>

<div id="app2">
  <input v-focus>
</div>
```

```
<script>
   new Vue({
     el: '#app',
     directives: {
       //注册一个局部的自定义指令
       focus: {
         ...
       }
     }
   })

   new Vue({
     el: '#app2'
   })
</script>
```

在浏览器打开该页面的时候，Vue 会给出一个警告信息：

[Vue warn]: Failed to resolve directive: focus

5.2.2 钩子函数

自定义指令的功能是在定义对象中实现的，而定义对象则是由钩子函数组成的，Vue 提供了下面几个钩子函数，这些钩子函数都是可选的。

- bind：只调用一次，指令第一次绑定到元素时调用。指令如果需要一些一次性的初始化设置，可以放到这个钩子函数中。
- inserted：被绑定元素插入父节点时调用（父节点存在即可调用，不必存在于 document 对象中）。
- update：所在组件的 VNode 更新时调用（无论指令的值是否发生了变化），但是可能发生在其子 VNode 更新之前。可以通过比较更新前后的值来忽略不必要的模板更新。
- componentUpdated：指令所在组件的 VNode 及其子 VNode 全部更新后调用。
- unbind：只调用一次，指令与元素解绑时调用。

根据指令要实现功能的不同，选择相应的钩子函数来编写代码。例如 5.2.1 节中的 v-focus 指令，我们希望在元素插入父节点时自动获得焦点，那么就可以在 inserted 钩子函数中编写自动聚焦的代码，如例 5-18 所示。

例 5-18 v-focus.html

```
<div id="app">
   <input v-focus>
</div>

<script>
   //注册一个全局自定义指令
```

```
    Vue.directive('focus', {
      //当绑定元素插入父节点时
      inserted: function (el) {
        //聚焦元素
        el.focus()
      }
    })

    new Vue({
        el: '#app'
    })
</script>
```

浏览器中的显示效果如图 5-24 所示。

指令的钩子函数可以带有一些参数，例 5-18 中
inserted 函数的 el 参数就是其中之一，这些参数如下。

图 5-24　使用 v-focus 指令后的渲染效果

（1）el：指令所绑定的元素，可以用来直接操作 DOM。

（2）binding：一个对象，包含以下属性。

● name：指令名，不包括 v-前缀。

● value：指令的绑定值。例如 v-my-directive="1 + 1" 中，value 的值为 2。

● oldValue：指令绑定的前一个值，仅在 update 和 componentUpdated 钩子中可用。无论值是否改变都可用。

● expression：字符串形式的指令表达式。例如 v-my-directive="1+1"中，expression 的值为 "1 + 1"。

● arg：传给指令的参数，可选。例如 v-my-directive:foo 中，arg 的值为"foo"。

● modifiers：一个包含修饰符的对象。例如 v-my-directive.foo.bar 中，modifiers 对象的值为 { foo: true, bar: true }。

（3）vnode：Vue 编译生成的虚拟节点。

（4）oldVnode：上一个虚拟节点，仅在 update 和 componentUpdated 钩子中可用。

要注意的是，除了 el 参数外，其他参数都应该是只读的，切勿进行修改。

下面编写一个自定义指令，在其钩子函数中将各个参数输出，如例 5-19 所示。

例 5-19　HookFunction.html

```
<div id="app" v-demo:foo.a.b="message"></div>

<script>
    Vue.directive('demo', {
      bind: function (el, binding, vnode) {
        var s = JSON.stringify
        el.innerHTML =
          'name: '      + s(binding.name) + '<br>' +
          'value: '     + s(binding.value) + '<br>' +
```

```
            'expression: ' + s(binding.expression) + '<br>' +
            'argument: '   + s(binding.arg) + '<br>' +
            'modifiers: '  + s(binding.modifiers) + '<br>' +
            'vnode keys: ' + Object.keys(vnode).join(', ')
      }
    })
    new Vue({
      el: '#app',
      data: {
        message: 'Vue.js 无难事'
      }
    })
</script>
```

我们将 bind 钩子函数的所有参数信息取出来拼接成字符串，赋值给<div>元素的 innerHTML 属性。渲染结果如下：

```
name: "demo"
value: "Vue.js 无难事"
expression: "message"
argument: "foo"
modifiers: {"a":true,"b":true}
vnode keys: tag, data, children, text, elm, ns, context, fnContext, fnOptions,
fnScopeId, key, componentOptions, componentInstance, parent, raw, isStatic, isRootInsert,
isComment, isCloned, isOnce, asyncFactory, asyncMeta, isAsyncPlaceholder
```

扫一扫，看视频

5.2.3　动态指令参数

在 4.3 节中已经介绍过指令的参数可以是动态参数，同样地，自定义的指令也可以使用动态参数。例如在 v-mydirective:[argument]="value"中，argument 参数可以根据组件实例数据进行更新，这使得自定义指令可以在应用中被灵活使用。

例如，我们想让某个元素固定在页面中的某个位置，在出现滚动条时，元素也不会随着滚动。这可以通过设置 CSS 样式属性 position 为 fixed 来实现，同时使用 top、right、bottom、left 等属性以窗口为参考点来进行定位。下面通过自定义指令来实现这个功能，如例 5-20 所示。

例 5-20　DynamicDirectiveArgument.html

```
<div id="app">
    <!--直接给出指令的参数-->
    <p v-pin:top = "100">
        Vue.js 无难事
    </p>
    <!--使用动态参数-->
    <p v-pin:[direction]="100">
```

```
            Vue.js 无难事
    </p>
</div>

<script>
    Vue.directive('pin', {
      bind: function (el, binding, vnode) {
          el.style.position = 'fixed';
          let s = binding.arg || 'left';
            el.style[s] = binding.value + 'px'
      }
    })
    new Vue({
      el: '#app',
      data: {
          direction: 'left'
      }
    })
</script>
```

浏览器中的显示结果如图 5-25 所示。

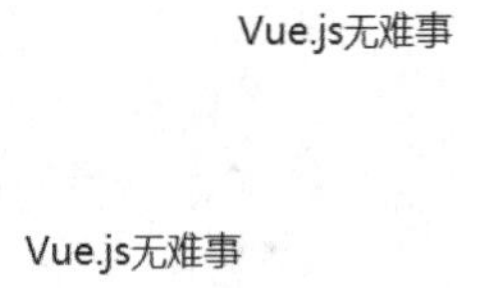

Vue.js无难事

5.2.4　函数简写

如果自定义指令在 bind 和 update 钩子函数中的行为一致，且
只需要用到这两个钩子函数，那么可以在注册时传递一个函数对
象作为参数。代码如下所示：

Vue.js无难事

图 5-25　例 5-20 页面渲染效果

```
Vue.directive('color-swatch', function (el, binding) {
  el.style.backgroundColor = binding.value
})
```

5.2.5　对象字面量

如果指令需要多个值，可以传入一个 JavaScript 对象字面量。要记住的是，指令可以接受所有
合法的 JavaScript 表达式。

```
<div v-demo="{ color: 'white', text: 'hello!' }"></div>

Vue.directive('demo', function (el, binding) {
  console.log(binding.value.color) //"white"
  console.log(binding.value.text)  //"hello!"
})
```

5.3　实　　例

5.3.1　通过指令实现下拉菜单

下拉菜单在实际应用中很常见，当鼠标移动到某个菜单上时会弹出一个子菜单列表，每个子菜单项都是可以单击的，当鼠标移出整个菜单列表区域，子菜单列表隐藏。

为了让读者对指令的应用有更深的认识，这里模仿天猫首页的下拉菜单给出一个自己的实现。最终的呈现效果如图 5-26 所示。

图 5-26　本例下拉菜单的展示效果

菜单是导航链接的另一种呈现形式，通常用<a>元素来定义。在页面中编写菜单时，一种方式是将所有的菜单和子菜单项硬编码实现，换句话说，就是一堆<a>元素堆砌在一起；另一种方式就是把菜单和子菜单项按照层级关系定义为一个大的 JavaScript 对象，然后通过脚本动态呈现。前者实现起来简单、直观，但扩展和维护不方便；后者定义的对象稍显复杂，但扩展和维护很方便，此外，还能让模板代码更为简洁清晰。本例采用第二种方式，然后按照菜单的层级关系通过嵌套的 v-for 指令循环输出。

我们在 Vue 实例的数据属性中定义一个 menus 数组，将各个顶层菜单定义为一个对象，作为数组中的元素，子菜单作为顶层菜单对象的属性嵌套定义。代码如下所示：

```
data: {
  menus: [
    {
      name: '我的淘宝', url: '#', show: false, subMenus: [
          {name: '已买到的宝贝', url: '#'},
          {name: '已卖出的宝贝', url: '#'}
        ]
    },
    {
      name: '收藏夹', url: '#', show: false, subMenus: [
          {name: '收藏的宝贝', url: '#'},
          {name: '收藏的店铺', url: '#'}
        ]
    }
  ]
}
```

我们为每一个顶层菜单对象定义了一个 show 属性，初始值为 false，该属性主要用于控制其下的子菜单是否显示。前面已经说过，下拉菜单的子菜单列表初始是不显示的，只有当鼠标移动到顶层菜单上时才会显示，当鼠标移动到菜单列表外面，子菜单列表要隐藏。这里定义的 show 属性就是用来标记这两种情况的，当需要显示时，将 show 设置为 true；当需要隐藏时，将 show 设置为 false。

接下来就该使用 v-for 指令循环输出菜单了。对于这种有多个菜单的，采用 v-for 指令来进行渲染是非常方便的，菜单可能有二级菜单、三级菜单，这都没关系，无非就是嵌套使用多个 v-for 指令。另外，子菜单的显示是鼠标移动到顶层菜单上，隐藏是鼠标移动到顶层菜单外部，因此还需要为所有的顶层菜单绑定两个鼠标事件：mouseover 和 mouseout。最终的代码如下所示：

```
<div id = "app" v-cloak>
    <li v-for="menu in menus"
        @mouseover="menu.show = !menu.show" @mouseout="menu.show = !menu.show">
        <a :href="menu.url" >
            {{menu.name}}
        </a>
        <ul v-show="menu.show">
            <li v-for="subMenu in menu.subMenus">
                <a :href="subMenu.url">{{subMenu.name}}</a>
            </li>
        </ul>
    </li>
</div>
```

代码是不是很简洁呢！

要说明的是：

（1）在<div>元素中使用了 v-cloak 指令来避免页面加载时的闪烁问题，当然，这需要和 CSS 样式规则 [v-cloak] { display: none } 一起使用。

（2）绑定 mouseover 和 mouseout 事件时采用了 v-on 指令的简写语法，menu.show 初始为 false，因此@mouseover 的表达式计算结果是将 menu.show 设为 true，而@mouseout 表达式的计算结果是将 menu.show 设为 false。

（3）子菜单放在一个<ul>元素内部，在该元素上使用 v-show 指令根据表达式 menu.show 的值来动态控制子菜单的隐藏和显示。这里不适合使用 v-if 指令，因为子菜单的显示和隐藏可能会频繁切换。

本例主要的逻辑代码就是上面列出的，剩下的主要是 CSS 样式的设置。完整的代码如例 5-21 所示。

例 5-21　menu.html

```
<!DOCTYPE html>
<html>
    <head>
```

```html
    <meta charset="UTF-8">
    <title></title>
    <style>
        body {
            width: 600px;
        }
        a {
            text-decoration: none;
            display: block;
            color: #fff;
            width: 120px;
            height: 40px;
            line-height: 40px;
            border: 1px solid #fff;
            border-width: 1px 1px 0 0;
            background: #255f9e;
        }
        li {
            list-style-type: none;
        }
        #app > li {
            list-style-type: none;
            float: left;
            text-align: center;
            position: relative;
        }
        #app li a:hover {
            color: #fff;
            background: #ffb100;
        }
        #app li ul {
            position: absolute;
            left: -40px;
            top: 40px;
            margin-top: 1px;
            font-size: 12px;
        }
        [v-cloak] {
            display: none;
        }
    </style>
</head>
<body>
    <div id = "app" v-cloak>
        <li v-for="menu in menus" @mouseover="menu.show = !menu.show"
```

```
@mouseout="menu.show = !menu.show">
            <a :href="menu.url" >
                {{menu.name}}
            </a>
            <ul v-show="menu.show">
                <li v-for="subMenu in menu.subMenus">
                    <a :href="subMenu.url">{{subMenu.name}}</a>
                </li>
            </ul>
        </li>
    </div>

<script src="vue.js"></script>
<script>
    var vm = new Vue({
    el: '#app',
    data: {
      menus: [
          {
              name: '我的淘宝', url: '#', show: false, subMenus: [
                  {name: '已买到的宝贝', url: '#'},
                  {name: '已卖出的宝贝', url: '#'}
              ]
          },
          {
              name: '收藏夹', url: '#', show: false, subMenus: [
                  {name: '收藏的宝贝', url: '#'},
                  {name: '收藏的店铺', url: '#'}
              ]
          }
      ]
    }
  });
  </script>
 </body>
</html>
```

5.3.2　使用自定义指令实现随机背景色

扫一扫，看视频

　　有时候会使用一幅图片作为网页中某个元素的背景图，当网络状况不好时，或者图片本身较大时，图片的加载会比较慢，这种情况下，可以先在该元素的区域用随机的背景色填充，等图片加载完成后，再把元素的背景替换为图片。

使用自定义指令可以很方便地实现上述功能。代码如例 5-22 所示。

例 5-22　v-img.html

```html
<!DOCTYPE html>
<html>
    <head>
        <meta charset="UTF-8">
        <title></title>

        <style>
            div{
                width: 567px;
                height: 567px;
            }
        </style>
    </head>
    <body>
        <div id="app">
            <div v-img="'images/bg.jpg'"></div>
        </div>

        <script src="vue.js"></script>
        <script>
            Vue.directive('img', {
                inserted: function(el, binding){
                    let color = Math.floor(Math.random() * 1000000);
                    el.style.backgroundColor = '#' + color;
                    let img = new Image();
                    img.src = binding.value;
                    img.onload = function(){
                        alert("success");
                        el.style.backgroundImage = 'url(' + binding.value + ')';
                    }
                }
            })

            var vm = new Vue({
                el: '#app',
            })
        </script>
    </body>
</html>
```

相信通过本节的学习，读者对指令的应用会有更好的认识。

5.4 小　结

　　本章详细介绍了 Vue 中的所有内置指令，常用的指令就是 v-if、v-for、v-on、v-bind 和 v-model，读者可重点掌握这五个指令的用法，其他指令在需要用到时，可以再回顾本章的内容。

　　此外，本章还介绍了自定义指令的开发。不过要注意的是，自定义指令只应该用于封装对 DOM 的操作，不要将其作别的用途。在某些特殊需求下，通过自定义指令来封装 DOM 操作，可以简化代码的编写，提高重用性。

第 6 章　计 算 属 性

通常我们会在模板中绑定表达式，但如果表达式的逻辑过于复杂，则模板会变得臃肿不堪且难以维护。例如：

```html
<div id="app">
    <p>{{ message.split('').reverse().join('') }}</p>
</div>
```

Mustache 语法中的表达式调用了三个方法来最终实现字符串的反转，逻辑过于复杂，如果在模板中还要多次引用此处的翻转字符串，就更加难以处理了，这时就应该使用计算属性。

6.1　定义计算属性

扫一扫，看视频

表达式的逻辑过于复杂的时候，都应当考虑使用计算属性。计算属性是以函数形式，在 Vue 实例的选项对象的 computed 选项中定义。我们将上面字符串翻转的功能使用计算属性来实现，代码如例 6-1 所示。

例 6-1　ComputedProperties.html

```html
<div id="app">
  <p>原始字符串：{{ message }}</p>
  <p>计算后的反转字符串：{{ reversedMessage }}</p>
</div>

<script>
    var vm = new Vue({
      el: '#app',
      data: {
        message: 'Hello，Vue.js 从入门到实战！'
      },
      computed: {
        //计算属性的 getter
        reversedMessage: function () {
          return this.message.split('').reverse().join('')
        }
      }
    })
</script>
```

在例 6-1 中，我们声明了一个计算属性 reversedMessage，给出的函数将用作属性 vm.reversed-Message 的 getter 函数。

例 6-1 在浏览器中的渲染结果如下：

原始字符串：Hello，Vue.js 从入门到实战！

计算后的反转字符串：!战实到门入从 sj.euV，olleH

当 message 属性的值改变时，reversedMessage 的值也会自动更新，并且会自动同步更新 DOM 部分。在浏览器的控制台窗口中修改 vm.message 的值，可以发现 reversedMessage 的值也会随之改变。

计算属性默认只有 getter，因此是不能直接修改计算属性的，如果需要也可以提供一个 setter。看例 6-2 所示的代码。

例 6-2　ComputedPropertiesSetter.html

```html
<div id="app">
  <p>First name: <input type="text" v-model="firstName"></p>
  <p>Last name: <input type="text" v-model="lastName"></p>
  <p>{{ fullName }}</p>
</div>

<script>
  var vm = new Vue({
    el: '#app',
    data: {
      firstName: 'Smith',
      lastName: "Will"
    },
    computed: {
      fullName: {
        //getter
        get: function () {
          return this.firstName + ' ' + this.lastName
        },
        //setter
        set: function (newValue) {
          var names = newValue.split(' ')
          this.firstName = names[0]
          this.lastName = names[names.length - 1]
        }
      }
    }
  })
</script>
```

任意修改 firstName 或者 lastName 的值，fullName 的值也会自动更新，这是调用它的 getter 函数来实现的。在浏览器的控制台窗口中输入 vm.fullName = "Bruce Willis"，可以看到 firstName 和 lastName 的值也同时发生了改变，这是调用 fullName 的 setter 函数来实现的。

扫一扫，看视频

6.2   计算属性缓存

复杂的表达式也可以放到方法中去实现，然后在绑定表达式中调用方法即可。例 6-3 的代码使用方法实现了字符串的翻转，最终结果和例 6-1 使用计算属性相同。

例 6-3   method.html

```html
<div id="app">
  <p>原始字符串：{{ message }}</p>
  <p>方法调用后的反转字符串：{{ reversedMessage() }}</p>
</div>

<script>
    var vm = new Vue({
      el: '#app',
      data: {
        message: 'Hello，Vue.js 从入门到实战！'
      },
      methods: {
        reversedMessage: function () {
          return this.message.split('').reverse().join('')
        }
      }
    })
</script>
```

既然使用方法能实现与计算属性相同的结果，那么还有必要使用计算属性吗？答案是有必要，这是因为计算属性是基于它的响应式依赖进行缓存的，只有在计算属性的相关响应式依赖发生改变时才会重新求值。这就意味着只要 message 还没有发生改变，多次访问 reversedMessage 计算属性会立即返回之前的计算结果，而不会再次执行函数；而如果采用方法，那么不管什么时候访问 reversedMessage()方法，该方法都会被调用。

为了对计算属性和方法的区别有更直观的认识，我们给出一个示例代码，同时使用方法和计算属性，代码如例 6-4 所示。

例 6-4   ComputedPropertiesAndMethods.html

```html
<!DOCTYPE html>
<html>
    <head>
        <meta charset="UTF-8">
```

```
        <title>计算属性</title>
    </head>
    <body>
        <div id="app">
         <p>原始字符串：{{ message }}</p>
         <p>计算后的反转字符串：{{ reversedMessage }}</p>
         <p>方法调用后的反转字符串：{{ reversedMessage2() }}</p>
        </div>

    <script src="vue.js"></script>
    <script>
        var vm = new Vue({
          el: '#app',
          data: {
            message: 'Hello, Vue.js 从入门到实战！'
          },
          computed: {
            //计算属性的 getter
            reversedMessage: function () {
                alert("计算属性");
                return this.message.split('').reverse().join('')
            }
          },
          methods: {
            reversedMessage2: function () {
                alert("方法");
                return this.message.split('').reverse().join('')
            }
          }
        })
        let msg = vm.reversedMessage;
        msg = vm.reversedMessage2();
    </script>
    </body>
</html>
```

我们在计算属性 reversedMessage 的 getter 函数和方法 reversedMessage2()中调用 alert()语句显示一个消息框，在 Vue 实例构建后，我们分别访问 vm.reversedMessage 计算属性和调用 vm.reversedMessage2()方法。

使用浏览器打开该页面，可以依次看到"计算属性""方法""方法"共三个消息框，前两个消息框是模板中的 Mustache 标签被替换时显示的，最后一个"方法"消息框是代码最后调用vm.reversedMessage2()方法显示的，可以看到最后对 vm.reversedMessage 计算属性的访问并没有弹出消息框，这是因为它所依赖的 message 属性并未发生改变。

下面代码中的计算属性 now 在初次渲染后不会再更新，因为 Date.now()不是响应式依赖。

```
computed: {
  now: function () {
    return Date.now();
  }
}
```

那么为什么需要缓存呢？假设有一个性能开销比较大的计算属性 A，它需要遍历一个巨大的数组并做大量的计算，然后可能还有其他的计算属性依赖于 A。如果没有缓存，将不可避免地多次执行 A 的 getter。

如果你的业务实现不希望有缓存，那么可以使用方法来替代。

扫一扫，看视频

6.3　v-for 和 v-if 一起使用的替代方案

在 5.1.3 节例 5-9 中，将 v-for 和 v-if 一起使用，在渲染列表时，根据 v-if 指令的条件判断来过滤列表中不满足条件的列表项。实际上，这个功能也可以使用计算属性来完成，修改 5.1.3 节例 5-9 的代码，如例 6-5 所示。

例 6-5　v-for-ComputedProperties.html

```html
<!DOCTYPE html>
<html>
  <head>
    <meta charset="UTF-8">
    <title>v-for 与计算属性</title>
  </head>
  <body>
    <div id="app">
      <h1>已完成的工作计划</h1>
        <ul>
          <li v-for="plan in completedPlans">
              {{plan.content}}
          </li>
        </ul>
        <h1>未完成的工作计划</h1>
        <ul>
          <li v-for="plan in incompletePlans">
              {{plan.content}}
          </li>
        </ul>
    </div>

    <script src="vue.js"></script>
```

```
<script>
    var vm = new Vue({
      el: '#app',
      data: {
          plans: [
              {content: '写《Vue.js 从入门到实战》', isComplete: false},
              {content: '买菜', isComplete: true},
              {content: '写 PPT', isComplete: false},
              {content: '做饭', isComplete: true},
              {content: '打羽毛球', isComplete: false}
          ]
      },
      computed: {
         //计算属性的 getter
        completedPlans: function () {
          return this.plans.filter(plan => plan.isComplete);
        },
        incompletePlans: function(){
            return this.plans.filter(plan => !plan.isComplete);
        }
      }
    })
</script>
</body>
</html>
```

Vue.js 的作者不建议把 v-for 和 v-if 同时用在同一个元素上，这是因为即使由于 v-if 指令的使用而只渲染了部分元素，但在每次重新渲染的时候仍然要遍历整个列表，而不论渲染的元素内容是否发生了改变。

采用计算属性过滤后再遍历，可以获得如下好处：

● 　过滤后的列表只会在 plans 数组发生相关变化时才被重新计算，过滤更高效。

● 　使用 v-for="plan in completedPlans"之后，在渲染的时候只遍历已完成的计划，渲染更高效。

● 　解耦渲染层的逻辑，可维护性（对逻辑的更改和扩展）更强。

6.4　实例：购物车的实现

扫一扫，看视频

电商网站的购物车相信对于每个读者来说都不陌生，选购的商品会先添加到购物车中，单击"进入购物车"，会跳转到购物车页面，页面中会显示所有已选购商品的信息，这些信息通常包括商品名称、商品单价、商品数量、单项商品的合计金额，以及删除该项商品的删除链接，最后会有一个购物车中所有商品的总价，如图 6-1 所示。

序号	商品名称	单价	数量	金额	操作
1	Vue.js无难事	98	- 1 +	98	删除
2	VC++深入详解	168	- 1 +	168	删除
3	Servlet/JSP深入详解	139	- 1 +	139	删除

总价：¥405

图 6-1　购物车页面

要实现一个购物车实例，当然得先有商品信息，为了简化，我们直接在代码中给出所有的商品信息。相信读者已经知道在什么地方定义数据了，那就是 Vue 实例的 data 选项中，代码如例 6-6 所示。

例 6-6　Vue 实例的 data 选项

```
data: {
  books: [
    {
    id: 1,
    title: 'Vue.js 无难事',
    price: 98,
    count: 1
    },
    {
    id: 2,
    title: 'VC++深入详解',
    price: 168,
    count: 1
    },
    {
    id: 3,
    title: 'Servlet/JSP 深入详解',
    price: 139,
    count: 1
    }
  ]
}
```

购物车中的单项商品金额是动态的，是根据商品的单价和商品的数量相乘得到的，此外所有商品的总价也是动态的，是所有商品价格相加得到的，所以这两种数据就不适合在 book 对象的属性中定义了。

单项商品金额我们采用方法来实现，总价采用计算属性来实现，删除操作的事件处理器也定义为一个方法。代码如例 6-7 所示。

例 6-7

```
methods: {
    itemPrice(price, count){
        return price * count;
```

```
    },
    deleteItem(index){
        this.books.splice(index, 1);
    }
},
computed: {
    totalPrice(){
        var total = 0;
        for (let book of this.books) {
          total += book.price * book.count;
        }
        return total;
    }
}
```

要说明的是：

（1）这里方法和计算属性的定义采用的是 ECMAScript 6 中对象方法的简写语法。

（2）单项商品金额的实现方式可以有多种，本例采用 Vue 实例的方法来实现只是为了简单
起见。

数据、方法、计算属性都写好了，接下来就该轮到购物车中商品的展示了。books 是一个数组
对象，自然我们会想到用 v-for 指令来循环输出商品信息，同时为了让商品信息显示得规规整整，
我们使用表格来进行布局。代码如例 6-8 所示。

例 6-8

```
<div id="app" v-cloak>
  <table>
   <tr>
        <th>序号</th>
        <th>商品名称</th>
        <th>单价</th>
        <th>数量</th>
        <th>金额</th>
        <th>操作</th>
   </tr>
   <tr v-for="(book, index) in books" :key="book.id">
      <td>{{ book.id }}</td>
      <td>{{ book.title }}</td>
      <td>{{ book.price }}</td>
      <td>
          <button v-bind:disabled="book.count === 0"
                       v-on:click="book.count-=1">-</button>
          {{ book.count }}
          <button v-on:click="book.count+=1">+</button>
      </td>
      <td>
```

```
            {{ itemPrice(book.price, book.count) }}
        </td>
        <td>
            <button @click="deleteItem(index)">删除</button>
        </td>
    </tr>
  </table>
  <span>总价：￥{{ totalPrice }}</span>
</div>
```

要说明的是：

（1）在\<div\>元素中我们使用了 v-cloak 指令来避免页面加载时的闪烁问题，当然，这需要和 CSS 样式规则 [v-cloak] { display: none } 一起使用。

（2）使用 v-for 指令时，我们同时使用了 key 属性（采用 v-bind 的简写语法），该属性的作用如果读者忘记了，可以再回顾一下 5.1.3 节。

（3）商品数量的左右两边各添加了一个减号和加号按钮，用于递减和递增商品数量，当商品数量为 0 时，通过 v-bind:disabled="book.count === 0" 来禁用按钮。此外，由于这两个按钮的功能都很简单，所以在使用 v-on 指令时，没有绑定 click 事件处理方法，而是直接使用了 JavaScript 语句。

（4）单项商品的价格通过调用 itemPrice()方法来输出。

（5）所有商品总价通过计算属性 totalPrice 来输出。

（6）单项商品的删除通过 v-on 指令（采用了简写语法）绑定 deleteItem()方法来实现。

完整的代码如例 6-9 所示。

例 6-9   cart.html

```
<!DOCTYPE html>
<html>
    <head>
        <meta charset="UTF-8">
        <title>购物车</title>
        <style>
            body {
                width: 600px;
            }
            table {
                border: 1px solid black;
            }
            table {
                width: 100%;
            }
            th {
                height: 50px;
            }
            th, td {
```

```
            border-bottom: 1px solid #ddd;
            text-align: center;
        }
        span {
            float: right;
        }

        [v-cloak] {
            display: none;
        }
    </style>
</head>
<body>
    <div id="app" v-cloak>
      <table>
        <tr>
            <th>序号</th>
            <th>商品名称</th>
            <th>单价</th>
            <th>数量</th>
            <th>金额</th>
            <th>操作</th>
        </tr>
        <tr v-for="(book, index) in books" :key="book.id">
            <td>{{ book.id }}</td>
            <td>{{ book.title }}</td>
            <td>{{ book.price }}</td>
            <td>
                <button v-bind:disabled="book.count === 0"
                        v-on:click="book.count-=1">-</button>
                {{ book.count }}
                <button v-on:click="book.count+=1">+</button>
            </td>
            <td>
                {{ itemPrice(book.price, book.count) }}
            </td>
            <td>
                <button @click="deleteItem(index)">删除</button>
            </td>
        </tr>
      </table>
      <span>总价：￥{{ totalPrice }}</span>
    </div>
```

```
<script src="vue.js"></script>
<script>
    var app = new Vue({
      el: '#app',
      data: {
       books: [
           {
             id: 1,
             title: 'Vue.js 从入门到实战',
             price: 98,
             count: 1
           },
        {
          id: 2,
          title: 'VC++深入详解',
          price: 168,
          count: 1
        },
        {
          id: 3,
          title: 'Servlet/JSP 深入详解',
          price: 139,
          count: 1
        }
     ]
      },
      methods: {
          itemPrice(price, count){
             return price * count;
          },
          deleteItem(index){
             this.books.splice(index, 1);
          }

      },
      computed: {
       totalPrice(){
         let total = 0;
         for (let book of this.books) {
           total += book.price * book.count;
         }
         return total;
       }
```

```
        }
      })
    </script>
  </body>
</html>
```

相信通过本例的学习，读者对前面知识的掌握会有一些感觉了。

6.5　小　结

本章介绍了 Vue 中的计算属性，计算属性主要用于封装对现有数据对象的各种操作，并返回一个新的数据。可以像普通的数据属性一样使用，不过要注意，如果要修改计算属性，需要为它提供 setter 方法。此外，计算属性会根据依赖的数据变化而更新，并且在该数据没有变化时，使用缓存的计算属性数据。

最后通过一个购物车实例，让读者能够更好地理解计算属性的使用。

第 7 章　监　听　器

Vue 提供了一种更通用的方式来观察和响应 Vue 实例上的数据变动：监听属性。当你有一些数据需要随着其他数据变化而变动时，就可以使用监听器。听起来好像和计算属性的作用差不多，从功能的描述来看，确实是，不过在实际应用中二者是有很大差别的。接下来一步步学习监听器的使用，以及和计算属性的差别。

7.1　使用监听器

扫一扫，看视频

监听器是在 Vue 实例的选项对象的 watch 选项中定义。下面通过监听器来实现千米和米之间的换算，如例 7-1 所示。

例 7-1　watch.html

```html
<div id = "app">
  千米 : <input type = "text" v-model="kilometers">
  米 : <input type = "text" v-model="meters">
</div>

<script>
  var vm = new Vue({
  el: '#app',
  data: {
    kilometers: 0,
    meters: 0
  },
  watch : {
   kilometers: function(val) {
     this.meters = val * 1000
   },
   //监听器函数也可以接收两个参数，val 是当前值，oldVal 是改变之前的值
   meters : function (val, oldVal) {
     this.kilometers = val/ 1000;
   }
  }
  });
</script>
```

我们编写了两个监听器，分别监听数据属性 kilometers 和 meters 的变化，当其中一个数据属性的值发生改变时，对应的监听器就会被调用，经过计算得到另一个数据属性的值。

浏览器中的显示效果如图 7-1 所示。

在千米或者米的输入框中输入数据，可以看到另一个输入框中的数据也会跟着改变。

千米：`3` _____ 米：`3000` _____

图 7-1　watch.html 页面的显示效果

🔊 注意：

> 不要使用箭头函数来定义监听器函数。例如下面的代码：
>
> ```
> kilometers: (val) => {
> this.kilometers = val;
>   this.meters = this.kilometers * 1000
> }
> ```
>
> 箭头函数绑定的是父级作用域的上下文，这里的 this 指向的是 Windows 对象而不是 Vue 实例，this.kilometers 和 this.meters 都是 undefined。

当需要在数据变化时执行异步或开销较大的操作时，使用监听器是最合适的。例如，在一个在线问答系统中，用户输入的问题需要到服务端获取答案，就可以考虑对问题属性进行监听，在异步请求答案的过程中，可以设置中间状态，向用户提示"请稍候…"，而这样的功能使用计算属性就无法做到了。

为了让读者有更直观的印象，下面给出一个使用监听器实现斐波那契数列计算的例子。斐波那契数列的计算比较耗时，我们采用 HTML 5 新增的 WebWorker 来计算，将斐波那契数列的计算放到一个单独的 JS 文件中。代码如例 7-2 所示。

扫一扫，看视频

例 7-2　fibonacci.js

```
function fibonacci(n)
{
    return n < 2 ? n : arguments.callee(n-1) + arguments.callee(n-2);
}


onmessage = function(event)
{
    var num = parseInt(event.data, 10);
    postMessage(fibonacci(num));
}
```

接下来是主页面，代码如例 7-3 所示。

例 7-3　watch-fibonacci.html

```
<div id = "app">
    请输入要计算斐波那契数列的第几个数：
    <input type="text" v-model="num">
    <p v-show="result">{{result}}</p>
</div>


<script>
```

```
        var vm = new Vue({
            el: '#app',
            data: {
              num: 0,
              result: ''
            },
            watch : {
              num: function(val){
①                  this.result = "请稍候...";
                  if(val > 0){
                      let worker = new Worker("fibonacci.js");
②                      worker.onmessage = (event) => this.result = event.data;
                      worker.postMessage(val);
                  }
                  else{
                      this.result = '';
                  }
              }
            }
        });
</script>
```

要说明的是：

（1）斐波那契数列的计算比较耗时，所以在①处给 result 数据属性设置了一个中间状态，给用户一个提示。

（2）Worker 实例是异步执行的，当后台线程执行完任务后通过 postMessage()调用（参看例 7-2）通知创建者线程的 onmessage 回调函数，在该函数中可以通过 event 对象的 data 属性得到数据。在这种异步回调的执行过程中，this 的指向会发生变化，如果 onmessage 回调函数写成如下形式：

worker.onmessage = function(event){this.result = event.data};

那么在执行 onmessage 函数时，this 实际上指向的是 worker 对象，自然 this.result 就是 undefined。因此，在②处使用了箭头函数，因为箭头函数绑定的是父级作用域的上下文，在这里绑定的就是 vm 对象。在使用 Vue 的开发过程中，经常会遇到 this 指向的问题，合理地使用箭头函数可以避免很多问题，后面还会遇到类似的情况。

使用浏览器打开例 7-3 的页面，输入一个数，如 40，你会看到一个提示信息："请稍候..."，一段时间后会看到斐波那契数列的第 40 个数，如图 7-2 所示。

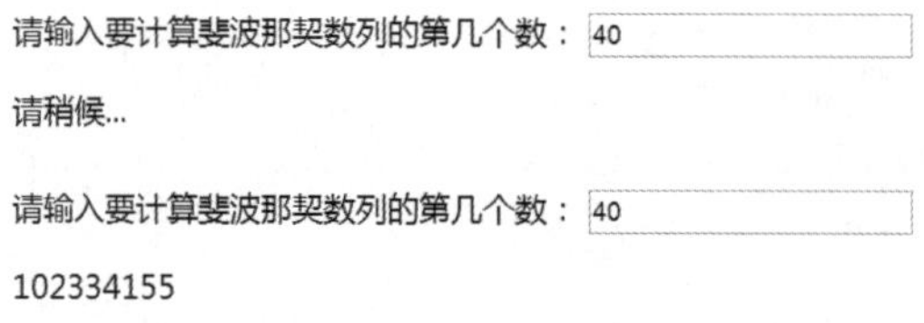

请输入要计算斐波那契数列的第几个数：40

请稍候...

请输入要计算斐波那契数列的第几个数：40

102334155

图 7-2　使用监听器和 WebWorker 实现斐波那契数列的计算

📂 提示：

> Chrome 浏览器的安全限制比较严格，本例使用了 WebWorker，如果直接在文件系统中打开页面，会提示如下错误信息：
>
> "SecurityError: Failed to construct 'Worker': Script at 'file:///F:/VueLesson/ch07/fibonacci.js' cannot be accessed from origin 'null'."
>
> 解决办法就是将本例部署到本地的一个 Web 服务器中访问，如 Tomcat 或 nginx 等。

扫一扫，看视频

7.2　监听器的更多形式

监听器在定义时，除了直接写一个函数外，还可以接一个方法名。如下所示：

```html
<div id = "app">
    年龄: <input type = "text" v-model="age">
    <p v-if="info">{{info}}</p>
</div>

<script>
    var vm = new Vue({
    el: '#app',
    data: {
      age: 0,
      info: ''
    },
    methods: {
        checkAge(){
        if(this.age > = 18)
            this.info = '已成年';
        else
            this.info = '未成年';

    }
    },
    watch : {
      //方法名
        age: 'checkAge'
    }
  });
</script>
```

监听器还可以监听一个对象的属性变化。代码如下：

```html
<div id = "app">
    年龄: <input type = "text" v-model="person.age">
```

```
    <p v-if="info">{{info}}</p>
</div>

<script>
    var vm = new Vue({
    el: '#app',
    data: {
     person: {
         name: 'lisi',
         age: 0
     },
     info: ''
    },
    watch : {
        person: {
            //该回调会在 person 对象的属性改变时被调用，无论该属性被嵌套多深
            handler: function(val, oldVal){
                if(val.age > = 18)
                    this.info = '已成年';
                else
                    this.info = '未成年';
            },
            deep: true
        }
    }
    });
</script>
```

要注意在监听对象属性改变时，使用了两个新的选项：handler 和 deep，前者用于定义当数据变化时调用的监听器函数，后者主要在监听对象属性变化时使用，该选项的值为 true，表示无论该对象的属性在对象中的层级有多深，只要该属性的值发生变化，都会被监测到。

监听器函数在初始渲染时并不会被调用，只有在后续监听的属性发生变化时才会被调用；如果要让监听器函数在监听开始后立即执行，可以使用 immediate 选项，将其值设置为 true。例如：

```
watch : {
    person: {
        handler: function(val, oldVal){
            if(val.age > = 18)
                this.info = '已成年';
            else
                this.info = '未成年';
        },
        deep: true,
        immediate: true
    }
}
```

当页面加载后，就会立即显示"未成年"。

如果仅仅是监听对象的一个属性变化，且变化也不影响对象的其他属性，那么就没必要这么麻烦，直接监听该对象属性即可。如下所示：

```
watch : {
    'person.age': function(val, oldVal){
        ...
    }
}
```

📢 注意：

监听对象属性时，因为有特殊字符点号（.），因此要使用一对单引号（''）或者双引号（""）将其包裹起来。

7.3　小　　结

本章介绍了 Vue 中的监听器，它主要用于监测 Vue 实例的数据变动，并依据该数据变动做出响应，如更新另一个数据，或者发起异步请求从服务端请求数据。与计算属性的区别就是，监听器不需要返回新的数据，不能被当作数据属性使用，当需要在数据变化时执行异步或开销较大的操作时，使用监听器是最合适的。

第 8 章　class 与 style 绑定

HTML 元素有两个设置样式的属性：class 和 style，前者用于指定样式表中的 class，后者用于设置内联样式，在 Vue.js 中可以用 v-bind 指令来处理它们：只需要通过表达式计算出字符串结果即可。不过，字符串拼接比较麻烦而且容易出错，因此，在将 v-bind 用于 class 和 style 时，Vue.js 专门做了增强。表达式结果的类型除了字符串之外，还可以是对象或数组。

8.1　绑定 HTML class

扫一扫，看视频

8.1.1　对象语法

可以给 v-bind:class 传递一个对象，以动态地切换 class。例如：

```
<style>
    .active {
        width: 100px;
        height: 100px;
        background: green;
    }
</style>

<div id = "app">
  <div v-bind:class="{ active: isActive }"></div>
</div>

<script>
  var vm = new Vue({
  el: '#app',
  data: {
    isActive: true
  }
  });
</script>
```

粗体显示的代码中 active 这个 class 存在与否将取决于数据属性 isActive 的值，isActive 计算为真时则这个样式类起作用，反之，则相当于没有加样式。

也可以在对象中传入更多属性来动态切换多个 class。此外，v-bind:class 指令也可以和普通的 class 属性一起使用。例如：

```
<style>
   .static {
      border: solid 2px black;
   }
   .active {
      width: 100px;
      height: 100px;
      background: green;
   }
   .text-danger {
      background: red;
   }
</style>

<div id = "app">
   <div class="static"
            v-bind:class="{ active: isActive, 'text-danger': hasError }">
   </div>
</div>

<script>
   var vm = new Vue({
     el: '#app',
     data: {
       isActive: true,
       hasError: false
     }
   });
</script>
```

最终渲染结果如下：

<div class="static active"></div>

当数据属性 isActive 或者 hasError 改变时，class 列表将相应地更新。例如，如果 hasError 的值为 true，class 列表将变为 "static active text-danger"。

绑定的数据对象如果较为复杂，可以在数据属性中单独定义一个对象，然后绑定它。例如：

```
<div id = "app">
   <div v-bind:class="classObject"></div>
 </div>

<script>
   var vm = new Vue({
     el: '#app',
     data: {
        classObject: {
            active: true,
```

```
            'text-danger': false
        }
    }
    });
</script>
```

当然也可以考虑绑定一个返回对象的计算属性，这是一个常用且强大的模式。例如：

```
<div v-bind:class="classObject"></div>

<script>
    var vm = new Vue({
        el: '#app',
        data: {
            isActive: true,
            error: null
        },
        computed: {
            classObject: function () {
                return {
                    active: this.isActive && !this.error,
                    'text-danger': this.error && this.error.type === 'fatal'
                }
            }
        }
    });
</script>
```

扫一扫，看视频

8.1.2 数组语法

除了给 v-bind:class 传递对象外，也可以传递一个数组，应用一个 class 列表。例如：

```
<style>
    .active {
        width: 100px;
        height: 100px;
        background: green;
    }
    .text-danger {
        background: red;
    }
</style>

<div id = "app">
    <div v-bind:class="[activeClass, errorClass]"></div>
</div>
```

```
<script>
   var vm = new Vue({
   el: '#app',
   data: {
     activeClass: 'active',
     errorClass: 'text-danger'
   }
  });
</script>
```

渲染结果如下：

<div class="active text-danger"></div>

也可以使用三元表达式来根据条件切换 class，代码如下所示：

<div v-bind:class="[isActive ? activeClass : '', errorClass]"></div>

```
<script>
   var vm = new Vue({
   el: '#app',
   data: {
     activeClass: 'active',
     errorClass: 'text-danger',
     isActive: true
   }
  });
</script>
```

样式类 errorClass 将始终添加，而 activeClass 只有在 isActive 计算为真时才会添加。

当 class 属性的表达式中有多个条件时这样写比较烦琐，因而可以在数组语法中使用对象语法来简化表达式。代码如下所示：

<div v-bind:class="[{ active: isActive }, errorClass]"></div>

8.1.3　在组件上使用

当在一个自定义组件上使用 class 属性时，这些 class 将被添加到该组件的根元素上面。这个元素上已经存在的 class 不会被覆盖。

例如，声明了如下组件：

```
Vue.component('my-component', {
  template: '<p class="foo bar">Hi</p>'
})
```

然后在使用该组件时添加一些 class：

```
<my-component class="baz boo"></my-component>
```

HTML 将被渲染为：

```
<p class="foo bar baz boo">Hi</p>
```

对于带数据绑定 class 也同样适用：

```
<my-component v-bind:class="{ active: isActive }"></my-component>
```

当 isActive 计算为真时，HTML 将被渲染为：

```
<p class="foo bar active">Hi</p>
```

8.2　绑定内联样式

使用 v-bind:style 可以给元素绑定内联样式。

扫一扫，看视频

8.2.1　对象语法

v-bind:style 的对象语法非常像 HTML 的内联 CSS 样式语法，但其实是一个 JavaScript 对象。CSS 属性名可以用驼峰式（camelCase）或短横线分隔（kebab-case，记得用引号括起来）来命名。代码示例如下：

```
<div id="app">
  <div
      v-bind:style="{ color: activeColor, fontSize: fontSize + 'px' }">
    《Vue.js 无难事》
  </div>
</div>

<script>
  var vm = new Vue({
    el: '#app',
    data: {
      activeColor: 'red',
      fontSize: 30
    }
  });
</script>
```

显然，直接以对象字面量的方式设置 CSS 样式属性代码冗长，且可读性较差。为此，可以在数据属性中定义一个样式对象，然后直接绑定该对象，这样模板也会更清晰。代码如下所示：

```
<div id="app">
  <div v-bind:style="styleObject">《Vue.js 无难事》</div>
</div>
```

```
<script>
   var vm = new Vue({
   el: '#app',
   data: {
     styleObject: {
       color: 'red',
       fontSize: '30px'
     }
   }
  });
</script>
```

同样地，对象语法也常常结合返回对象的计算属性使用。

8.2.2　数组语法

v-bind:style 的数组语法可以将多个样式对象应用到同一个元素上。例如：

```
<div id = "app">
  <div v-bind:style="[baseStyles, moreStyles]"></div>
</div>

<script>
   var vm = new Vue({
   el: '#app',
   data: {
     baseStyles: {
        border: 'solid 2px black'
     },
     moreStyles: {
       width: '100px',
       height: '100px',
       background: 'orange'
     }
   }
  });
</script>
```

8.2.3　自动添加前缀

我们知道 CSS 3 中有一些样式属性并不被所有的浏览器所支持，如 transform 属性，该属性可以用来对元素进行旋转、缩放、移动或倾斜。在应用该属性时，针对不同的浏览器，可能需要添加该浏览器的内核引擎前缀。例如，Safari 和 Chrome 使用的是-webkit-transform 属性，Internet

Explorer 9 使用-ms-transform 属性，当 v-bind:style 使用需要添加浏览器引擎前缀的 CSS 属性时，如 transform，Vue.js 会自动侦测并添加相应的前缀。

8.2.4 多重值

从 Vue.js 2.3.0 版本开始，可以为 style 绑定中的属性提供一个包含多个值的数组，这常用于提供多个带前缀的值。例如：

```
<div :style="{ display: ['-webkit-box', '-ms-flexbox', 'flex'] }"></div>
```

这样写只会渲染数组中最后一个被浏览器支持的值。在本例中，如果浏览器支持不带浏览器前缀的 flexbox，那么就只会渲染 display: flex。

扫一扫，看视频

8.3 实例：表格奇偶行应用不同的样式

我们经常会用表格来显示多行数据，当表格的行数较多时，为了让用户能够区分不同的行，通常会针对奇偶行应用不同的样式，这样用户看起来会更清晰。

在本例中，先定义一个针对偶数行的样式规则。代码如下所示：

```
.even {
    background-color: #cdcdcd;
}
```

表格数据采用 v-for 指令循环输出，我们知道 v-for 指令可以带一个索引参数，因此可以根据这个索引参数来判断奇偶行，循环索引是从 0 开始的，对应的是第 1 行，为了判断简便，将其加 1 后再进行判断。判断规则为（index + 1）% 2 === 0，采用 v-bind:class 的对象语法，当该表达式计算为真时应用样式类 even。代码如下所示：

```
<tr v-for="(book, index) in books"
    :key="book.id" :class="{even : (index+1) % 2 === 0}">
    ...
</tr>
```

剩下的代码与 6.4 节的实例代码类似，这里就不再赘述了。完整的代码如例 8-1 所示。

例 8-1 table.html

```
<!DOCTYPE html>
<html>
    <head>
        <meta charset="UTF-8">
        <title></title>
        <style>
            body {
                width: 600px;
```

```
        }
        table {
            border: 1px solid black;
        }
        table {
            width: 100%;
        }
        th {
            height: 50px;
        }
        th, td {
            border-bottom: 1px solid #ddd;
            text-align: center;
        }

        [v-cloak] {
            display: none;
        }
        .even {
            background-color: #cdcdcd;
        }
    </style>
</head>
<body>
    <div id = "app" v-cloak>
      <table>
        <tr>
            <th>序号</th>
            <th>书名</th>
            <th>作者</th>
            <th>价格</th>
            <th>操作</th>
        </tr>
        <tr v-for="(book, index) in books"
            :key="book.id" :class="{even : (index+1) % 2 === 0}">
            <td>{{ book.id }}</td>
            <td>{{ book.title }}</td>
            <td>{{ book.price }}</td>
            <td>{{ book.author }}</td>
            <td>
                <button @click="deleteItem(index)">删除</button>
            </td>
        </tr>
      </table>
```

```
            </div>

    <script src="vue.js"></script>
    <script>
        var vm = new Vue({
        el: '#app',
        data: {
         books: [
                {
                  id: 1,
                  title: 'Vue.js 无难事',
                  author: '孙鑫',
                  price: 98
                },
                {
                  id: 2,
                  title: 'VC++深入详解',
                  author: '孙鑫',
                  price: 168
                },
                {
                  id: 3,
                  title: 'Servlet/JSP 深入详解',
                  author: '孙鑫',
                  price: 139
                },
                {
                  id: 4,
                  title: 'Java Web 开发详解',
                  author: '孙鑫',
                  price: 99
                }
                ]
        },
        methods: {
            deleteItem(index){
              this.books.splice(index, 1);
            }
        }
        });
    </script>
    </body>
</html>
```

浏览器中的显示效果如图 8-1 所示。

序号	书名	作者	价格	操作
1	Vue.js无难事	98	孙鑫	删除
2	VC++深入详解	168	孙鑫	删除
3	Servlet/JSP深入详解	139	孙鑫	删除
4	Java Web开发详解	99	孙鑫	删除

图 8-1　表格偶数行应用样式后的显示效果

8.4　小　　结

本章介绍了 class 与 style 的绑定，这让我们在应用 CSS 样式时，可以有更多的选择，更灵活地处理。

第9章 表单输入绑定

在 5.1.5 节已经简单介绍了 v-model 指令,表单控件的数据绑定就是用 v-model 指令来实现的,它会根据控件类型自动选取正确的方法来更新元素。由于表单控件有不同的类型,如文本输入框、复选框、单选按钮、列表框等,v-model 指令在不同的表单控件上应用时也会有些差异。本章将详细介绍各个表单控件的输入绑定。

9.1 单行文本输入框

看例 9-1 所示的代码。

例 9-1 text.html

```
<div id = "app">
    <input type="text" v-model="message" value="Hello Vue.js">
    <p>message: {{message}}</p>
</div>

<script>
    var vm = new Vue({
    el: '#app',
    data: {
      message: 'Vue.js无难事'
    }
  });
</script>
```

在<input>元素中,使用 value 属性设置了一个初始值"Hello Vue.js",用 v-model 指令绑定一个表达式 message,对应的数据属性是 message。

在浏览器中的显示效果如图 9-1 所示。

Vue.js无难事

message:Vue.js无难事

图 9-1 例 9-1 页面的显示效果

从图 9-1 中可以看到文本输入框中显示的是数据属性 message 的值,而<input>元素的 value 属性的值并没有看到。这是**因为 v-model 指令会忽略所有表单元素的 value、checked、selected 属性的初始值,而总是将 Vue 实例的数据属性作为数据来源**。我们应该总是在 Vue 实例或组件的 data 选项中声明初始值。

在文本输入框中随意输入一些数据,可以看到输入框下方的内容也会同时发生改变。

用户在输入数据的时候,往往会不经意地在实际数据前后输入了空格字符,或者在粘贴数据时不小心带上了制表符,表单的数据通常是要提交到服务端的,因此在提交之前需要编写 JavaScript 代码对数据做一些验证,包括去掉数据前后的空白字符。**v-model 指令提供了一个 trim 修饰符**,可以帮我们自动过滤输入数据首尾的空白字符。修改例 9-1<input>元素的 v-model 指令，代码如下所示：

```
<input type="text" v-model.trim="message" value="Hello Vue.js">
```

除了 trim 修饰符外，v-model 指令还可以使用下面两个修饰符。

● .lazy

默认情况下 v-model 在每次 input 事件触发后将输入框的值与数据进行同步，如果使用了该修饰符，则会转变为使用 change 事件进行同步。还记得例 7-3 计算斐波那契数列的代码吗？如下：

```
<input type="text" v-model="num">
watch : {
    num: function(val){
        ...
    }
}
```

假如想计算斐波那契数列的第 40 个数，在输入 4 的时候，监听器函数就开始执行了，很显然，我们并不想这样，所以在这里加上 lazy 修饰符会更好一些。代码如下所示：

```
<input type="text" v-model.lazy="num">
```

● .number

如果想自动将用户的输入数据转为数值类型，可以给 v-model 添加 number 修饰符。这通常很有用，因为即使在 type="number"时，HTML 输入元素的值也总是返回字符串。如果这个值无法被parseFloat()解析，则会返回原始值。

9.2　多行文本输入框

扫一扫，看视频

多行文本输入框<textarea>的默认值是放在元素的开始标签和结束标签之间的，所以，可能想要按如下的方式来绑定数据。

```
<textarea>{{message}}</textarea>
```

不幸的是，除了初次渲染的时候，文本框中会显示 message 属性的值，之后 message 属性的改变就跟该文本框没关系了，同样，在文本框中输入的数据也不会影响 message 属性。这样就失去了数据双向绑定这一美好的特性了。

要解决这个问题，自然还是用 v-model。代码如下所示：

```
<textarea v-model="message"></textarea>
```

9.3　复　选　框

扫一扫，看视频

复选框在单独使用和多个复选框一起使用时，v-model 绑定的值会有所不同，对于前者，绑定的是布尔值，选中则值为 true，未选中则值为 false；后者绑定的是同一个数组，选中的复选框的值将被保存到数组中。

下面看例 9-2。

例 9-2　checkbox.html

```
<div id = "app">
    <h3>单个复选框：</h3>
    <input id="agreement" type="checkbox" v-model="isAgree">
    <label for="agreement">{{ isAgree }}</label>

    <h3>多个复选框：</h3>
    <input id="basketball" type="checkbox" value="篮球" v-model="interests">
     <label for="basketball">篮球</label>
     <input id="football" type="checkbox" value="足球" v-model="interests">
     <label for="football">足球</label>
     <input id="volleyball" type="checkbox"  value="排球" v-model="interests">
     <label for="volleyball">排球</label>
     <input id="swim" type="checkbox"  value="游泳" v-model="interests">
     <label for="swim">游泳</label>

    <p>你的兴趣爱好是：{{ interests }}</p>
</div>

<script src="vue.js"></script>
<script>
    var vm = new Vue({
    el: '#app',
    data: {
      isAgree: false,
      interests: []
    }
  });
</script>
```

浏览器中的显示效果如图 9-2 所示。

随意选中几个复选框，显示结果如图 9-3 所示。

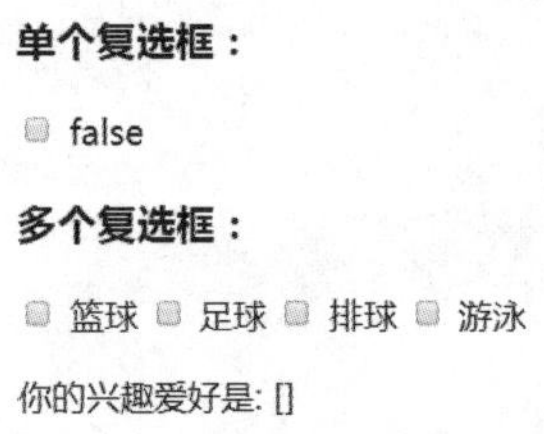

图 9-2　例 9-2 页面的显示效果 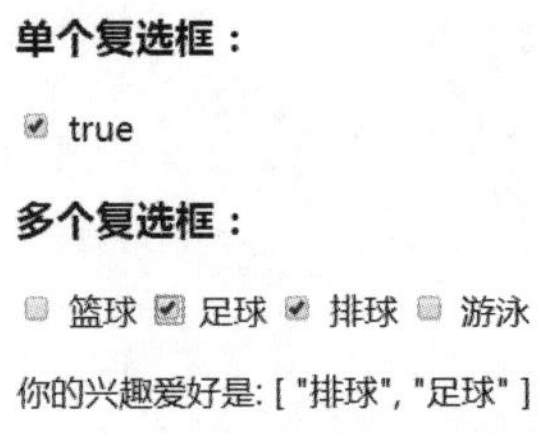　　　　图 9-3　选中复选框后的渲染效果

对于这种一组复选框一起使用的场景，可以考虑将变化的部分抽取出来放到 Vue 实例的 data 选

项中，定义为一个 JavaScript 对象或者数组，然后通过 v-for 指令循环渲染输出。有兴趣的读者可以自行尝试一下。

9.4　单 选 按 钮

扫一扫，看视频

当单选按钮被选中时，v-model 绑定的数据属性的值会被设置为该单选按钮的 value 值。看例 9-3 所示的代码。

例 9-3　radio.html

```
<div id = "app">
    <input id="male" type="radio" value="1" v-model="gender">
    <label for="male">男</label>
    <br>
    <input id="female" type="radio" value="0" v-model="gender">
    <label for="female">女</label>
    <br>
    <span>性别：{{ gender }}</span>
</div>

<script>
var vm = new Vue({
  el: '#app',
  data: {
      gender: ''
  }
});
```

当选中"男"时，gender 的值为 1；当选中"女"时，gender 的值为 0。

9.5　选 择 框

扫一扫，看视频

与复选框类似，因为选择框可以是单选，也可以是多选（指定<select>元素的 multiple 属性），因此 v-model 在这两种情形下的绑定值会有所不同。单选时，绑定的是选项的值（<option>元素value 属性的值）；多选时，绑定到一个数组，所有选中的选项的值被保存到数组中。

下面看例 9-4。

例 9-4　select.html

```
<div id = "app">
    <h3>单选选择框</h3>
    <select v-model="education">
       <option disabled value="">请选择您的学历</option>
```

```
            <option>高中</option>
            <option>本科</option>
            <option>硕士</option>
            <option>博士</option>
        </select>
        <p>您的学历是：{{ education }}</p>


        <h3>多选选择框</h3>
        <select v-model="searches" multiple>
            <option v-for="option in options" v-bind:value="option.value">
                {{ option.text }}
            </option>
        </select>
        <p>您选择的搜索引擎是：{{ searches }}</p>
    </div>

<script>
    var vm = new Vue({
    el: '#app',
    data: {
        education: '',
        searches: [],
        options: [
            {text: '百度', value: 'baidu.com'},
            {text: '谷歌', value: 'google.com'},
            {text: '必应', value: 'bing.com'}
        ]
    }
});
</script>
```

单选选择框的 v-model 绑定的是数据属性 education，选中"本科"时，education 的值是字符串"本科"。多选选择框绑定的是数据属性 searches（数组类型），如果同时选中百度和谷歌，其值为 ["baidu.com", "google.com"]。

前面说过，重复的元素可以使用 v-for 指令来循环渲染，这里的多选选择框的选项元素<option>就是使用 v-for 渲染的，我们所需要做的就是把数据部分抽取出来，组织成一个对象或数组，在 Vue 实例的 data 选项中定义好。

9.6 值 绑 定

v-model 针对不同的表单控件，绑定的值都有默认的约定，例如，单个复选框，绑定的是布尔值；多个复选框，绑定的是一个数组，选中的复选框 value 属性的值被保存到数组中。

有时候你可能想要改变默认的绑定规则，那么可以使用 v-bind 把值绑定到 Vue 实例的一个动态属性上，并且这个属性的值可以不是字符串。

9.6.1　复选框

在使用单个复选框时，在<input>元素上可以使用两个特殊的属性 true-value 和 false-value 来指定选中状态下和未选中状态下 v-model 绑定的值是什么。

例如下面的代码：

```
<div id = "app">
    <input id="agreement" type="checkbox" v-model="isAgree"
        true-value="yes"
        false-value="no">
    <label for="agreement">{{ isAgree }}</label>
</div>

<script>
    var vm = new Vue({
    el: '#app',
    data: {
        isAgree: false
    }
    });
</script>
```

数据属性 isAgree 的值初始为 false，当选中复选框时，其值为 true-value 属性的值——yes，之后再取消复选框，其值为 false-value 属性的值——no，如图 9-4 所示。

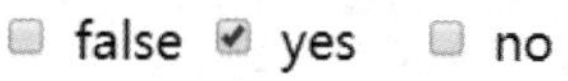

☐ false ☑ yes ☐ no

图 9-4　单个复选框初始、选中和未选中的值

true-value 属性和 false-value 属性也可以使用 v-bind，将它们绑定到 data 选项中的某个数据属性上。代码如下所示：

```
<div id = "app">
    <input id="agreement" type="checkbox" v-model="isAgree"
        :true-value="trueVal"
        :false-value="falseVal">
    <label for="agreement">{{ isAgree }}</label>
</div>

<script>
    var vm = new Vue({
    el: '#app',
    data: {
        isAgree: false,
        trueVal: '真',
```

```
        falseVal: '假'
    }
  });
</script>
```

数据属性 isAgree 的值初始为 false，当选中复选框时，其值为 true-value 绑定的数据属性 trueVal 的值——"真"，之后再取消复选框，其值为 false-value 绑定的数据属性 falseVal 的值——"假"，如图 9-5 所示。

☐ false ☑ 真　☐ 假

图 9-5　使用 v-bind 后单个复选框初始、选中和未选中的值

9.6.2　单选按钮

单选按钮被选中时，v-model 绑定的数据属性的值默认被设置为该单选按钮的 value 值，可以使用 v-bind 将<input>元素的 value 属性再绑定到另一个数据属性上，这样选中后的值就是这个 value 属性绑定的数据属性的值。看下面的代码：

```
<div id = "app">
    <input id="male" type="radio" v-model="gender"
          :value="genderVal[0]" >
    <label for="male">男</label>
    <br>
    <input id="female" type="radio" v-model="gender"
          :value="genderVal[1]" >
    <label for="female">女</label>
    <br>
    <span>性别：{{ gender }}</span>
</div>

<script>
    var vm = new Vue({
        el: '#app',
        data: {
            gender: '',
            genderVal: ['帅哥', '美女']
        }
    });
</script>
```

当选中"男"时，gender 的值是"帅哥"；当选中"女"时，gender 的值是"美女"，如图 9-6 所示。

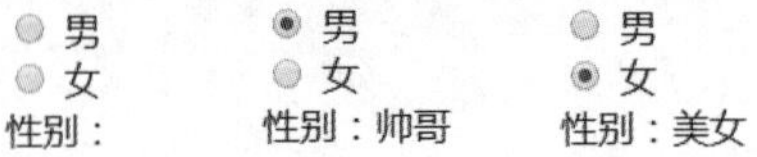

◉ 男　　　◉ 男　　　○ 男
○ 女　　　○ 女　　　◉ 女
性别：　　性别：帅哥　性别：美女

图 9-6　使用 v-bind 后单选按钮初始和选中后的值

9.6.3　选择框的选项

选择框选择内容后其值是选项的值（`<option>`元素的 value 属性的值），选项的 value 属性也可以使用 v-bind 指令绑定到一个数据属性上。在例 9-4 中已经这样使用过了，代码如下所示：

```
<option v-for="option in options" v-bind:value="option.value">
```

也可以像如下的写法，将 value 属性绑定到一个对象字面上。

```
<select v-model="selected">
    <!-- 内联对象字面量 -->
  <option v-bind:value="{ number: 123 }">123</option>
</select>
```

当选中时：

```
typeof vm.selected // 'object'
vm.selected.number // 123
```

9.7　实例：用户注册

在单页应用程序中，用户注册在提交时是使用 Ajax 来发送数据到服务端，数据格式采用 JSON 格式，而 JSON 是 JavaScript 对象字面量语法的子集，在表单提交前，通常是将要发送的数据先组织为一个 JavaScript 对象或者数组，然后转换为 JSON 字符串进行发送。使用 Vue.js，数据组织为对象的过程就变得异常简单了。可以使用 v-model 指令将输入控件直接绑定到某个对象的属性上，然后使用 v-on 指令绑定提交按钮的 click 事件，在事件处理函数直接发送该对象即可。完整的代码如例 9-5 所示。

例 9-5　register.html

```
<!DOCTYPE html>
<html>
    <head>
        <meta charset="UTF-8">
        <title>用户注册</title>
    </head>

    <body>
        <div id = "app">
        <form>
            <table border="0">
                <tr>
                    <td>用户名:</td>
```

```
        <td>
            <input type="text" name="username" v-model="user.username">
        </td>
    </tr>
    <tr>
        <td>密码:</td>
        <td>
            <input type="password" name="password" v-model="user.password">
        </td>
    </tr>
    <tr>
        <td>性别: </td>
        <td>
<input type="radio" name="gender" value="1" v-model="user.gender">男
<input type="radio" name="gender" value="0" v-model="user.gender">女
        </td>
    </tr>
    <tr>
        <td>邮件地址: </td>
        <td>
            <input type="text" name="email" v-model="user.email">
        </td>
    </tr>
    <tr>
        <td>密码问题: </td>
        <td>
<input type="text" name="pwdQuestion" v-model="user.pwdQuestion">
        </td>
    </tr>
    <tr>
        <td>密码答案: </td>
        <td>
            <input type="text" name="pwdAnswer" v-model="user.pwdAnswer">
        </td>
    </tr>
    <tr>
        <td>
            <input type="submit" value="注册" @click.prevent="register">
        </td>
        <td><input type="reset" value="重填"></td>
    </tr>
</table>
```

```
        </form>
    </div>

<script src="vue.js"></script>
<script>
    var vm = new Vue({
    el: '#app',
    data: {
        user: {
            username: '',
            password: '',
            gender: '',
            email: '',
            pwdQuestion: '',
            pwdAnswer: ''
        }
    },
    methods: {
        register(){
            //直接发送 this.user 对象
            //...
            console.log(this.user);
        }
    }
    });
</script>
</body>
</html>
```

在提交按钮上,我们绑定 click 事件时使用了 prevent 修饰符,这是因为本例是在 click 事件响应函数中完成的用户注册数据的发送,并不希望表单的默认提交行为发生,因此使用 prevent 修饰符来阻止表单的默认提交行为。

剩余的代码逻辑比较简单,这里就不再详述了。浏览器中的显示效果如图 9-7 所示。

输入用户注册信息,然后单击"注册"按钮,在浏览器的控制台窗口将看到如图 9-8 所示的用户信息。

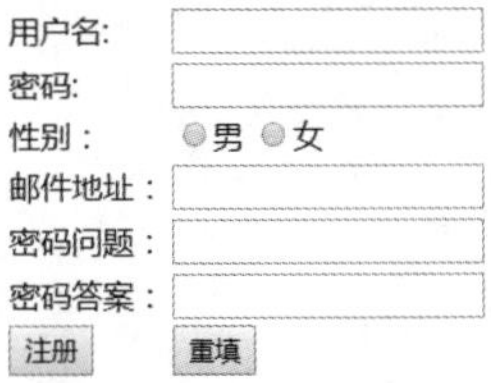

用户名:
密码:
性别: ●男 ●女
邮件地址:
密码问题:
密码答案:
注册 重填

```
▼{…} 🛈
    email: "zhang@163.com"
    gender: "1"
    password: "1234"
    pwdAnswer: "zhangsan"
    pwdQuestion: "my name"
    username: "张三"
```

图 9-7 例 9-5 页面的显示效果 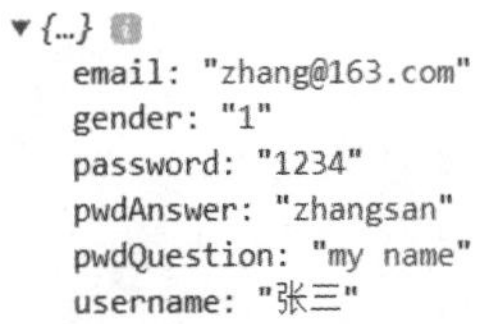   图 9-8 浏览器控制台窗口中输出的用户注册信息

9.8　小　　结

　　表单控件的输入绑定是通过 v-model 指令实现的，v-model 指令会根据控件类型自动选取正确的方法来更新元素。不过由于表单控件有不同的类型，v-model 指令在这些控件上应用时会有些差异，而这些差异就是我们在开发时需要注意的地方，要避免不正确的数据绑定，导致页面渲染的结果出现问题。

第10章 过 滤 器

在 Vue.js 中，过滤器主要用于文本的格式化，或者数组数据的过滤与排序等。从 Vue.js 2.0.0 版本开始，内置的过滤器被删除了，如果使用过滤器，需要自己编写。

10.1 全局过滤器与局部过滤器

扫一扫，看视频

过滤器本质上是一个函数，与自定义指令相似，过滤器也分为全局过滤器和局部过滤器。全局过滤器使用 Vue.filter()方法来注册，该方法接受两个参数，第一个参数是过滤器的 ID（即名字），第二个参数是一个函数对象，过滤器要实现的功能在这个函数中定义。语法形式如下：

```
Vue.filter( id, [definition] )
```

局部过滤器是在 Vue 实例的选项对象中使用 filters 选项来注册。

下面编写一个将字符串首字母转换为大写字母的全局过滤器。代码如下所示：

```
Vue.filter('capitalize', function (value) {
  if (!value) return '';
  value = value.toString();
  return value.charAt(0).toUpperCase() + value.slice(1);
})
```

如果换成局部过滤器，编写形式如下：

```
new Vue({
  filters: {
    capitalize: function (value) {
      if (!value) return '';
      value = value.toString();
      return value.charAt(0).toUpperCase() + value.slice(1);
    }
  }
})
```

要注意的是：

（1）当全局过滤器和局部过滤器重名时，会采用局部过滤器。

（2）与自定义指令一样，全局过滤器可以在任何 Vue 实例的模板中使用，而局部过滤器只能在该实例绑定的视图中使用。

过滤器可以用在两个地方：双花括号插值和 v-bind 表达式（后者从 2.1.0+开始支持），使用时通过管道符（|）添加到表达式的尾部使用。代码如下所示：

```
<p>{{ message | capitalize }}</p>
<a v-bind:href="url | lowercase"></a>
```

不要去尝试在其他指令的表达式中使用，没有结果的，还会报错。

10.2   过滤器的参数

过滤器函数总是接收表达式的值作为第一个参数，如{{ message | capitalize }}，message 的值将作为 capitalize 过滤器函数的第一个参数。过滤器本质上是一个 JavaScript 函数，自然也可以接收多个参数。

下面编写一个为表达式的值添加前后缀的过滤器，代码如例 10-1 所示：

例 10-1   filter-parameters.html

```
<div id = "app">
    <p>{{filename | format('vue', suffix)}}</p>
</div>

<script>
    Vue.filter('format', function (value, prefix, suffix) {
      if (!value) return '';
      value = value.toString();
      return prefix + "-" + value + "." + suffix;
    })

    var vm = new Vue({
    el: '#app',
    data: {
        filename: 'filters',
        suffix: 'js'
    },
  });
</script>
```

filename 的值作为 format 过滤器的第一个参数，普通字符串'vue'作为 format 过滤器的第二个参数，表达式 suffix 的值作为 format 过滤器的第三个参数。最终的输出结果为 vue-filters.js。

如果过滤器函数需要接受任意多个参数，可以使用 ECMAScript 6 中引入的 rest 参数。代码如下所示：

```
Vue.filter('format', function (value, ...params) {
    ...
})
```

当然，不建议把过滤器的功能做得很复杂，这违背了过滤器的初衷，毕竟在 Vue.js 中，还有方法、计算属性、监听器等各种特性。

扫一扫，看视频

10.3 过滤器的串联

过滤器总是接收管道符（|）前的表达式作为第一个参数，利用该特性，可以将多个过滤器通过管道符串联起来使用，形成类似于方法链的调用形式。

例如，有两个过滤器：将字符串转换为大写的过滤器和将字符串反转的过滤器，如果同时需要这两个功能，就可以将这两个过滤器通过管道符串联在一起使用。代码如例 10-2 所示。

例 10-2　filters-series.html

```html
<div id = "app">
    <p>{{message | uppercase | reverse}}</p>
</div>

<script>
    Vue.filter('uppercase', function (value) {
      if (!value) return '';
      value = value.toString();
      return value.toUpperCase();
    })

    Vue.filter('reverse', function (value) {
      if (!value) return '';
      value = value.toString();
      return value.split('').reverse().join('');
    })

    var vm = new Vue({
        el: '#app',
        data: {
            message: 'hello world'
        }
    });
</script>
```

uppercase 过滤器接收 message 表达式的值作为第一个参数，其计算结果作为第二个过滤器 reverse 的参数，最后输出结果为 DLROW OLLEH。

10.4 小　　结

本章介绍了 Vue 中的过滤器，从 2.0.0 版本开始，内置的过滤器都已经被删除了，但这不代表过滤器就没有用了，Vue 的作者也解释了为何要删除内置的过滤器：内置的过滤器是有用的，但它们缺乏纯 JavaScript 的灵活性。当一个内置函数不适合您的需求时，您最终会重新实现类似功能（在最终代码中，内置的代码就成无用代码、死代码），或者必须等待 Vue 更新它们并发布新版本。

在第 17 章的项目实战中，我们会看到更多自定义过滤器的使用。

第 11 章 组   件

前面介绍的 Vue.js 的知识都是"开胃菜",现在我们来到了"正餐"环节。

组件是 Vue.js 最核心的功能,在前端应用程序中可以采用模块化的开发,实现可重用、可扩展。组件是带有名字的可复用的 Vue 实例,因此在根 Vue 实例中的各个选项在组件中也一样可以使用,唯一的例外是 el 选项,这是只用于根实例的特有选项。

组件系统让我们可以用独立可复用的小组件来构建大型应用,几乎任意类型应用的界面都可以抽象为一个组件树,如图 11-1 所示。

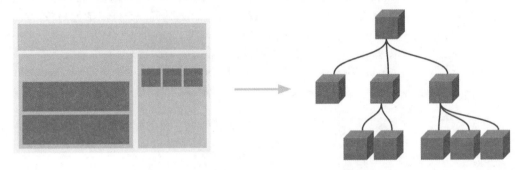

图 11-1　应用以一棵嵌套的组件树的形式来组织

11.1　全局组件与局部组件

与自定义指令类似,组件也可以是全局注册的组件和局部注册的组件。全局组件使用 Vue.component()方法来注册,该方法接受两个参数,第一个参数是组件的 ID(即名字),第二个参数是一个函数对象(使用 Vue.extend()方法创建的组件构造器),也可以是一个选项对象。语法形式如下:

```
Vue.component( id, [definition] )
```

局部组件是在 Vue 实例的选项对象中使用 components 选项来注册。

下面看一个全局组件注册的例子。

```
Vue.component('ButtonCounter', {
    data: function(){
        return {
            count: 0
        }
```

```
  },
    template: '<button v-on:click="count++">You clicked me {{ count }} times.
</button>'
  }
)
```

之前在 Vue 的根实例中定义数据对象时，一直采用的是如下形式：

```
data: {
  count: 0
}
```

而在注册组件时，data 选项是一个函数（也必须是一个函数）。这是因为组件是可复用的 Vue 实例，如果还是允许使用先前根实例的数据定义方式，那么所有复用的组件实例都将共享同一份数据，显然，这很容易导致混乱。采用函数定义方式，那么每个组件实例都将拥有自己的一份返回对象的独立拷贝，每复用一次组件，data 函数就执行一次，从而返回一个新的数据对象。

组件的内容通过 template 选项来定义，当使用组件时，组件所在的位置将被 template 选项的内容所替换。此外，组件的内容必须用一个根元素来包裹，且只能有一个根元素，切记切记。

注册组件后，怎么使用呢？很简单，把组件当成自定义元素，按照元素的方式来使用，元素的名字就是注册时指定的 ID 名。代码如下所示：

```
<div id="app">
    <ButtonCounter></ButtonCounter>
</div>
```

不幸的是，上述代码并不能正常工作。这是因为HTML 并不区分元素和属性的大小写，所以浏览器会把所有大写字符解释为小写字符，即 buttoncounter，而我们注册时使用的名字是 ButtonCounter，这就导致找不到组件而出错了。解决办法是在 DOM 模板中采用 kebab-case 命名来引用组件。代码如下所示：

```
<div id="app">
    <button-counter></button-counter>
</div>
```

只要组件注册时采用的是 PascalCase（首字母大写）命名，就可以采用 kebab-case 命名来引用。不过，在非 DOM 模板中（如字符串模板或者单文件组件内），是可以使用组件的原始名字来使用组件的，即<ButtonCounter>和<button-counter>都是可以的。当然，如果想要保持名字的统一性，也可以在注册组件时，直接使用 kebab-case 命名来为组件命名。例如：

```
Vue.component('button-counter', ...)
```

此外，由于 HTML 并不支持自闭合的自定义元素，所以在 DOM 模板中不要把 ButtonCounter 组件当作自闭合元素来使用。例如，不要使用<button-counter/>，而要使用<button-counter></button-counter>。当然，在非 DOM 模板中没有这个限制，**相反，还鼓励将没有内容的组件作为自闭合元素来使用，这可以明确该组件没有内容，由于省略了结束标签，代码也更简洁。**

本例的渲染结果如图 11-2 所示。

图 11-2　ButtonCounter 组件的渲染结果

调用 Vue.component()方法注册全局组件时，第二个参数除了传入选项对象外，还可以传入 Vue.extend()方法创建的组件构造器。Vue.extend()方法使用基础 Vue 构造器创建一个"子类"，该方法只有一个参数，接收一个包含组件选项的对象。看下面的例子：

```html
<div id="app">
    <button-counter></button-counter>
</div>

<script>
    let MyComponent = Vue.extend({
        template: '<button v-on:click="count++">You clicked me {{ count }} times.
</button>',
        data: function(){
          return {
              count: 0
          }
        }
    });

    Vue.component('ButtonCounter', MyComponent);

    new Vue({
      el: '#app'
    })
</script>
```

如果想要注册局部组件，代码如下：

```js
new Vue({
  el: '#app',
  components: {
      ButtonCounter : {
      data: function(){
        return {
          count: 0
        }
      },
      template: '<button v-on:click="count++">You clicked me {{ count }} times.
</button>'
```

```
        }
    }
})
```

对于 components 选项对象来说，它的每个属性的名字就是自定义元素的名字，其属性值就是这个组件的选项对象。

局部注册组件也可以使用 Vue.extend() 方法创建的组件构造器。例如：

```
let MyComponent = Vue.extend({
    template: '<button v-on:click="count++">You clicked me {{ count }} times.
</button>',
    data: function(){
        return {
            count: 0
        }
    }
});

new Vue({
 el: '#app',
 components: {
    ButtonCounter: MyComponent
 }
})
```

全局注册的组件可以在任何 Vue 实例中使用，而局部注册的组件只能在父组件的模板中使用。

扫一扫，看视频

11.2   使用 Prop 向子组件传递数据

组件是当作自定义元素来使用的，而元素一般是有属性的，同样，组件也可以有属性。在使用组件时，给组件元素设置属性，组件内部如何接收呢？首先需要在组件内部注册一些自定义的属性，称为 prop，这些 prop 是放在组件的 props 选项中定义的；之后，在使用组件时，就可以把这些 prop 的名字作为元素的属性名来使用，通过属性向组件传递数据，这些数据将作为组件实例的属性被使用。

看下面的代码。

```
<div id="app">
    <post-item post-title="Vue.js 无难事"></post-item>
</div>

<script>
    Vue.component('PostItem', {
        //声明 props
        props: ['postTitle'],
```

```
            //postTitle 就像 data 中定义的数据属性一样,
            //在该组件中可以如 "this.postTitle" 这样使用
            template: '<h3>{{ postTitle }}</h3>'
    });

    new Vue({
      el: '#app'
    })
</script>
```

渲染结果为<h3> Vue.js 无难事</h3>。

要说明的是:

（1）正如代码注释中所述，在 props 选项中定义的 prop，可以当成该组件实例的数据属性来使用。

（2）props 选项中声明的每一个 prop，在使用组件时，作为元素的自定义属性来使用，属性值会被传递给组件内部的 prop。

（3）已不止一次提到过 HTML 中的属性名是不区分大小写的，浏览器在加载 HTML 页面的时候，会统一转换为小写字符，采用 camelCase（驼峰命名法）的 prop 名要使用其等价的 kebab-case（短横线分隔命名）名字来使用。如果在字符串模板中或单文件组件内使用，则没有这个限制。

上述说明的第（3）点，我们给出一个父子组件的例子，可以让读者对字符串模板有更好的认识。

```
<div id="app">
    <post-list></post-list>
</div>

<script>
    Vue.component('PostItem', {
        props: ['postTitle'],
        template: '<h3>{{ postTitle }}</h3>'
    });

    Vue.component('PostList', {
        //在字符串模板中可以直接使用 PascalCase 命名的组件名
        //和 camelCase 命名的 prop 名
        template: '<div><PostItem postTitle="Vue.js 无难事" /></div>'
    });

    new Vue({
      el: '#app'
    })
</script>
```

在字符串模板中，除了各种命名可以直接使用外，组件还可以当作自闭合元素来使用。

下面稍微修改一下 PostList 组件，给它定义一个数据属性 title，然后用 title 的值给子组件 PostItem 的 postTitle 属性赋值。代码如下所示:

```
Vue.component('PostList', {
    data() {
        return {
            title: 'Vue.js 无难事'
        }
    },

    template: '<div><PostItem postTitle="title"></PostItem></div>'
});
```

渲染输出的结果为<h3>title</h3>。为什么没有输出 title 属性的值呢？这是因为在解析的时候，title 并没有作为表达式来解析，而仅仅是作为一个静态的字符串值传递给了 postTitle 属性。**与普通的 HTML 元素的属性传值一样，要想接收动态值，需要使用 v-bind 指令，否则，接收的值都是静态的字符串值。**

修改 PostList 组件的模板字符串，代码如下所示：

```
template: '<div><PostItem :postTitle="title"></PostItem></div>'
```

渲染输出的结果为<h3>Vue.js 无难事</h3>。

如果组件需要接收多个传值，那么可以定义多个 prop。如下：

```
<div id="app">
    <post-list></post-list>
</div>

<script>
    Vue.component('PostItem', {
        props: ['author', 'title', 'content'],
        template: `
        <div>
            <h3>{{ title }}</h3>
            <p> 作者: {{ author }}</p>
            <p>{{ content }}</p>
        </div>`
    });

    Vue.component('PostList', {
        data() {
            return {
                author: '孙鑫',
                title: 'Vue.js 无难事',
                content: '这本书不错'
            }
        },
        template: `<div>
            <PostItem
```

```
            :author="author"
            :title="title"
            :content="content">
        </PostItem>
    </div>`
});

new Vue({
  el: '#app'
})
</script>
```

从这个例子中可以看到，如果子组件定义的prop较多，调用时就需要写较多的属性，然后一一赋值，这很麻烦，为此，可以使用不带参数的 v-bind 来传入一个对象，你只需要将该对象的属性和组件的 prop 一一对应即可。代码如下所示：

```
Vue.component('PostList', {
    data() {
        return {
            post: {
                author: '孙鑫',
                title: 'Vue.js 无难事',
                content: '这本书不错'
            }
        }
    },
    template: '<div><PostItem v-bind="post" /></div>'
});
```

在 data 中，定义了一个 post 对象，它的属性值和 PostItem 的 prop 一一对应。在<PostItem>元素上使用了不带参数的 v-bind 指令，传入 post 对象，该对象的所有属性将作为 prop 传入。

虽然直接传入一个对象，将其所有属性值作为 prop 传入可以简化代码的编写，但也容易造成一些混乱，而在实际业务组件开发时，子组件通常是以对象来接收数据，父组件以对象的方式来传值。代码示例如下：

```
Vue.component('PostItem', {
    props: ['post'],
    template: `
        <div>
            <h3>{{ post.title }}</h3>
            <p> 作者: {{ post.author }}</p>
            <p>{{ post.content }}</p>
        </div>`
});
```

```
Vue.component('PostList', {
    data() {
        return {
            post: {
                author: '孙鑫',
                title: 'Vue.js 无难事',
                content: '这本书不错'
            }
        }
    },
  template: '<div><PostItem :post="post"/></div>'
});
```

11.2.1　单向数据流

通过 prop 传递数据是单向的，父组件的属性变化会向下传递给子组件，但是反过来不行。这可以防止子组件意外改变父组件的状态，从而导致应用程序的数据流难以理解。

每次父组件更新时，子组件中所有的 prop 都会刷新为最新的值。这意味着我们不应该在一个子组件内部去改变 prop，如果这样做了，Vue 会在浏览器的控制台中给出警告。

在两种情况下可能需要改变组件的 prop。一种是定义一个 prop，以方便父组件传递初始值，在子组件内将这个 prop 作为一个本地的 prop 数据来使用。遇到这种情况，解决办法是定义一个本地的 data 属性，然后将 prop 的值作为其初始值，后续操作只访问这个 data 属性。代码示例如下：

```
props: ['initialCounter'],
data: function () {
  return {
    counter: this.initialCounter
  }
}
```

第二种情况是 prop 接收数据后需要转换后使用。这种情况下，可以使用计算属性来解决。代码示例如下：

```
props: ['size'],
computed: {
  normalizedSize: function () {
    return this.size.trim().toLowerCase()
  }
}
```

后续的操作直接访问计算属性 normalizedSize。

🔊 注意：

JavaScript 中对象和数组是通过引用传入的，所以对于一个数组或对象类型的 prop 来说，在子组件中改变这个对象或数组本身将会影响到父组件的状态。

11.2.2　prop 验证

当开发一个通用组件时，我们希望父组件通过 prop 传递的数据类型是符合要求的。例如，组件定义的一个 prop 是数组类型，结果父组件传的是一个字符串类型的值，这显然不合适。为此，Vue.js 也提供了 prop 的验证机制，在定义 props 选项时，使用一个带验证需求的对象来代替之前一直使用的字符串数组（props: ['author', 'title', 'content']）。代码示例如下：

```
Vue.component('my-component', {
  props: {
    //基本类型检查（'null 和 'undefined'会通过任何类型验证）
    age: Number,
    //多个可能的类型
    tel: [String, Number],
    //必填的字符串
    username: {
      type: String,
      required: true
    },
    //带有默认值的数字
    sizeOfPage: {
      type: Number,
      default: 10
    },
    //带有默认值的对象
    greeting: {
      type: Object,
      //对象或数组默认值必须从一个工厂函数获取
      default: function () {
        return { message: 'hello' }
      }
    },
    //自定义验证函数
    info: {
      validator: function (value) {
        //这个值必须匹配下列字符串中的一个
        return ['success', 'warning', 'danger'].indexOf(value) !== -1
      }
    }
  }
})
```

当 prop 验证失败时，在开发版本下，Vue 会在控制台抛出一个警告。

🔊 **注意：**

prop 验证发生在组件实例创建之前，因此实例的属性（如 data、计算属性等）在 default 或 validator 函数中是不可用的。

验证的 type 可以是下列原生构造函数中的一个：

- String
- Number
- Boolean
- Array
- Object
- Date
- Function
- Symbol

此外，type 还可以是一个自定义的构造函数。看下面的示例：

```
function Person (firstName, lastName) {
  this.firstName = firstName
  this.lastName = lastName
}

Vue.component('blog-post', {
  props: {
     //验证 author 的值是否是通过 new Person 创建的
    author: Person
  }
})
```

11.2.3 非 prop 的属性

在使用组件时，组件的使用者可能会向组件传入未定义 prop 的属性值。在 Vue.js 中，这也是允许的，组件可以接受任意的属性，而这些外部设置的属性会被添加到这个组件的根元素上。

看下面的代码：

```
<style>
   .child {
      background-color: red;
   }

   .parent {
      opacity: 0.5;
   }
</style>
```

```
<div id="app">
    <my-input type="text" class="parent"></my-input>
</div>

<script>
    Vue.component('MyInput', {
        template: '<input class="child">'
      }
    );

    new Vue({
      el: '#app'
    })
</script>
```

MyInput 组件没有定义任何的 prop，根元素是\<input\>，在 DOM 模板中使用\<my-input\>元素时设置了 type 属性，这个属性将被添加到 MyInput 组件的根元素\<input\>上，渲染结果为\<input type="text"\>。此外，在 MyInput 组件的模板中还使用了 class 属性，同时在 DOM 模板中也设置了 class 属性，在这种情况下，两个 class 属性的值会被合并，最终渲染为\<input class="child parent" type="text"\>。要注意的是，只有 class 和 style 属性的值会合并，对于其他属性而言，从外部提供给组件的值会替换掉组件内部设置好的值。假设 MyInput 组件的模板是\<input type="text"\>，如果父组件传入 type="checkbox"，就会替换掉 type="text"，最后渲染结果就变成了\<input type="checkbox"\>。

📄 提示：

如果不希望组件的根元素继承外部设置的属性，可以在组件的选项中设置 inheritAttrs: false。例如：

```
Vue.component('my-component', {
  inheritAttrs: false,
  //...
})
```

11.3　监听子组件事件

扫一扫，看视频

前面介绍了父组件可以通过 prop 向子组件传递数据，反过来，子组件的某些功能需要和父组件进行通信，那该如何实现呢？

在 Vue.js 中，这是通过自定义事件来实现的。子组件使用$emit()方法触发事件，父组件使用 v-on 指令监听子组件的自定义事件。$emit()方法的语法形式如下：

```
vm.$emit( eventName, […args] )
```

eventName 是事件名，args 是附加参数，这些参数会传给监听器的回调函数。如果子组件需要向父组件传递数据，就可以通过第二个参数来传。

例如，有如下子组件：

```
Vue.component('child', {
    data: function(){
        return {
            name: '张三'
        }
    },
    methods: {
        handleClick(){
            //调用实例的$emit()方法触发自定义事件 greet，并传递参数
            this.$emit('greet', this.name);
        }
    },
    template: '<button v-on:click="handleClick">开始欢迎</button>'
})
```

子组件的按钮接收到 click 事件后，调用$emit()方法触发一个自定义事件。使用组件时，可以使用 v-on 指令监听 greet 事件。示例代码如下：

```
<div id="app">
    <child v-on:greet="sayHello"></child>
</div>

new Vue({
  el: '#app',
  methods: {
    //自定义事件的附加参数会自动传入方法
    sayHello(name){
        alert("Hello, " + name);
    }
  }
})
```

如果在 v-on 指令中直接使用 JavaScript 语句，则可以通过$event 访问自定义事件的附加参数。代码如下所示：

```
<child v-on:greet="this.alert('Hello, ' + $event)"></child>
```

下面看一个实际的例子。通过帖子列表功能设计两个组件来实现一个 BBS 项目：PostList 和 PostListItem，PostList 负责整个帖子列表的渲染，PostListItem 负责单个帖子的渲染。帖子列表数据在 PostList 组件中维护，当增加新帖子或者删除旧帖子时，帖子列表数据会发生变化，从而引起整个列表数据的重新渲染。这里有一个问题，就是每个帖子都有一个"点赞"按钮，当点击按钮时，点赞数加 1。对于单个帖子来说，除了点赞要变化外，其他信息（如标题、发帖人等）都不会变化，那么如果在 PostListItem 中维护点赞数，状态的管理就比较混乱了，子组件和父组件都会有状态变化，显然这不是很合理。为此，我们决定在 PostList 中维护点赞数，而把 PostListItem 设计成无

状态组件，这样所有的状态变化都在父组件中维护了。"点赞"按钮在子组件中，为了向父组件通知点击事件，可以使用自定义事件的方式，通过$emit()方法来触发，父组件通过 v-on 指令来监听自定义事件。代码如例 11-1 所示。

例 11-1　components-custom-events2.html

```
<div id="app">
    <post-list></post-list>
</div>

//父组件
Vue.component('PostList', {
    data() {
        return {
            //帖子列表数据
            posts: [
                {id: 1, title: '《Servlet/JSP 深入详解》怎么样', author: '张三', date:
'2019-10-21 20:10:15', vote: 0},
                {id: 2, title: '《VC++深入详解》观后感', author: '李四', date: '2019-10-10
09:15:11', vote: 0},
                {id: 3, title: '《Vue.js 无难事》怎么样', author: '王五', date: '2019-11-11
15:22:03', vote: 0}
            ]
        }
    },
    methods: {
        //自定义事件 vote 的事件处理器方法
        handleVote(id){
            this.posts.map(item => {
                item.id === id ? {...item, vote: ++item.vote} : item;
            })
        }
    },
    template: `
        <div>
         <ul>
            <PostListItem
                v-for="post in posts"
                :key="post.id"
                :post="post"
                @vote="handleVote(post.id)"/> <!--监听自定义事件-->
         </ul>
        </div>`
});

//子组件
```

```
Vue.component('PostListItem', {
    methods: {
        handleVote(){
            //触发自定义事件
            this.$emit('vote');
        }
    },
    props: ['post'],
    template: `
        <li>
          <p>
              <span>标题:{{post.title}} | 发帖人:{{post.author}} | 发帖时间:{{post.date}}
| 点赞数: {{post.vote}}</span>
              <button @click="handleVote">赞</button>
          </p>
        </li>`
});

new Vue({
  el: '#app'
})
```

浏览器中的显示效果如图 11-3 所示。

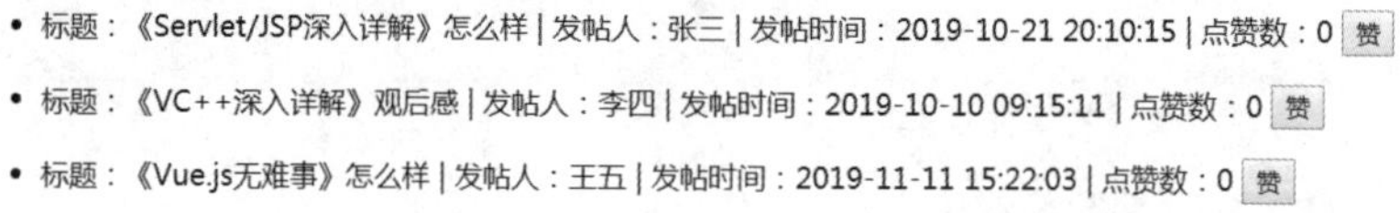

- 标题：《Servlet/JSP深入详解》怎么样 | 发帖人：张三 | 发帖时间：2019-10-21 20:10:15 | 点赞数：0 赞
- 标题：《VC++深入详解》观后感 | 发帖人：李四 | 发帖时间：2019-10-10 09:15:11 | 点赞数：0 赞
- 标题：《Vue.js无难事》怎么样 | 发帖人：王五 | 发帖时间：2019-11-11 15:22:03 | 点赞数：0 赞

图 11-3　例 11-1 在浏览器中的显示效果

11.3.1　将原生事件绑定到组件

在组件上也可以监听原生事件，在使用 v-on 指令时添加一个.native 修饰符即可。例如：

```
<base-input v-on:focus.native="onFocus"></base-input>
```

这种方式最终是在组件的根元素上添加了 focus 事件的监听器，如果组件模板的根元素是
<input>，那没问题，但如果不是，就有问题了。例如：

```
Vue.component('MyInput', {
  template: '<label>{{label}} <input class="child"></label>'
    }
);
```

组件的根元素是<label>，相当于在<label>上添加了 focus 事件监听器，这时，父级的.native 监
听器将静默失败，它不会报任何错误，但是 onFocus 处理函数不会如期被调用。

为了解决这个问题，Vue.js 提供了一个$listeners 属性，它是一个对象，里面包含了作用在这个组件上的所有监听器。例如：

```
{
  focus: function (event) { /* ... */ }
  input: function (value) { /* ... */ },
}
```

有了$listeners 属性，就可以使用 v-on="$listeners" 将组件上的所有事件监听器转发到特定的子元素。对于那些需要使用 v-model 的元素（如<input>）来说，可以为这些监听器创建一个新的计算属性，例如下面代码中的 inputListeners：

```
Vue.component('my-input', {
  inheritAttrs: false,
  props: ['label', 'value'],
  computed: {
    inputListeners: function () {
      var vm = this
      //Object.assign()方法将所有的对象合并为一个新对象
      return Object.assign({},
        //从父级添加所有的监听器
        this.$listeners,
        //添加自定义监听器或覆写一些监听器的行为
        {
          //确保组件和 v-model 一起工作
          input: function (event) {
            vm.$emit('input', event.target.value)
          }
        }
      )
    }
  },
  template: `
    <label>
      {{ label }}
      <input
        v-bind="$attrs"
        v-bind:value="value"
        v-on="inputListeners"
      >
    </label>
  `
})
```

现在<my-input>组件是一个完全透明的包装器了，也就是说，它可以像普通的<input>元素一样使用，即所有相同的属性和监听器都可以工作，而不需要.native 修饰符。

11.3.2　.sync 修饰符

在某些情况下，可能需要对一个组件的prop进行双向绑定，不幸的是，真正的双向绑定会带来维护上的问题，因为子组件可以修改父组件，且在父组件和子组件中都没有明显的改动来源。

Vue.js 推荐以 update:myPropName 模式触发事件来实现。例如，有一个子组件如下：

```
Vue.component('child', {
    data: function(){
        return {
            count: this.val
        }
    },
    props: {
        val: {
            type: Number,
            default: 0
        }
    },
    methods: {
        handleClick(){
            this.$emit('update:val', ++this.count);
        }
    },
  template:
     `<div>
        <span>计数: {{val}}</span>
        <button @click="handleClick">增加计数</button>
     </div>`
});
```

在这个组件中有一个 val prop，在按钮的 click 事件处理器中，调用$emit()方法触发 update:val 事件，并将加 1 后的计数值作为事件的附加参数。

接下来在父组件中，使用 v-on 指令监听 update:val 事件，这样就可以接收到子组件传来的数据，然后使用 v-bind 指令绑定子组件的 val prop，就可以给子组件传递父组件的数据，这样就实现了双向绑定。代码如下所示：

```
<div id="app">
    <span>计数器的值: {{counter}}</span>
    <child
       v-bind:val="counter"
       v-on:update:val="counter = $event">
    </child>
```

```
</div>

new Vue({
  el: '#app',
  data: {
    counter: 0
  }
})
```

$event 是自定义事件的附加参数。

浏览器中的显示效果如图 11-4 所示。

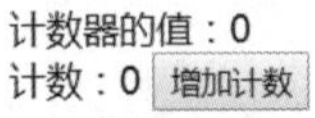

单击"增加计数"按钮，可以看到父组件
模板的"计数器的值"和子组件模板的"计
数"在同时变化。

计数器的值：0
计数：0　增加计数

图 11-4　update:myPropName 模式示例的显示效果

为了方便起见，Vue.js 为上述这种模式提供了一个缩写，即.sync 修饰符（在 v-bind 指令上使用）。修改上面<child>元素的代码，如下所示：

```
<child v-bind:val.sync="counter"></child>
```

要注意的是：

（1）.sync 修饰符只是简化了上面<child>元素的 v-bind 和 v-on 指令的使用，对于子组件来说，该有的 prop 定义和 update:myPropName 事件触发必不可少。

（2）带有.sync 修饰符的 v-bind 不能和表达式一起使用。例如，v-bind:title.sync="doc.title + '!'"是无效的，只能提供要绑定的属性名，类似于 v-model。

当用一个对象同时设置多个 prop 的时候，也可以将.sync 修饰符和 v-bind 一起使用。例如：

```
<text-document v-bind.sync="doc"></text-document>
```

这会把 doc 对象中的每一个属性作为一个单独的 prop 传进去，然后为每个属性添加 v-on:update
监听器。

🔊 注意：

不能将 v-bind.sync 用在一个字面量对象上，如 v-bind.sync="{ title: doc.title }"，这将无法正常工作。

11.4　自定义组件的 v-model

扫一扫，看视频

很多表单 UI 组件都是对 HTML 的表单控件进行的封装，在使用这些 UI 组件时，也可以使用
v-model 指令来实现数据双向绑定。看下面的例子：

```
<div id="app">
    <my-input v-model="message"></my-input>
</div>

<script>
```

```
Vue.component('MyInput', {
    data: function(){
        return {
            inpuStyles: {
                'background-color': '#cdcdcd',
                opacity: 0.5
            },
        }
    },
    props: {
        value: String
    },
    template: `<div>
        <input :value="value" :style="inpuStyles">
        <label>{{ value }}</label>
        </div>`
});

var vm = new Vue({
    el: '#app',
    data: {
        message: 'Vue.js 无难事'
    }
})
</script>
```

注意代码中粗体显示的部分。在 MyInput 组件中定义了一个 props:value，value 可以作为数据属性来使用。关于这一点，前面已经介绍过了。

在浏览器中的渲染效果如图 11-5 所示。

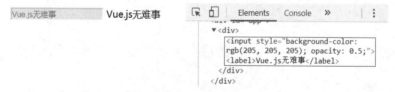

图 11-5　MyInput 组件在浏览器中的渲染效果

在控制台窗口中，输入 vm.message="hello"，可以看到文本输入控件中的内容和<label>元素的内容都发生了改变，如图 11-6 所示。

图 11-6　修改 message 属性的值引起 MyInput 组件重新渲染

回头再看一下代码，我们注意到，在使用 MyInput 组件时，使用了 v-model 指令绑定到根实例的 message 属性上，但是并没有使用 MyInput 组件定义的 value prop 来向组件传值，组件是怎么接收到数据的呢？

这是因为，在默认情况下，**一个组件上的 v-model 会把 value 作为 prop，把 input 事件作为 event**。所以本例 message 属性的值实际上就是传给了 MyInput 组件的 value 属性，因而在组件内部可以接收到数据。<my-input>元素的代码等价于：

```
<my-input :value="message" @input="val => { message = val }"></my-input>
```

model 选项

扫一扫，看视频

某些输入类型（如复选框和单选按钮）可能希望将 value 属性用于其他目的，或者想要改变触发数据同步的默认 input 事件，这可以通过组件的 model 选项来实现。

看下面的例子。

```
<div id="app">
    <my-checkbox v-model="isAgree" value="同意协议"></my-checkbox>
</div>

Vue.component('MyCheckbox', {
    model: {
        //使用 checked 替换 value 作为 prop
        prop: 'checked',
        event: 'change'
    },
  props: {
    //value prop 可以用于不同的目的
    value: String,
    //使用 checked 替换 value 作为 prop
    checked: {
      type: Boolean,
      default: false
    }
  },
  template: `
    <div>
      <input
        type="checkbox"
        :checked="checked"
        @change="$emit('change', $event.target.checked)">
      <label>{{value}}</label>
    </div>
    `
});

new Vue({
```

```
 el: '#app',
 data: {
     isAgree: false
 }
})
```

使用<my-checkbox>时，isAgree 的值将会传入名为 checked 的 prop。同时当<my-checkbox>触发一个 change 事件并附带一个新值的时候，isAgree 属性将会被更新。

<my-checkbox>元素的代码相当于：

```
<my-checkbox
    :checked="isAgree"
    @change="val => { isAgree = val }"
    value="同意协议">
</my-checkbox>
```

📢 注意：

在组件的 model 选项中声明了 prop 后，依然需要在 props 选项里声明这个 prop。

扫一扫，看视频

11.5　实例：combobox

很多界面 UI 库中都有组合框（combobox），它是由一个文本框和下拉列表框组成的，HTML 原生的表单控件中是没有组合框的，不过我们可以利用 Vue.js 提供的组件功能，自己来实现一个组合框。本节实现的组合框如图 11-7 所示。

从下拉列表框中选择一项，文本输入框中会显示所选的内容，如图 11-8 所示。

图 11-7　组合框示例 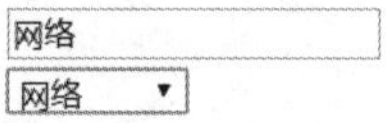　　　　图 11-8　下拉列表框选中的内容出现在文本输入框中

也可以直接在文本框中输入内容，如果输入的内容在下拉列表框的选项中存在，那么下拉列表框也会同步选中该项内容。整个组件的值以文本输入框中的内容为准。

完整的代码如例 11-2 所示。

例 11-2　combobox.html

```
<div id="app">
    <combobox
        label="请选择了解信息的渠道"
        :list="['报纸', '网络', '朋友介绍']"
        v-model="selectedVal">
    </combobox>
    <span>选中的值是：{{selectedVal}}</span>
</div>
```

```
<script>
  Vue.component('combobox', {
    inheritAttrs: false,
    props: ['label', 'value', 'list'],
    computed: {
      inputListeners: function () {
        var vm = this
        return Object.assign({},
          this.$listeners,
          {
            input: function (event) {
              vm.$emit('input', event.target.value)
            }
          }
        )
      }
    },
    template: `
      <div>
        <label style="float: left;">
          {{ label }}
        </label>
        <table>
          <tr>
            <td>
              <input :value="value" v-on="inputListeners">
            </td>
          </tr>
          <tr>
            <td>
              <select
                :value="value"
                v-on="inputListeners"
                >
                <option disabled value="">请选择</option>
                <option v-for="item in list" :value="item">
                  {{item}}
                </option>
              </select>
            </td>
          </tr>
        </table>
      </div>
    `
  })

  new Vue({
    el: '#app',
```

```
        data: {
            selectedVal: ''
        }
    })
</script>
```

代码中涉及的知识点，前面都已经介绍过了，这里就不再赘述了。读者应重点留意代码中粗体显示的部分，并结合 11.3.1 小节“将原生事件绑定到组件”这部分内容一起看。combobox 组件还有需要完善的地方，如 list 属性现在只能接收数组，也应该允许能够接收一个对象，然后用对象属性名作为<option>元素 value 属性的值，用对象属性的值作为<option>元素的内容，这个交给有兴趣的读者自行完善。

在浏览器中的显示效果如图 11-9 所示。

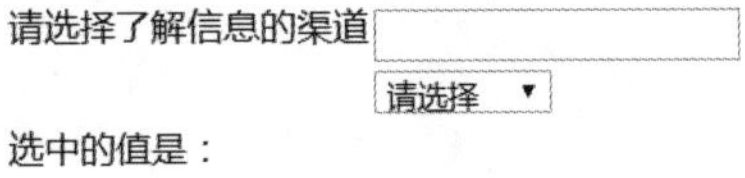
请选择了解信息的渠道
请选择
选中的值是：

图 11-9　例 11-2 在浏览器中的显示效果

当选中一个选项时，父组件模板中也会同步显示该值。如果在文本框中输入了下拉列表框中没有的数据，那么父组件模板也会显示输入的值。毕竟，我们是以文本输入框中的内容作为整个组件的值，如图 11-10 所示。

请选择了解信息的渠道
朋友介绍
朋友介绍
选中的值是：朋友介绍
请选择了解信息的渠道
广告推送
选中的值是：广告推送

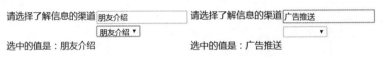

图 11-10　combobox 组件演示效果

11.6　使用插槽分发内容

组件是当作自定义元素来使用的，元素可以有属性和内容，通过组件定义的 prop 来接收属性值，可以解决属性问题，那么内容呢？这可以通过<slot>元素来解决。此外，插槽（slot）也可以作为父子组件之间通信的另一种实现方式。

下面是一个简单的自定义组件。

```
Vue.component('greeting', {
  template: '<div><slot></slot></div>'
})
```

在组件模板中，<div>元素内部使用了一个<slot>元素，可以把这个元素理解为占位符。

使用该组件的代码如下：

```
<greeting>Hello, Vue.js</greeting>
```

<greeting>元素给出了内容，在渲染组件时，这个内容会置换组件内部的<slot>元素。最终渲染结果如下：

Hello，Vue.js
是不是很简单！

11.6.1 编译作用域

扫一扫，看视频

如果想通过插槽向组件传递动态数据，例如：

```
<greeting>Hello, {{name}}</greeting>
```

那么要清楚一点，name 是在父组件的作用域下解析的，而不是 greeting 组件的作用域。换句话说，在 greeting 组件内部定义的 name 数据属性，在这里是访问不到的，name 必须存在于父组件的 data 选项中。这就是编译作用域的问题。

要记住，**父组件模板中的所有内容都是在父级作用域内编译；子组件模板中的所有内容都是在子作用域内编译。**

11.6.2 缺省内容

在组件内部使用<slot>元素时，可以给该元素指定一个内容，以防止组件的使用者没有给该组件传递内容。例如，一个用作提交按钮的组件<submit-button>的模板内容如下：

```
<button type="submit">
  <slot>提交</slot>
</button>
```

在父级组件中使用<submit-button>，但是不提供插槽内容，代码如下所示：

```
<submit-button></submit-button>
```

那么该组件的渲染结果如下：

```
<button type="submit">
  提交
</button>
```

如果父级组件提供了插槽内容，代码如下所示：

```
<submit-button>注册</submit-button>
```

那么该组件的渲染结果如下：

```
<button type="submit">
  注册
</button>
```

11.6.3 命名插槽

扫一扫，看视频

在开发组件时，可能会需要用到多个插槽。例如，有一个布局组件<base-layout>，它的模板内容需要如下的形式：

```
<div class="container">
  <header>
    <!-- 我们希望把页头放这里 -->
  </header>
  <main>
    <!-- 我们希望把主要内容放这里 -->
  </main>
  <footer>
    <!-- 我们希望把页脚放这里 -->
  </footer>
</div>
```

遇到这种情况，可以使用命名的插槽，<slot>元素有一个 name 属性，可以定义多个插槽。代码如下所示：

```
<div class="container">
  <header>
    <slot name="header"></slot>
  </header>
  <main>
    <slot></slot>
  </main>
  <footer>
    <slot name="footer"></slot>
  </footer>
</div>
```

没有使用 name 属性的<slot>元素具有隐含名称 default。

在向命名插槽提供内容的时候，在一个<template>元素上使用 v-slot 指令，并以 v-slot 参数的形式指定插槽的名称。代码如下所示：

```
<base-layout>
  <template v-slot:header>
    <h1>这里是页头部分，如导航栏</h1>
  </template>

  <p>主要内容的一个段落</p>
  <p>另一个段落</p>

  <template v-slot:footer>
    <p>这里是页脚部分，如联系信息，友情链接等</p>
  </template>
</base-layout>
```

现在<template>元素中的所有内容都将被传递给相应的插槽（不包含<template>元素本身）。任何没有被包裹在带有 v-slot 的<template>元素中的内容都会被视为默认插槽的内容。

对于默认插槽的内容传递，也可以利用默认插槽的隐含名称 default 来使用<template>元素对内容进行包裹。代码如下所示：

```
<base-layout>
  <template v-slot:header>
    <h1>这里是页头部分，如导航栏</h1>
  </template>

  <template v-slot:default>
    <p>主要内容的一个段落</p>
    <p>另一个段落</p>
  </template>

  <template v-slot:footer>
    <p>这里是页脚部分，如联系信息，友情链接等</p>
  </template>
</base-layout>
```

无论采用哪种方式，最终渲染的结果都是一样的。代码如下所示：

```
<div class="container">
  <header>
    <h1>这里是页头部分，如导航栏</h1>
  </header>
  <main>
    <p>主要内容的一个段落</p>
    <p>另一个段落</p>
  </main>
  <footer>
    <p>这里是页脚部分，如联系信息，友情链接等</p>
  </footer>
</div>
```

要注意，v-slot 指令只能在<template>元素或组件元素上使用。在组件元素上使用有一些限制，请参看 11.7 节。

与 v-bind 和 v-on 指令一样，v-slot 指令也有缩写语法，即用 "#" 号来替换 "v-slot:"。代码如下所示：

```
<base-layout>
  <template #header>
    <h1>这里是页头部分，如导航栏</h1>
  </template>

  <template #default>
    <p>主要内容的一个段落</p>
    <p>另一个段落</p>
  </template>
```

```
    <template #footer>
      <p>这里是页脚部分，如联系信息，友情链接等</p>
    </template>
  </base-layout>
```

扫一扫，看视频

11.6.4　作用域插槽

前面介绍过，在父级作用域下，在插槽的内容中是无法访问到子组件的数据属性的，但有时候需要在父级的插槽内容中访问子组件的数据，为此，可以在子组件的<slot>元素上使用 v-bind 指令绑定一个 prop。

看下面的组件示例：

```
Vue.component('my-button', {
    data(){
        return {
            titles: {
                login: '登录',
                register: '注册'
            }
        }
    },
  template: `
    <button>
        <slot v-bind:values = "titles">
            {{ titles.login }}
        </slot>
    </button>`

});
```

这个按钮的名称可以在"登录"和"注册"之间切换，为了让父组件可以访问 titles，在<slot>元素上使用 v-bind 指令绑定一个 values 属性，称为插槽 prop，这个 prop 不需要在 props 选项中声明。

在父级作用域下使用该组件时，可以给 v-slot 指令一个值来定义组件提供的插槽 prop 的名字。代码如下所示：

```
<my-button>
    <template v-slot:default="slotProps">
        {{slotProps.values.register}}
    </template>
</my-button>
```

因为<my-button>组件内的插槽是默认插槽，所以这里使用其隐含的名字 default，然后给出一个名字 slotProps，这个名字可以随便取，代表的是包含组件内所有插槽 prop 的一个对象，然后就可以利用这个对象访问组件的插槽 prop，values prop 是绑定到 titles 数据属性上的，所以可以进一步访问 titles 的内容。最后渲染的结果是\<button>注册\</button>。

在上面的例子中，父级作用域只是给默认插槽提供了内容，在这种情况下，可以省略
\<template>元素，把 v-slot 指令直接用在组件的元素标签上。代码如下所示：

```
<my-button v-slot:default="slotProps">
    {{slotProps.values.register}}
</my-button>
```

上述代码还可以进一步简化，省略掉 default 参数。如下所示：

```
<my-button v-slot="slotProps">
    {{slotProps.values.register}}
</my-button>
```

正如未指明的内容对应默认插槽一样，不带参数的 v-slot 被假定为对应默认插槽。

默认插槽的简写语法很好，但不能和命名的插槽混合使用，因为它会导致作用域不明确。例如：

```
<!-- 无效，会导致警告 -->
<my-button v-slot="slotProps">
    {{slotProps.values.register}}
    <template v-slot:other="otherSlotProps">
            slotProps 在这里不可用
    </template>
</my-button>
```

只要出现多个插槽，就应该始终为所有的插槽使用完整的基于\<template>的语法。代码如下
所示：

```
<my-button>
    <template v-slot:default="slotProps">
        {{slotProps.values.register}}
    </template>

    <template v-slot:other="otherSlotProps">
        ...
    </template>
</my-button>
```

作用域插槽的内部工作原理是将插槽内容包装到传递单个参数的函数中来工作，代码如下所示：

```
function (slotProps) {
  //插槽内容
}
```

这意味着 v-slot 的值实际上可以是任何能够作为函数定义中的参数的 JavaScript 表达式。所以在
支持 ECMAScript 6 的环境下，可以使用解构语法来提取特定的插槽 prop。代码如下所示：

```
<my-button v-slot="{values}">
    {{values.register}}
</my-button>
```

这使得模板更加简洁，尤其是在该插槽提供了多个 prop 的时候。与对象解构语法（参看 3.7.1节）中可以重命名对象属性一样，提取插槽 prop 的时候也可以重命名。代码如下所示：

```
<my-button v-slot="{values:titles}">
    {{titles.register}}
</my-button>
```

11.6.5　动态插槽名

动态指令参数也可以用在 v-slot 上，来定义动态的插槽名。代码如下所示：

```
<base-layout>
  <template v-slot:[dynamicSlotName]>
    ...
  </template>
</base-layout>
```

dynamicSlotName 需要在父级作用域下能够正常解析，如存在对应的数据属性或计算属性。如果是在 DOM 模板中使用，还要注意元素属性名的大小写问题。

扫一扫，看视频

11.7　动 态 组 件

在页面应用程序中，经常会遇到多标签页面，在 Vue.js 中，可以通过动态组件来实现。组件的动态切换是通过在<component>元素上使用 is 属性来实现。

下面通过一个例子来学习动态组件的使用。本例的界面显示效果如图 11-11 所示。

图书介绍	图书评价	图书问答
Vue.js无难事		

图书介绍	图书评价	图书问答
这是一本好书		

图书介绍	图书评价	图书问答
有人看过吗？怎么样？		

图 11-11　多标签页面

图 11-11 中的三个标签是三个按钮，下面的内容部分由组件来实现，三个按钮对应三个组件，按钮响应 click 事件，点击不同按钮时切换不同的组件，组件切换通过<component>元素和其上的 is 属性来实现。

三个组件的实现代码如下：

```
Vue.component('tab-introduce', {
```

```
     data(){
         return {
             content: 'Vue.js 无难事'
         }
     },
     template: '<div><input v-model="content"></div>'
})
Vue.component('tab-comment', {
     template: '<div>这是一本好书</div>'
})
Vue.component('tab-qa', {
     template: '<div>有人看过吗？怎么样？</div>'
})
```

第一个组件的模板使用了一个<input>元素，便于我们修改内容，这主要是为了引出后面的知识点，读者先把疑惑放一下。

在根实例中定义了两个数据属性和一个计算属性，主要是为了便于使用 v-for 指令循环渲染 button 按钮，以及动态切换组件。代码如下所示：

```
new Vue({
  el: '#app',
  data: {
    currentTab: 'introduce',
    tabs: [
        {title: 'introduce', displayName: '图书介绍'},
          {title: 'comment', displayName: '图书评价'},
        {title: 'qa', displayName: '图书问答'}
    ]
  },
  computed: {
    currentTabComponent: function () {
      return 'tab-' + this.currentTab
    }
  }
})
```

数据属性 currentTab 代表当前的标签页，tabs 是一个数组对象，通过 v-for 指令渲染代表标签的三个按钮，计算属性 currentTabComponent 代表当前选中的组件。

接下来就是与实例关联的 DOM 模板中渲染按钮，以及动态切换组件的代码。代码如下所示：

```
<div id="app">
    <button
      v-for="tab in tabs"
      :key="tab.title"
      :class="['tab-button', { active: currentTab === tab.title }]"
      @click="currentTab = tab.title">
```

```
        {{ tab.displayName }}
    </button>

    <component
      :is="currentTabComponent"
      class="tab">
    </component>
</div>
```

当点击某个标签按钮时，更改数据属性 currentTab 的值，这将导致计算属性 currentTabComponent 的值更新，<component>元素的 is 属性使用 v-bind 指令绑定到一个已注册组件的名字上，随着计算属性 currentTabComponent 值的改变，组件也就自动切换了。

剩下的代码就是 CSS 样式的设置了。完整的代码如例 11-3 所示。

例 11-3   dynamic-component.html

```html
<!DOCTYPE html>
<html>
    <head>
        <meta charset="UTF-8">
        <script src="vue.js"></script>
        <style>
            div {
                width: 400px;
            }
            .tab-button {
              padding: 6px 10px;
              border-top-left-radius: 3px;
              border-top-right-radius: 3px;
              border: solid 1px #ccc;
              cursor: pointer;
              background: #f0f0f0;
              margin-bottom: -1px;
              margin-right: -1px;
            }
            .tab-button:hover {
              background: #e0e0e0;
            }
            .tab-button.active {
              background: #cdcdcd;
            }
            .tab {
              border: solid 1px #ccc;
              padding: 10px;
            }
        </style>
    </head>
```

```
<body>
    <div id="app">
        <button
            v-for="tab in tabs"
            :key="tab.title"
            :class="['tab-button', { active: currentTab === tab.title }]"
            @click="currentTab = tab.title">
            {{ tab.displayName }}
        </button>

        <component
            v-bind:is="currentTabComponent"
            class="tab">
        </component>
    </div>

<script>
    Vue.component('tab-introduce', {
        data(){
            return {
                content: 'Vue.js 无难事'
            }
        },
        template: '<div><input v-model="content"></div>'
    })
    Vue.component('tab-comment', {
        template: '<div>这是一本好书</div>'
    })
    Vue.component('tab-qa', {
        template: '<div>有人看过吗？怎么样？</div>'
    })

    new Vue({
        el: '#app',
        data: {
            currentTab: 'introduce',
            tabs: [
                {title: 'introduce', displayName: '图书介绍'},
                {title: 'comment', displayName: '图书评价'},
                {title: 'qa', displayName: '图书问答'}
            ]
        },
        computed: {
            currentTabComponent: function () {
```

```
                    return 'tab-' + this.currentTab
                }
            }
        })
    </script>
</body>
</html>
```

例 11-3 第一个组件的模板中使用了一个\<input\>元素，因此可以修改该组件的内容，修改后，切换到其他标签页，然后再切换回来，你会发现之前修改的内容并没有保存下来，如图 11-12 所示。

图 11-12　组件的状态无法保持

这是因为每次切换新标签的时候，Vue 都创建了一个新的 currentTabComponent 实例。在本例中，希望组件在切换的时候，可以保持组件的状态，以避免重复渲染导致的性能问题，也为了让用户的体验更好。要解决这个问题，可以用一个\<keep-alive\>元素将动态组件包裹起来。代码如下所示：

```
<keep-alive>
    <component
     v-bind:is="currentTabComponent"
     class="tab">
    </component>
</keep-alive>
```

再次测试例 11-3 的页面，可以发现组件的状态被保存下来了，如图 11-13 所示。

图 11-13　组件的状态被保存了下来

11.8　异 步 组 件

在大型应用中，可能需要将应用分割成较小的代码块，并且只在需要时才从服务器加载组件。Vue 允许以一个工厂函数的方式定义组件，这个工厂函数会异步解析你的组件定义。Vue 只有在这个组件需要被渲染的时候才触发这个工厂函数，并将结果缓存起来，用于后面的再次渲染。例如：

```
Vue.component('async-example', function (resolve, reject) {
  setTimeout(function () {
    //向 resolve 回调传递组件定义
```

```
    resolve({
      template: '<div>I am async!</div>'
    })
  }, 1000)
})
```

工厂函数接收一个 resolve 回调，这个回调函数会在你从服务器获取到组件定义的时候被调用。也可以调用 reject(reason)来指示加载失败。代码中的 setTimeout 只是为了演示目的，实际如何获取组件取决于应用需求。

一种推荐的做法是将异步组件与 webpack 的代码拆分功能结合使用。代码如下所示：

```
Vue.component('async-webpack-example', function (resolve) {
  //这个特殊的 require 语法指示 webpack 自动将我们的构建代码拆分成多个包
  //这些包会通过 Ajax 请求加载
  require(['./my-async-component'], resolve)
})
```

11.9　组件的生命周期

组件实例从创建到销毁，中间会经历几个阶段，如图 11-14 所示。

为了方便在组件实例的不同阶段加入定制的功能，Vue 提供了一些生命周期钩子。

1．beforeCreate

在实例初始化之后，数据观测（data observation）和事件/监听器配置之前被调用。此时 Vue 实例的挂载元素$el 和数据对象 data 都为 undefined，还未初始化。

可以在这一阶段添加 loading 事件。

2．created

在实例创建完成后立即调用。在这一阶段，实例已经完成对选项的处理，这意味着以下选项已经被配置：数据观测（data observation）、计算属性、方法、watch/event 回调。然而，挂载阶段还没有开始，$el 属性目前还不可用。此时 this.data 已经可以访问，监听器、事件、方法也配置好了，在需要根据后台接口动态改变 data 的场景下，可以使用这个钩子。

可以在这一阶段结束 loading，请求数据为 mounted 渲染做准备。

3．beforeMount

在挂载开始之前调用：render 函数将首次被调用。此时 DOM 还无法操作，相较于 created 钩子，在这一阶段只是多了一个$el 属性，但其值仍然是 undefined。关于 render 函数，请参看第 12 章。

4．mounted

在实例被挂载后调用，其中 el 被新创建的 vm.$el 替换。如果根实例被挂载到一个文档内元素，则调用 mounted 时，vm.$el 也在文档内。此时元素已经渲染完成了，如果有依赖于 DOM 的代码可以放在这里，比如手动监听 DOM 事件。

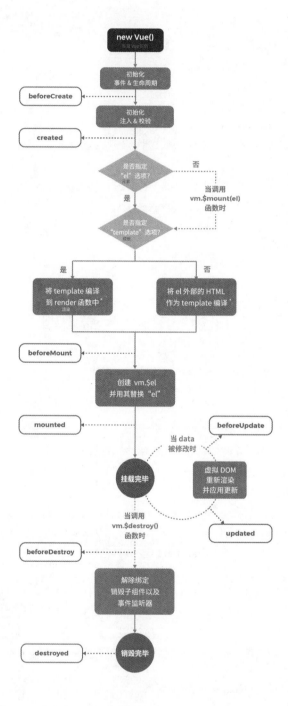

图 11-14　组件实例的生命周期

可以在这个钩子中向服务端发起请求，获取数据。不过要注意，向服务端请求数据是异步行为，如果你的模板渲染依赖该数据，最好不要在这个钩子中去获取，因为可能会出现数据还未获取到，模板已经渲染了的情况。

注意，mounted 并不保证所有的子组件已挂载。如果希望等到整个视图渲染完毕，可以在 mounted 钩子中使用 vm.$nextTick。

5．beforeUpdate

在修补 DOM 之前，当数据更改时调用。这里适合在更新之前访问现有的 DOM，例如手动移除已添加的事件监听器。可以在这个钩子中进一步修改 Vue 实例的数据属性，而不会触发额外的重新渲染过程。

6．updated

在数据更改导致的虚拟 DOM 被重新渲染和修补后调用该钩子。

当这个钩子调用时，组件的 DOM 已经被更新，所以在这里可以执行依赖于 DOM 的操作。然而在大多数情况下，应该避免在这个钩子中更改状态（即修改 Vue 实例的数据属性），这容易导致死循环。要对状态更改做出响应，最好使用计算属性或监听器。

注意，updated 并不保证所有子组件已重新渲染。如果希望等到整个视图渲染完毕，可以在 updated 钩子中使用 vm.$nextTick。

7．activated

当 keep-alive 组件激活时调用。

8．deactivated

当 keep-alive 组件停用时调用。

9．beforeDestroy

在 Vue 实例被销毁之前调用。在这一阶段，实例仍然是完全可用的。

10．destroyed

在 Vue 实例被销毁后调用。调用这个钩子时，Vue 实例的所有指令已解除绑定，所有的事件监听器已移除，所有的子实例已销毁。

11．errorCaptured

这个钩子是 2.5.0 版本新增的。当捕获一个来自任何后代组件的错误时被调用。此钩子接收三个参数：错误对象、发生错误的组件实例，以及一个包含错误来源信息的字符串。此钩子可以返回 false，以阻止错误进一步传播。

要注意，所有的生命周期钩子都自动将它们的 this 上下文绑定到实例，因此可以访问实例的数据、计算属性和方法。这也意味着我们不能使用箭头函数来定义一个生命周期方法（如 created: () => this.fetchTodos()），这是因为箭头函数绑定的是父上下文，在箭头函数中的 this 并不是你期望的 Vue 实例，this.fetchTodos() 将是 undefined。

下面给例 11-3 的 tab-comment 组件添加生命周期钩子方法，来直观地感受一下组件的各个生命周期阶段。代码如例 11-4 所示。

例 11-4　lifecycle.html

```
Vue.component('tab-comment', {
```

```
    template: '<div>这是一本好书</div>',
    data(){
        return {
            count: 0
        }
    },
    beforeCreate () {
      console.log('--------' + 'beforeCreated' + '--------')
      console.log("$el: " + this.$el)
      console.log("$data: " + this.$data)
      console.log("data.count: " + this.count)
    },
    created () {
      console.log('--------' + 'created' + '--------')
      console.log("$el: " + this.$el)
      console.log("$data: " + this.$data)
      console.log("data.count: " + this.count)
    },
    beforeMount () {
      console.log('--------' + 'beforeMount' + '--------')
      console.log("$el: " + this.$el)
      console.log("$data: " + this.$data)
      console.log("data.count: " + this.count)
    },
    mounted () {
      console.log('--------' + 'mounted' + '--------')
      console.log("$el: " + this.$el)
      console.log("$data: " + this.$data)
      console.log("data.count: " + this.count)
    },
    beforeUpdate () {
      console.log('--------' + 'beforeUpdate' + '--------')
      console.log("$el: " + this.$el)
      console.log("$data: " + this.$data)
      console.log("data.count: " + this.count)
    },
    updated () {
      console.log('--------' + 'updated' + '--------')
      console.log("$el: " + this.$el)
      console.log("$data: " + this.$data)
      console.log("data.count: " + this.count)
    },
    activated () {
      console.log('--------' + 'activated' + '--------')
      console.log("$el: " + this.$el)
      console.log("$data: " + this.$data)
```

```
      console.log("data.count: " + this.count)
    },
    deactivated () {
      console.log('--------' + 'deactivated' + '--------')
      console.log("$el: " + this.$el)
      console.log("$data: " + this.$data)
      console.log("data.count: " + this.count)
    },
    beforeDestroy () {
      console.log('--------' + 'beforeDestroy' + '--------')
      console.log("$el: " + this.$el)
      console.log("$data: " + this.$data)
      console.log("data.count: " + this.count)
    },
    destroyed () {
      console.log('--------' + 'destroyed' + '--------')
      console.log("$el: " + this.$el)
      console.log("$data: " + this.$data)
      console.log("data.count: " + this.count)
    }
  })
```

我们在组件中添加了一个数据属性 count 和所有的生命周期钩子方法（errorCaptured 钩子除外），$el 是 Vue 实例使用的根 DOM 元素，$data 是 Vue 实例观察的数据对象，Vue 实例代理了对其数据对象的属性的访问。

使用浏览器打开例 11-4 的页面，切换到控制台窗口，单击"图书评价"标签页，在控制台窗口中输出的内容如图 11-15 所示。

```
--------beforeCreated--------
$el: undefined
$data: undefined
data.count: undefined
--------created--------
$el: undefined
$data: [object Object]
data.count: 0
--------beforeMount--------
$el: undefined
$data: [object Object]
data.count: 0
--------mounted--------
$el: [object HTMLDivElement]
$data: [object Object]
data.count: 0
--------activated--------
$el: [object HTMLDivElement]
$data: [object Object]
data.count: 0
```

图 11-15　组件初次渲染触发的生命周期钩子方法

接下来单击其他的标签页，如"图书问答"，控制台窗口中输出的内容如图 11-16 所示。
在控制台窗口中输入 vm.\$destroy()并按 Enter 键，可以看到如图 11-17 所示的内容。

```
> vm.$destroy()
--------beforeDestroy--------
$el: [object HTMLDivElement]
$data: [object Object]
data.count: 0
--------destroyed--------
$el: [object HTMLDivElement]
$data: [object Object]
data.count: 0
```

```
--------deactivated--------
$el: [object HTMLDivElement]
$data: [object Object]
data.count: 0
```

图 11-16　keep-alive 组件停用时触发 deactivated 钩子方法　　　图 11-17　组件销毁时触发的生命周期钩子方法

要注意的是，例 11-4 的组件使用了<keep-alive>元素进行包裹，组件的状态会被缓存，这样当组件切换时，才会触发 activated 和 deactivated 这两个钩子方法；如果去掉该元素，当组件切换时，先前的组件实例会被销毁，当切换回来后，又会重新创建该实例。读者可以自行测试，观察一下结果。

接下来利用生命周期钩子来实现 loading 事件，这个主要用于界面渲染较慢时，或者向服务器请求一个比较耗时的操作时，给用户一个提示信息。

我们将 loading 图片的加载、显示、销毁放到一个 JavaScript 脚本中实现。代码如例 11-5 所示。

例 11-5　js/loading.js

```javascript
var Loading = {
    img : '',
    init(){
        img = document.createElement("img");
        img.setAttribute("src", "./images/loading.gif");
    },

    show(){
        document.body.appendChild(img);
    },

    close(){
        if(img)
            document.body.removeChild(img);
    }
}
Loading.init();
```

接下来在组件的 beforeCreate 钩子中，显示 loading 图片，在 created 钩子中，销毁 loading 图片。代码如例 11-6 所示。

例 11-6　lifecycle-loading.html

```html
<!DOCTYPE html>
<html>
```

```
<head>
    <meta charset="UTF-8">
    <script src="vue.js"></script>
    <script src="js/loading.js"></script>
</head>
<body>
    <div id="app">
        <my-component></my-component>
    </div>

    <script>
        Vue.component('my-component', {
            data: function(){
                return {
                    message: ''
                }
            },
          template: '<p>{{message}}</p>',
          beforeCreate () {
            Loading.show();
          },
        created () {
            //准备数据，例如从服务端获取数据，当响应成功后，关闭 loading，设置数据
            //此处用 setTimeout 模拟耗时的操作
            setTimeout(()=>{
                Loading.close();
                this.message = "Vue.js 无难事";
            }, 2000);
        }
        });

    new Vue({
      el: '#app'
    })
    </script>
</body>
</html>
```

加载页面后，初始显示 loading 图片，2s 后出现数据，如图 11-18 所示。

图 11-18　loading 事件演示效果

11.10　混　　入

混入（mixin）提供了一种非常灵活的方式，来分发 Vue 组件中的可复用功能。一个混入对象可以包含任意组件选项，当组件使用混入对象时，所有混入对象的选项将被"混合"进入该组件本身的选项。

下面看例 11-7。

例 11-7　mixin.html

```html
<div id="app">
    <my-component></my-component>
</div>

<script type = "text/javascript">
    //定义一个混入对象
    var myMixin = {
        created() {
            this.startMixin()
        },
        methods: {
            startMixin: function () {
                document.write('欢迎来到混入实例')
            }
        }
    };
    //定义一个组件，使用这个混入对象
    var Component = Vue.extend({
        mixins: [myMixin],
        template: '<p>Vue.js 无难事</p>',
    })

    //创建根实例
    new Vue({
      el: '#app',
      components: {
          MyComponent: Component
      }
    })
</script>
```

使用混入后，组件 MyComponent 相当于定义了一个 created 钩子函数和一个 startMixin()方法。渲染结果如图 11-19 所示。

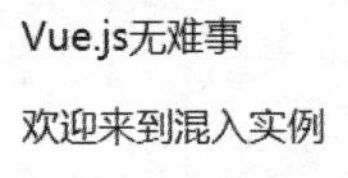

Vue.js无难事

欢迎来到混入实例

图 11-19　混入演示效果

11.10.1 选项合并

当混入对象和组件本身包含同名的选项时，这些选项将以下面的策略进行合并。

（1）数据对象进行递归合并，在发生冲突时以组件的数据优先。

（2）同名的钩子函数被合并到一个数组中，因此这些函数都会被调用。另外，混入对象的钩子将在组件自身钩子之前调用。

（3）值为对象的选项，如 methods、components 和 directives，将被合并为同一个对象。当这些对象中存在冲突的键名时，以组件的选项优先。

（4）Vue.extend()也使用同样的策略进行合并。

下面看例 11-8。

例 11-8　mixin-OptionMerging.html

```html
<div id="app">
    <my-component></my-component>
</div>
<script type = "text/javascript">
    //定义一个混入对象
    var myMixin = {
      data: function () {
        return {
            //混入对象的数据属性
            title: 'VC++深入详解',
          message: '很好，很强大'
        }
      },
      created(){
          document.write('混入对象的钩子被调用<br>')
      }
    }
    //定义一个组件，使用这个混入对象
    var Component = Vue.extend({
        mixins: [myMixin],
        data(){
            return {
                //组件的数据属性
                title: 'Vue.js 无难事'
            }
        },
        created(){
            document.write('组件钩子被调用<br>')
        },
        template: `
```

```
        <div>
            <h3>{{title}}</h3>
            <p>{{message}}</p>
        </div>
        `,
    })

    new Vue({
      el: '#app',
      components: {
          MyComponent: Component
      }
    })
</script>
```

混入对象和组件具有同名的 title 数据，以及同名的 created 钩子，这将以组件的 title 数据优先，并合并两个钩子，且混入对象的 created 钩子先调用。渲染结果如图 11-20 所示。

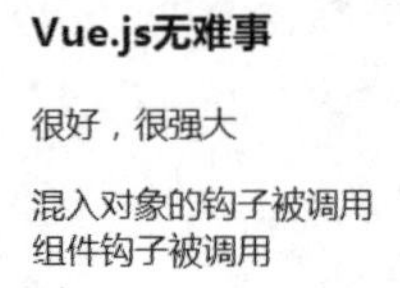

Vue.js无难事

很好，很强大

混入对象的钩子被调用
组件钩子被调用

图 11-20　选项合并演示效果

扫一扫，看视频

11.10.2　全局混入

混入也可以进行全局注册，这是通过调用 Vue.mixin()方法来实现的。不过全局注册的混入对象很危险，因为它会影响随后创建的每个 Vue 实例，所以使用时要格外小心。如果使用得当，可以用于为自定义选项注入处理逻辑。下面看例 11-9。

例 11-9　mixin-Global.html

```
<div id="app">
    <my-component></my-component>
</div>
<script type = "text/javascript">
    //为自定义的选项 myOption 注入一个处理器
    Vue.mixin({
      created: function () {
        var myOption = this.$options.myOption
        if (myOption) {
          document.write(myOption);
        }
        else
            document.write('你怎么没有使用自定义选项？ <br>')
      }
    })
    //定义一个组件，使用自定义选项 myOption
```

```
var Component = Vue.extend({
    myOption: 'Hello, Vue.js',
    template: '<p>Vue.js 无难事</p>'
})

//根实例没有使用自定义选项myOption
new Vue({
  el: '#app',
  components: {
      MyComponent: Component
  }
})
</script>
```

全局注册的混入对象会应用到之后创建的所有 Vue 实例中，所以即使根实例没有使用 myOption 选项，但这并不影响混入对象的 created 钩子的注入。

渲染结果如图 11-21 所示。

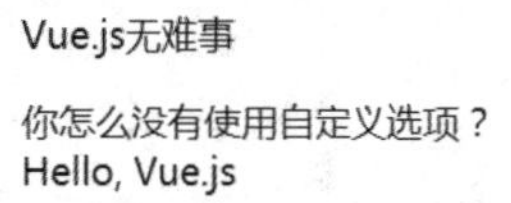

全局混入大多数情况下应当只应用于自定义选项，就像上面示例一样。

Vue.js无难事

你怎么没有使用自定义选项？
Hello, Vue.js

图 11-21　全局混入演示效果

11.10.3　自定义选项合并策略

当自定义选项合并时，它们使用默认的策略，即简单地覆盖已有值。如果想让自定义选项以自定义逻辑合并，则需要向 Vue.config.optionMergeStrategies 添加一个函数，代码如下所示：

```
Vue.config.optionMergeStrategies.myOption = function (toVal, fromVal) {
  //返回合并后的值
}
```

对于大多数值为对象的选项，可以使用与 methods 相同的合并策略，代码如下所示：

```
var strategies = Vue.config.optionMergeStrategies
strategies.myOption = strategies.methods
```

11.11　单文件组件

在前面的内容中，我们编写的组件都是在 HTML 页面的<script>元素内完成的，然后使用 new Vue({el: '#app'})在页面内指定一个容器元素。这种方式在很多中小规模的项目中运作得很好，在这些项目里 JavaScript 只是被用来加强特定的视图。然而，在更复杂的项目中，或者前端完全由 JavaScript 驱动时，下面这些缺点将变得非常明显：

● 全局定义强制要求每个组件的命名不能重复。
● 字符串模板缺乏语法高亮显示，在 HTML 有多行的时候，需要用到反斜杠（\），或者

ECMAScript 6 中的反引号（`），而后者依赖于支持 ECMAScript 6 的浏览器。

- 没有 CSS 的支持意味着当 HTML 和 JavaScript 被模块化为组件时，CSS 明显被遗漏了。
- 没有构建步骤，这限制了我们只能使用 HTML 和 ES5 JavaScript，而不能使用预处理器，如 Pug（以前的 Jade）和 Babel。

在 Vue.js 中，可以使用单文件组件来解决上述的所有问题。在一个文件扩展名为.vue 的文件中编写组件，在该文件中，可以将组件模板代码以 HTML 的方式书写，同时 JavaScript 与 CSS 代码也在同一个文件中编写。例如：

```
<template>
  <div>
    <ul class="item">
      <li class="username">用户名：{{post.user.username}}，留言时间：{{gstTime}} </li>
      <li class="title">主题：{{post.title}}, </li>
      <li>内容：{{post.content}}</li>
    </ul>
  </div>
</template>

<script>
export default {
  name: 'postItem',
  data(){
    return {
    }
  },
  props: ['post'],
  computed: {
    gstTime: function(){
      let d = new Date(this.post.gstTime);
      d.setHours(d.getHours() - 8);
      return d.toLocaleString();
    }
  }
}
</script>
<style scoped>
.item {
  border-top: solid 1px grey;
  padding: 15px;
  font-size: 14px;
  color: grey;
  line-height: 21px;
}
.username {
  font-size: 16px;
```

```
    font-weight: bold;
    line-height: 24px;
    color: #009a61;
  }
  .title {
    font-size: 16px;
    font-weight: bold;
    line-height: 24px;
    color: #009a61;
  }
  ul li {
    list-style: none;
  }
</style>
```

在单文件组件中编写 CSS 样式规则的时候，可以添加一个 scoped 属性，如代码中粗体显示部分所示。该属性的作用是限定 CSS 样式只用于当前组件的元素，相当于是组件作用域的 CSS。

在支持 Vue.js 的集成开发环境中，如 2.2 节配置的 Visual Studio Code，我们可以获得语法高亮显示的功能，还可以使用 Webpack 构建工具。

在进阶篇中，我们还会看到大量单文件组件的应用。

11.12　杂　　项

本节将介绍组件开发中一些不常用但特殊需求下会用到的功能。

11.12.1　组件通信的其他方式

总结一下前面介绍的组件通信的三种方式：
● 父组件通过 prop 向子组件传递数据。
● 子组件通过自定义事件向父组件发起通知或进行数据传递。
● 子组件通过<slot>元素充当占位符，获取父组件分发的内容；也可以在子组件的<slot>元素上使用 v-bind 指令绑定一个插槽 prop，向父组件提供数据。

本小节将介绍组件通信的其他实现方式。

1．访问根实例

在每一个 new Vue 实例的子组件中，都可以通过$root 属性来访问根实例。例如：

```
<div id="app">
    <child></child>
</div>

<script>
    Vue.component('child', {
```

```
        methods: {
            accessRoot(){
                console.log("单价: " + this.$root.price);
                console.log("总价: " + this.$root.totalPrice);
                console.log(this.$root.hello());
            }
        },
        template: '<button @click="accessRoot">访问根实例</button>'
    })

    new Vue({
      el: '#app',
      data: {
          price: 98
      },
      computed: {
          totalPrice(){
              return this.price * 10;
          }
      },
      methods: {
          hello(){
              return "Hello, Vue.js 无难事";
          }
      }
    })
</script>
```

在浏览器中单击"访问根实例"按钮，在控制台窗口中的输出如下：

```
单价: 98
总价: 980
Hello, Vue.js 无难事
```

不管组件是根实例的子组件，还是更深层级的后代组件，$root 属性总是代表了根实例。

扫一扫，看视频

2. 访问父组件实例

和$parent 类似，$parent 属性用于在一个子组件中访问父组件的实例，这可以替代父组件通过 prop 向子组件传数据的方式。

例如：

```
<div id="app">
    <parent></parent>
</div>

<script>
    Vue.component('parent', {
      data(){
```

```
      return {
          price: 98
      }
    },
    computed: {
      totalPrice(){
          return this.price * 10;
      }
    },
    methods: {
      hello(){
          return "Hello, Vue.js 无难事";
      }
    },
    template: '<child></child>'
  });
  Vue.component('child', {
      methods: {
          accessParent(){
              console.log("单价: " + this.$parent.price);
              console.log("总价: " + this.$parent.totalPrice);
              console.log(this.$parent.hello());
          }
      },
    template: '<button @click="accessParent">访问父组件实例</button>'
  })

  new Vue({
    el: '#app',
  })
</script>
```

$parent 属性只能用于访问父组件实例，如果父组件之上还有父组件，那么该组件是访问不到的。

3．访问子组件实例或子元素

现在反过来，如果父组件要访问子组件实例怎么办？在 Vue.js 中，父组件要访问子组件实例或子元素，可以给子组件或子元素添加一个特殊的属性 ref，为子组件或子元素分配一个引用 ID，然后父组件就可以通过$refs 属性来访问子组件实例或子元素。看下面的例子：

```
<div id="app">
  <parent></parent>
</div>

<script>
  Vue.component('parent', {
```

```
    mounted(){
        //访问子元素<input>，让其具有焦点
        this.$refs.inputElement.focus();
        //访问子组件<child>的 message 数据属性
        console.log(this.$refs.childComponent.message);
    },
      template: `
        <div>
            <input ref="inputElement"><br> <!--子元素-->
            <child ref="childComponent"></child> <!-- 子组件-->
        </div>`
});
Vue.component('child', {
    data(){
        return {
            message: 'Vue.js 无难事'
        }
    },
    template: '<p>{{message}}</p>'
})

new Vue({
  el: '#app',

})
</script>
```

要注意，$refs 属性只在组件渲染完成之后生效，并且它们不是响应式的。要避免在模板和计算属性中访问$refs。

扫一扫，看视频

4. 依赖注入

$root 属性用于访问根实例，$parent 属性用于访问父组件实例，但如果组件嵌套的层级不确定，某个组件的数据或方法需要被后代组件所访问，又该如何实现呢？这时需要用到两个新的实例选项：provide 和 inject。provide 选项允许我们指定要提供给后代组件的数据或方法，在后代组件中使用 inject 选项来接收要添加到该实例中的特定属性。

看下面的例子：

```
<div id="app">
    <parent></parent>
</div>

<script>
    Vue.component('parent', {
      methods: {
        sayHello(name){
            console.log("Hello, " + name);
```

```
        }
      },
      provide(){
        return {
            //数据属性 message 和 sayHello 方法可供后代组件访问
            message: 'Vue.js 无难事',
            hello : this.sayHello
        }
      },
      template: '<child/>'
    });
    Vue.component('child', {
        //接收 message 数据属性和 hello 方法
        inject: ['message', 'hello'],
        mounted(){
            //当自身的方法来访问
            this.hello('zhangsan');
        },
        //当自身的数据属性来访问
        template: '<p>{{message}}</p>'
    })

    new Vue({
      el: '#app',

    })
</script>
```

使用依赖注入，祖先组件不需要知道哪些后代组件要使用它提供的属性，后代组件不需要知道被注入的属性来自哪里。然而，依赖注入也是有缺点的，它将应用程序中的组件与它们当前的组织方式耦合起来，使重构变得更加困难。此外，所提供的属性也是非响应式的。

如果数据需要在多个组件中访问，并且能够响应更新，可以考虑第 16 章介绍的真正的状态管理解决方案：Vuex。

11.12.2 手动监听事件

11.3 节已经介绍过$emit 的用法，它用于触发当前实例的事件，触发的事件可以被 v-on 指令监听。除此之外，Vue 还提供了以下三个事件方法，让我们能够以编程的方式手动对自定义事件进行处理。

● $on(eventName, eventHandler)
监听当前实例上的自定义事件，事件可以由 vm.$emit 触发。

● $once(eventName, eventHandler)
监听一个自定义事件，但是只触发一次。一旦触发之后，监听器就会被删除。

● $off(eventName, eventHandler)

删除自定义事件监听器。

下面看一个简单的示例。代码如下所示：

```
<div id="app">
    <child></child>
</div>

<script>
    Vue.component('child', {
        created(){
            //监听当前实例的 greet 事件
            this.$on("greet", function(){
                this.$parent.sayHello();
            })
        },
        beforeDestroy(){
            //删除 greet 事件的所有监听器
            this.$off("greet");
        },
        methods: {
            handleClick(){
                //触发自定义事件 greet
                this.$emit('greet');
            }
        },
        template: '<button @click="handleClick">手动监听事件</button>'
    })

    var vm = new Vue({
        el: '#app',
        methods: {
            sayHello(){
                alert("Hello, Vue.js");
            }
        }
    })
</script>
```

在 created 钩子中使用$on()方法监听当前组件实例的自定义事件 greet，在 beforeDestroy 钩子中使用$off()方法删除 greet 事件的所有监听器。

要注意，Vue 的事件系统不同于浏览器的事件 API。尽管它们工作起来是相似的，但是$emit、$on 和 $off 并不是 dispatchEvent、addEventListener 和 removeEventListener 的别名。

11.12.3 递归组件

组件可以在自己的模板中递归调用自身，但这需要使用 name 选项来为组件指定一个内部调用的名称。当使用 Vue.component 全局注册组件时，这个全局的 ID 会自动设置为该组件的 name 选项。

递归组件和程序语言中的递归函数调用一样，都需要有一个条件来结束递归，否则就会导致无限循环。例如，可以通过 v-if 指令（表达式计算为假时）来结束递归。

下面来看一个分类树状显示的例子。代码如例 11-10 所示。

例 11-10 RecursiveComponents.html

```
<div id="app">
    <category-component :list="categories"></category-component>
</div>

<script>

    new Vue({
      el: '#app',
      data: {
        categories: [
            {
                name: '程序设计',
                children: [
                    {
                        name: 'Java',
                        children: [
                            {name: 'Java SE'},
                            {name: 'Java EE'}
                        ]
                    },
                    {
                        name: 'C++'
                    }
                ]
            },
            {
                name: '前端框架',
                children: [
                    {name: 'Vue.js'},
                    {name: 'React'}
                ]
            }
        ]
```

```
        },
        components: {
            CategoryComponent : {
                name: 'catComp',
                props: {
                    list: {
                        type: Array
                    }
                },
                data: function(){
                    return {
                        count: 0
                    }
                },
                template: `
                <ul>
                    <!-- 如果 list 计算为假，表示没有子分类了，结束递归 -->
                    <template v-if="list">
                      <li v-for="cat in list">
                          {{cat.name}}
                          <catComp :list="cat.children"/>
                      </li>
                    </template>
                </ul>`
            }
        }
    })
</script>
```

在浏览器中的渲染效果如图 11-22 所示。

- 程序设计
  - Java
    - Java SE
    - Java EE
  - C++
- 前端框架
  - Vue.js
  - React

图 11-22　例 11-10 页面的渲染效果

11.12.4　模板定义的其他方式

除了直接在组件的 template 选项中定义模板内容外，Vue 还提供了另外两种方式定义模板：内联模板和 X-Template。

1．内联模板

内联模板是在子组件上使用一个特殊的属性 inline-template，然后这个组件将使用其元素的内容作为模板，而不是将其作为要分发的内容。这使得模板的编写更加灵活。

下面看例 11-11。

例 11-11　InlineTemplates.html

```
<div id="app">
    <button-counter inline-template>
        <button v-on:click="count++">You clicked me {{ count }} times.</button>
    </button-counter>
</div>

<script>
    Vue.component('ButtonCounter', {
        data: function(){
            return {
                count: 0
            }
        }
        //没有了 template 选项
    });
    new Vue({
        el: '#app'
    })
</script>
```

注意和插槽的区别。渲染效果如图 11-23 所示。

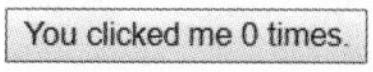

是不是觉得有点怪怪的，我们在学习 slot 的时候，刚弄明白父级作用域和子作用域，这一下就被内联模板搞晕了。

You clicked me 0 times.

图 11-23　例 11-11 页面的渲染效果

确实是这样，inline-template 的使用会让模板的作用域变得更加难以理解。原先我们只需要记住，在使用子组件元素时，元素的内容是作为要分发的内容，传递给子组件内部定义的<slot>元素，而子组件元素的内容是在父级作用域下。现在用了 inline-template 属性，就发生了变化，子组件元素的内容变成自己的模板。所以，这种方式虽然灵活，但是不建议使用，还是建议在组件内使用 template 选项来定义模板。如果模板内容较多，可以考虑使用下面的 X-Template，或者编写单文件组件。

2．X-Template

在组件内使用 template 选项定义模板，如果模板内容较多，编写起来会很麻烦，可读性也会变差，虽然 ECMAScript 6 中多行字符串的语法可以解决这个问题，但并不是所有浏览器都支持 ECMAScript 6。如果项目较小，用不到 Webpack 和单文件组件，那么可以使用上面介绍的内联模板或者这里介绍的 X-Template 来定义模板。

这种方式是把模板的内容放到<script>元素中，在<script>元素上使用 type="text/x-template"，并指定一个 id 值，随后在组件的 template 选项中使用#id 的形式来引用模板。

下面看例 11-12。

例 11-12   x-template.html

```html
<div id="app">
    <button-counter></button-counter>
</div>

<script type="text/x-template" id="btn-counter">
    <button v-on:click="count++">You clicked me {{ count }} times.</button>
</script>
<script>
    Vue.component('ButtonCounter', {
        data: function(){
            return {
                count: 0
            }
        },
        template: '#btn-counter'
    });
    new Vue({
      el: '#app'
    })
</script>
```

渲染效果和图 11-23 所示一样。

x-template 虽然解决了复杂模板的定义问题，使得简单应用的开发变得更为容易，但它将模板和组件定义的其他部分离开了，带来维护上的困难，所以大中型项目还是建议采用单文件组件的方式来定义组件。

扫一扫，看视频

11.12.5   异步更新队列

先来看一段代码，如例 11-13 所示。

例 11-13   nextTick.html

```html
<div id="app">
    <my-component></my-component>
</div>

<script>
Vue.component('my-component', {
    data: function(){
        return {
            message: 'Vue.js 无难事'
        }
    },
```

```
    methods: {
        change(){
            this.message = 'VC++深入详解';
            console.log(this.$refs.msg.textContent);
        }
    },
    template: `
        <div>
            <p ref="msg">{{ message }}</p>
            <button @click="change">修改内容</button>
        </div>`
});


new Vue({
    el: '#app'
})
```

代码很简单，当单击"修改内容"按钮时，修改组件 message 数据属性的值，然后在控制台窗口中输出组件模板中<p>元素的文本内容。按理说，<p>元素的内容就是 message 属性的值，修改了 message 属性的值，在 change()方法中理应输出修改后的值，但实际上输出的是：Vue.js无难事。

这是因为 Vue 在数据变化需要更新 DOM 时并不是同步执行，而是异步执行的。每当侦听到数据更改时，Vue 将开启一个队列，并缓冲在同一事件循环中发生的所有数据变更。如果同一个观察者被多次触发，只会将其放入队列中一次。Vue 在缓冲时会去除重复数据，这样可以避免不必要的计算和 DOM 操作。然后，在下一个事件循环 tick 中，Vue 刷新队列并执行实际的工作。Vue 在内部对异步队列尝试使用原生的 Promise.then、MutationObserver 和 setImmediate，如果执行环境不支持，则会采用 setTimeout(fn, 0)来代替。

对于本例，当在 change()方法中修改 message 属性值的时候，该组件不会立即重新渲染。当队列刷新时，组件会在下一个 tick 中更新。多数情况下，不需要关心这个过程，但是如果想在数据更改后立即访问更新后的 DOM，这时就需要用到 Vue.nextTick(callback)方法，传递给 Vue.nextTick()方法的回调函数会在 DOM 更新完成后被调用。

修改例 11-13 的 change()方法，代码如下所示：

```
change(){
    this.message = 'VC++深入详解';
    Vue.nextTick(() => console.log(this.$refs.msg.textContent))
}
```

使用浏览器再次访问该页面，单击"修改内容"按钮，控制台窗口中的输出为 VC++深入详解。

除了使用全局的 Vue.nextTick()方法外，在组件内部还可以使用实例的$nextTick()方法，这样在回调函数中的 this 会自动绑定到当前的 Vue 实例上，而不用像上面的代码需要使用箭头函数来绑定 this 到 Vue 实例。

```
change(){
    this.message = 'VC++深入详解';
    this.$nextTick(function(){
        console.log(this.$refs.msg.textContent);
    })
}
```

11.13　小　　结

　　本章的内容较多，完整地介绍了 Vue 中组件开发涉及的各个知识点。读者在学习本章时需要保持一定的耐心，仔细阅读本章的内容，最好动手编写一些实例，这样能够更好地理解本章的内容。对于最后一节的杂项部分，可以先大致浏览一遍，在需要用到该部分内容的时候，再回过头来仔细研读。

第 12 章　虚拟 DOM 和 render 函数

Vue.js 之所以执行性能高，一个很重要的原因就是它的虚拟 DOM 机制。

12.1　虚拟 DOM

浏览器在解析 HTML 文档的时候，会将文档中的元素、注释、文本等标记按照它们的层级关系组织成一棵树，这就是我们所熟知的 DOM 树。元素、文本等，是作为一个个 DOM 节点而存在的，对元素、文本的操作就是对 DOM 节点的操作。一个元素要想呈现在页面中，那么必须在 DOM 树中存在该节点，这也是在使用 DOM API 创建元素后，一定要将该元素节点添加到现有 DOM 树中的某个节点下才能渲染到页面中的原因。同样的，删除某个元素实际上就是从 DOM 树中删除该元素对应的节点。我们每一次对 DOM 的修改都会引起浏览器对网页的重新渲染，这个过程是比较耗时的。

因为早先的 Web 应用中页面的局部刷新不会很多，所以对 DOM 进行操作的次数也就比较少，对性能的影响微乎其微，而现阶段由于单页应用程序的流行，页面跳转、更新等都是在同一个页面中完成的，自然对 DOM 的操作也就愈加频繁，作为一款优秀的前端框架，必然要考虑 DOM 渲染效率的问题。Vue.js 2.0 与 React 采用了相同的方案，在 DOM 之上增加一个抽象层来解决渲染效率的问题，这就是虚拟 DOM。

虚拟 DOM 使用普通的 JavaScript 对象来描述 DOM 元素，在 Vue.js 中，每一个虚拟节点都是一个 VNode 的实例。

例如下面的 DOM 结构：

```
<div id="app">
    <h1>Hello, Vue.js</h1>
</div>
```

Vue.js 的虚拟 DOM 创建的 JavaScript 对象形式如下：

```
var vNode = {
    tag: 'div',
    data: {
        attrs: {
            id: 'app'
        }
    },
    //VNode 的数组
    children: {
        //h1 节点
```

```
        }
    }
```

虚拟 DOM 是普通的 JavaScript 对象，访问 JavaScript 对象自然比访问真实 DOM 要快得多。Vue 在更新真实 DOM 前，会比较更新前后虚拟 DOM 结构中有差异的部分，然后采用异步更新队列的方式将差异部分更新到真实 DOM 中，从而减少了最终要在真实 DOM 上执行的操作次数，提高了页面渲染的效率。

12.2 render 函数

Vue 推荐在大多数情况下使用模板来构建 HTML。然而，在一些场景中，你可能需要 JavaScript 的编程能力，这时可以使用 render 函数，它比模板更接近编译器。

下面来看一个实际应用中的例子。图 12-1 所示是一个问答页面，用户可以单击某个问题链接，跳转到对应的回答部分，也可以单击"返回顶部"链接，回到页面顶部。这是通过<a>标签的锚链接来实现的。

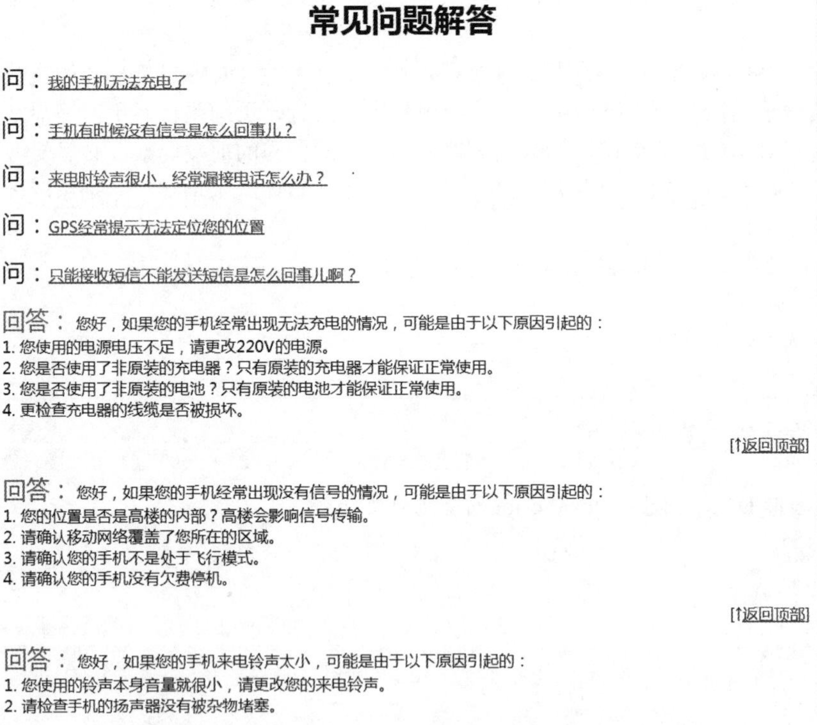

常见问题解答

问：我的手机无法充电了

问：手机有时候没有信号是怎么回事儿？

问：来电时铃声很小，经常漏接电话怎么办？

问：GPS经常提示无法定位您的位置

问：只能接收短信不能发送短信是怎么回事儿啊？

回答：您好，如果您的手机经常出现无法充电的情况，可能是由于以下原因引起的：
1. 您使用的电源电压不足，请更改220V的电源。
2. 您是否使用了非原装的充电器？只有原装的充电器才能保证正常使用。
3. 您是否使用了非原装的电池？只有原装的电池才能保证正常使用。
4. 更检查充电器的线缆是否被损坏。

[↑返回顶部]

回答：您好，如果您的手机经常出现没有信号的情况，可能是由于以下原因引起的：
1. 您的位置是否是高楼的内部？高楼会影响信号传输。
2. 请确认移动网络覆盖了您所在的区域。
3. 请确认您的手机不是处于飞行模式。
4. 请确认您的手机没有欠费停机。

[↑返回顶部]

回答：您好，如果您的手机来电铃声太小，可能是由于以下原因引起的：
1. 您使用的铃声本身音量就很小，请更改您的来电铃声。
2. 请检查手机的扬声器没有被杂物堵塞。

图 12-1 问答页面

下面是带有锚点的标题的基础代码：

```
<h1>
```

```
  <a name="hello-world" href="#hello-world">
    Hello world!
  </a>
</h1>
```

如果采用组件来实现上述代码，考虑到标题元素可以变化（<h1>～<h6>），我们将标题的级别（1～6）定义成组件的 prop，这样在调用组件时，就可以通过该 prop 动态设置标题元素的级别。组件的使用形式如下：

```
<anchored-heading :level="1">Hello world!</anchored-heading>
```

接下里，就是组件的实现代码。考虑到组件的模板内容比较多，我们决定采用 X-Template 来定义模板。代码如下所示：

```
<script type="text/x-template" id="anchored-heading-template">
  <h1 v-if="level === 1">
    <slot></slot>
  </h1>
  <h2 v-else-if="level === 2">
    <slot></slot>
  </h2>
  <h3 v-else-if="level === 3">
    <slot></slot>
  </h3>
  <h4 v-else-if="level === 4">
    <slot></slot>
  </h4>
  <h5 v-else-if="level === 5">
    <slot></slot>
  </h5>
  <h6 v-else-if="level === 6">
    <slot></slot>
  </h6>
</script>
<script>
  Vue.component('anchored-heading', {
    template: '#anchored-heading-template',
    props: {
      level: {
        type: Number,
        required: true
      }
    }
  })
</script>
```

虽然模板在大多数组件中都非常好用，但在本例中不太合适，模板代码冗长，且<slot>元素在每一级标题元素中都重复书写了。下面改用 render 函数重写上面的示例。代码如下所示：

```
Vue.component('anchored-heading', {
  render: function (createElement) {
    return createElement(
      'h' + this.level,   //标签名称
      this.$slots.default //子节点数组
    )
  },
  props: {
    level: {
      type: Number,
      required: true
    }
  }
})
```

代码是不是精简了很多，熟悉 React 开发的读者是不是感到似曾相识。

$slots 用于以编程方式访问由插槽分发的内容。每个命名的插槽都有其相应的属性（例如，v-slot:foo 的内容将在 vm.$slots.foo 中找到）。default 属性包含了所有未包含在命名插槽中的节点或 v-slot:default 的内容。

组件的调用代码如下：

```
<anchored-heading :level="3">
    <a name="hello-world" href="#hello-world">
        Hello world!
    </a>
</anchored-heading>
```

渲染结果如图 12-2 所示。

图 12-2　动态标题组件的渲染效果

render 函数中最重要的就是 createElement 函数，看上例中 return 语句的代码。如下所示：

```
return createElement(
  'h' + this.level,   //标签名称
  this.$slots.default //子节点数组
)
```

　　注意，这里的 createElement 函数并不是 DOM API 中的 document.createElement()方法。该函数是 Vue.js 中的一个函数，用来返回描述节点信息及其子节点信息的一个对象，即虚拟节点（简称为 VNode）。

　　createElement 函数可以带三个参数，第一个参数是必需的，形式为{String | Object | Function}，即该参数可以是字符串（HTML 标签名）、对象（组件选项对象）、函数对象（解析前两者之一的 async 函数）；第二个参数是可选的，形式为{Object}，表示一个与模板中元素属性对应的数据对象；第三个参数也是可选的，用于生成子虚拟节点，形式为{String | Array}，即该参数可以是字符串（文本虚拟节点）、数组（子虚拟节点的数组）。

　　下面的代码给出了 createElement 函数可以接受的各种参数的形式。

```
//@returns {VNode}
createElement(
//------------------第一个参数，必填项------------------
  //{String | Object | Function}
  //一个 HTML 标签名、组件选项对象，或者解析上述任何一种的一个 async 函数
  'div',

//------------------第二个参数，可选------------------
  //{Object}
  //一个与模板中元素属性对应的数据对象
  {
      //与 v-bind:class 一样的 API，接收一个字符串、对象或字符串和对象的数组
      'class': {
        foo: true,
        bar: false
      },
      //与 v-bind:style 一样的 API，接收一个字符串、对象或对象数组
      style: {
        color: 'red',
        fontSize: '14px'
      },
      //普通的 HTML 属性
      attrs: {
        id: 'foo'
      },
      //组件 prop
      props: {
        myProp: 'bar'
      },
      //DOM 属性
      domProps: {
        innerHTML: 'baz'
      },
      //在'on'属性内的事件监听器，
```

```
        //但不支持如 'v-on:keyup.enter' 这样的修饰符
        //需要在处理函数中手动检查 keyCode
        on: {
          click: this.clickHandler
        },
        //仅用于组件，用于监听原生事件，而不是组件内部使用 vm.$emit 触发的自定义事件
        nativeOn: {
          click: this.nativeClickHandler
        },
        //自定义指令。注意，不能对 binding 中的 oldValue 赋值，因为 Vue 会替你跟踪它
        directives: [
          {
            name: 'my-custom-directive',
            value: '2',
            expression: '1 + 1',
            arg: 'foo',
            modifiers: {
              bar: true
            }
          }
        ],
        //作用域插槽的格式为
        //{ name: props => VNode | Array<VNode> }
        scopedSlots: {
          default: props => createElement('span', props.text)
        },
        //如果组件是其他组件的子组件，需为插槽指定名称
        slot: 'name-of-slot',
        //其他特殊顶层属性
        key: 'myKey',
        ref: 'myRef',
        //如果在 render 函数中给多个元素都应用了相同的 ref 名，那么 $refs.myRef 会变成一个数组
        refInFor: true
    },

    //----------------第三个参数，可选------------------
      //{String | Array}
      //子虚拟节点 (VNodes)，由 createElement() 构建而成，也可以使用字符串来生成"文本虚拟节点"
      [
        '先写一些文本',
        createElement('h1', '一则头条'),
        createElement(MyComponent, {
          props: {
            someProp: 'foobar'
```

```
    }
  })
  ]
)
```

简单来说，**createElement** 函数的第一个参数是要创建的元素节点的名字（字符串形式）或者组件选项（对象形式）；第二个参数是元素的属性集合（包括普通属性、**prop**、事件属性、自定义指令等），以对象形式给出；第三个参数是子节点的信息，以数组形式给出，如果该元素只有文本子节点，那么直接以字符串形式给出即可，如果还有子元素，则继续调用 **createElement** 函数。

下面进一步完善 anchored-heading 组件，将标题元素的子元素<a>也放到 render 函数中构建。代码如下所示：

```
//将子节点的文本内容拼接成一个字符串
var getChildrenTextContent = function (children) {
  return children.map(function (node) {
    return node.children
      ? getChildrenTextContent(node.children)
      : node.text
  }).join('')
}

Vue.component('anchored-heading', {
  render: function (createElement) {
    //创建 kebab-case 风格的 ID
    var headingId = getChildrenTextContent(this.$slots.default)
      .toLowerCase()
      .replace(/\W+/g, '-')
      .replace(/(^-|-$)/g, '')

    return createElement(
      'h' + this.level,
      [
        createElement('a', {
          attrs: {
            name: headingId,
            href: '#' + headingId
          }
        }, this.$slots.default)
      ]
    )
  },
  props: {
    level: {
      type: Number,
      required: true
    }
```

```
  }
})
```

之后，就可以按照如下方式使用 anchored-heading 组件。

```
<anchored-heading :level="3">
    Hello world!
</anchored-heading>
```

渲染效果如图 12-3 所示。

图 12-3　带锚点的标题组件渲染效果

组件树中的所有 VNode 必须是唯一的。例如，下面的 render 函数是不合法的。

```
render: function (createElement) {
  var myParagraphVNode = createElement('p', 'hi')
  return createElement('div', [
    //错误:重复的 VNode
    myParagraphVNode, myParagraphVNode
  ])
}
```

如果真的需要重复很多相同的元素或组件，可以使用工厂函数来实现。例如，下面的这个
render 函数用完全合法的方式渲染了 20 个相同的段落。

```
render: function (createElement) {
  return createElement('div',
    Array.apply(null, { length: 20 }).map(function () {
      return createElement('p', 'hi')
    })
  )
}
```

12.3　用普通 JavaScript 代替模板功能

原先在模板中可以使用的一些功能在 render 函数中没有再提供，需要我们自己编写 JavaScript
代码来实现。

12.3.1　v-if 和 v-for

只要普通 JavaScript 能轻松完成的操作，Vue 的 render 函数就没有提供专有的替代方案。例如，在使用 v-if 和 v-for 的模板中：

```
<ul v-if="items.length">
  <li v-for="item in items">{{ item.name }}</li>
</ul>
<p v-else>No items found.</p>
```

在 render 函数中可以使用 JavaScript 的 if/else 和 map 来实现相同的功能。代码如下所示：

```
props: ['items'],
render: function (createElement) {
  if (this.items.length) {
    return createElement('ul', this.items.map(function (item) {
      return createElement('li', item.name)
    }))
  } else {
    return createElement('p', 'No items found.')
  }
}
```

12.3.2　v-model

在 render 函数中没有与 v-model 直接对应的实现方案，不过 v-model 本质上是把 value 作为 prop，同时监听 input 事件，按照 v-model 的内在逻辑，我们自己实现即可。代码如下所示：

```
props: ['value'],
render: function (createElement) {
  var self = this
  return createElement('input', {
    domProps: {
      value: self.value
    },
    on: {
      input: function (event) {
        self.$emit('input', event.target.value)
      }
    }
  })
}
```

12.3.3 事件和按键修饰符

对于.passive、.capture 和.once 这些事件修饰符，Vue 提供了相应的前缀可以用于 on，如表 12-1 所示。

表 12-1　render 函数中的事件修饰符前缀

修　饰　符	前　缀	修　饰　符	前　缀
.passive	&	.once	~
.capture	!	.capture.once 或 .once.capture	~!

我们看下面的示例：

```
on: {
  '!click': this.doThisInCapturingMode,
  '~keyup': this.doThisOnce,
  '~!mouseover': this.doThisOnceInCapturingMode
}
```

对于其他的事件和按键修饰符，不需要专有前缀，因为在处理程序中可以使用事件方法来实现相同的功能，如表 12-2 所示。

表 12-2　与修饰符等价的事件方法

修　饰　符	处理函数中的等价操作
.stop	event.stopPropagation()
.prevent	event.preventDefault()
.self	if (event.target !== event.currentTarget) return
按键：.enter、.13	if (event.keyCode !== 13) return（对于其他的按键修饰符，可将 13 改为其对应的按键码）
修饰键：.ctrl、.alt、.shift、.meta	if (!event.ctrlKey) return（可将 ctrlKey 分别修改为 altKey、shiftKey 或者 metaKey）

下面是一个使用所有修饰符的例子。

```
on: {
  keyup: function (event) {
    //如果触发事件的元素不是事件绑定的元素，则返回
    if (event.target !== event.currentTarget) return
    //如果按下去的不是 Enter 键或者没有同时按下 Shift 键，则返回
    if (!event.shiftKey || event.keyCode !== 13) return
    //阻止事件冒泡
    event.stopPropagation()
```

```
    //阻止该元素默认的 keyup 事件处理
    event.preventDefault()
    //...
  }
}
```

12.3.4　插槽

可以通过 this.$slots 访问静态插槽的内容，插槽的内容是 VNode 数组。代码如下所示：

```
render: function (createElement) {
  //`<div><slot></slot></div>`
  return createElement('div', this.$slots.default)
}
```

也可以通过 this.$scopedSlots 访问作用域插槽，每个作用域插槽都是一个返回若干 VNode 的函数。代码如下所示：

```
props: ['message'],
render: function (createElement) {
  //`<div><slot :text="message"></slot></div>`
  return createElement('div', [
    this.$scopedSlots.default({
      text: this.message
    })
  ])
}
```

如果要使用 render 函数将作用域插槽传递给子组件，可以利用 VNode 数据对象中的 scopedSlots 字段。

```
render: function (createElement) {
  return createElement('div', [
    createElement('child', {
      //在数据对象中传递 scopedSlots
      //格式为 { name: props => VNode | Array<VNode> }
      scopedSlots: {
        default: function (props) {
          return createElement('span', props.text)
        }
      }
    })
  ])
}
```

12.4　JSX

相信读者阅读到这里会发现，即使是简单的模板，在 render 函数中编写也很复杂，而且模板中的 DOM 结构面目全非，可读性很差。当模板比较复杂，元素之间嵌套的层级较多时，在 render 函数中一层层嵌套的 createElement 函数也使你迷惑中。

熟悉 React 框架的读者应该知道，React 的 render 函数使用了 JSX 语法来简化模板的编写，使得模板的编写变得和普通 DOM 模板一样简单。在 Vue.js 中，可以通过一个 Babel 插件（https://github.com/vuejs/jsx）让 Vue 支持 JSX 语法，从而简化 render 函数中的模板创建。

📓 提示：

> JSX 全称是 JavaScript XML，是一种 JavaScript 的语法扩展，用于描述用户界面。其格式比较像是模板语言，但事实上完全是在 JavaScript 内部实现的。

例如，对于下面 DOM 结构：

```
<anchored-heading :level="1">
  <span>Hello</span> world!
</anchored-heading>
```

不使用 JSX 语法的 render 函数实现如下：

```
createElement(
  'anchored-heading', {
    props: {
      level: 1
    }
  }, [
    createElement('span', 'Hello'),
    ' world!'
  ]
)
```

采用 JSX 语法的 render 函数实现如下：

```
import AnchoredHeading from './AnchoredHeading.vue'

new Vue({
  el: '#demo',
  render: function (h) {
    return (
      <AnchoredHeading level={1}>
        <span>Hello</span> world!
      </AnchoredHeading>
    )
```

```
  }
})
```

提示：

　　将 h 作为 createElement 的别名是 Vue 生态系统中的一个通用惯例，实际上也是 JSX 所要求的。从 Vue 的 Babel 插件 3.4.0 版本开始，会在以 ES 2015 语法声明的含有 JSX 的任何方法和 getter 中（不是函数或箭头函数中）自动注入 const h = this.$createElement，因此也可以去掉(h)参数。对于插件的早期版本，如果 h 在当前作用域中不可用，则应用会抛出错误。

　　按照提示中的说明改写上面的例子，如下：

```
import AnchoredHeading from './AnchoredHeading.vue'

new Vue({
  el: '#demo',
  render() {
    return (
      <AnchoredHeading level={1}>
        <span>Hello</span> world!
      </AnchoredHeading>
    )
  }
})
```

　　是不是越来越像 React 了。

　　为了节省篇幅，这里就不介绍 JSX 的语法了，感兴趣的读者可以自行查阅相关资料。

12.5　函数式组件

　　之前创建的锚点标题组件比较简单，没有管理任何状态，没有监听任何传递给它的状态，也没有生命周期方法。实际上，它只是一个接收一些 prop 的函数。在这样的场景下，可以将组件标记为 functional，这意味着它是无状态的（没有响应式数据），也没有实例（没有 this 上下文）。

　　一个函数式组件就像下面这样：

```
Vue.component('my-component', {
  functional: true,
  //props 是可选的
  props: {
    //...
  },
  //为了弥补缺少的实例，可以提供第二个参数作为上下文
  render: function (createElement, context) {
    //...
  }
})
```

提示：

在 2.3.0 之前的版本中，如果一个函数式组件想要接收 prop，则 props 选项是必需的。在 2.3.0 及之后的版本中，可以省略 props 选项，组件节点上的所有属性会被自动隐式解析为 prop。

在 2.5.0 及之后版本中，如果使用了单文件组件，那么基于模板的函数式组件可以这样声明：

```
<template functional>
</template>
```

组件需要的一切都是通过 context 参数传递，它是一个包括如下字段的对象。

- props：提供所有 prop 的对象。
- children：VNode 子节点的数组。
- slots：一个函数，返回所有插槽对象。注意和 Vue 实例的$slots 属性相区别。
- scopedSlots：（2.6.0+）一个暴露传入的作用域插槽的对象，也以函数形式暴露普通插槽。
- data：传递给组件的整个数据对象，作为 createElement 的第二个参数传入组件。
- parent：对父组件的引用。
- listeners：（2.3.0+）一个包含了所有父组件注册的事件监听器的对象。这是 data.on 的一个别名。
- injections：（2.3.0+）如果使用了 inject 选项，则该对象包含了被注入的属性。

修改 anchored-heading 组件，使用 functional: true 将其改成函数式组件，然后为 render 函数添加 context 参数，并将 this.$slots.default 更改为 context.children，将 this.level 更改为 context.props.level。代码如下所示：

```
var getChildrenTextContent = function (children) {
  return children.map(function (node) {
    return node.children
      ? getChildrenTextContent(node.children)
      : node.text
  }).join('')
}


Vue.component('anchored-heading', {
functional: true,
  render: function (createElement, context) {
    //创建 kebab-case 风格的 ID
    var headingId = getChildrenTextContent(context.children)
    .toLowerCase()
    .replace(/\W+/g, '-')
    .replace(/(^-|-$)/g, '')

    return createElement(
      'h' + context.props.level,
      [
        createElement('a', {
```

```
        attrs: {
          name: headingId,
          href: '#' + headingId
        }
      }, context.children)
    ]
  )
},
props: {
  level: {
    type: Number,
    required: true
  }
}
}))
```

因为函数式组件只是函数，所以渲染的开销很低。

函数式组件可以用作包装组件，然后程序化地在多个组件中选择一个来渲染，在将 children、props、data 传递给子组件之前可以对它们进行一些操作。

下面看一个例子。有两个菜单组件，分别采用表格和 ul/li 进行布局。代码如下所示：

```
//采用表格布局的菜单组件
let TableMenu = Vue.extend({
  props: {
    menus: {
      type: Array,
      required: true
    }
  },
  template: `
    <table class="menu">
      <tr>
        <td v-for="menu in menus">
          <a :href="menu.url">{{menu.name}}</a>
        </td>
      </tr>
    </table>
  `
});

//采用 ul/li 布局的菜单组件
let UlMenu = Vue.extend({
  props: {
    menus: {
      type: Array,
      required: true
```

```
        }
    },
    template: `
      <ul class="menu">
          <li v-for="menu in menus">
              <a :href="menu.url">{{menu.name}}</a>
          </li>
      </ul>
    `
});
```

这两个组件有一个相同名字的 prop：menus。

接下来编写一个函数式的布局组件，根据用户指定的类型，来选择上述两个组件中的一个进行渲染。

```
Vue.component('layout-menu', {
  functional: true,
  props: {
    items: {
      type: Array,
      required: true
    },
    kind: {
        type: String,
        default: 'ul'
    }
  },
  render: function (createElement, context) {
    function appropriateMenuComponent () {
        //根据 kind prop 的值来选择要渲染的组件
        if (context.props.kind === 'ul')  return UlMenu;
        else return TableMenu;
    }

    return createElement(
      appropriateMenuComponent(),
      //将布局组件的 items prop 传给子组件的 menus prop
      //并使用展开运算符将数据对象一起传进去
      {props: {'menus': context.props.items}, ...context.data},
      context.children
    )
  }
})
```

最后使用布局组件，指定要渲染的组件类型。代码如下所示：

```
<layout-menu :items="menus" kind="ul"></layout-menu>
```

```
new Vue({
  el: '#app',
  data: {
    menus: [
        {name: '新浪新闻', url: '#'},
        {name: '网易游戏', url: '#'},
        {name: '百度搜索', url: '#'}
    ]
  }
})
```

剩下的就是 CSS 样式规则的代码。布局组件渲
染的效果如图 12-4 所示。

表格菜单组件渲染的效果也是一样的。

图 12-4　布局组件渲染效果

12.5.1　向子元素或子组件传递属性和事件

对于普通组件，没有被定义为prop的属性会自动添加到组件的根元素上，如果组件根元素上有同名的属性则会被替换，同名的 class 和 style 属性会进行合并。然而，函数式组件需要你显式地定义该行为。例如：

```
Vue.component('my-functional-button', {
  functional: true,
  render: function (createElement, context) {
    //透明地传递任何属性、事件监听器、子节点等
    return createElement('button', context.data, context.children)
  }
})
```

通过将 context.data 作为第二个参数传递给 createElement，我们就把 my-functional-button 组件上所有的属性和事件监听器都传递下去了。注意：组件的 prop 不能通过 context.data 传递，需要单独设置。

如果使用基于模板的函数式组件，则必须手动添加属性和监听器。因为我们可以访问到其独立的上下文内容，所以可以使用 data.attrs 传递任何 HTML 属性，也可以使用 listeners（即 data.on 的别名）传递任何事件监听器。例如：

```
<template functional>
  <button
    class="btn btn-primary"
    v-bind="data.attrs"
    v-on="listeners"
  >
    <slot/>
  </button>
</template>
```

12.5.2　slots()和 children 的对比

在某些时候，context.slots().default 和 context.children 类似，但在某些场景下又是不同的。例如，下面的这个带有子节点的函数式组件：

```
<my-functional-component>
 <p v-slot:foo>
   first
 </p>
 <p>second</p>
</my-functional-component>
```

对于这个组件，children 会给你两个段落标签，而 slots().default 只会给出第二个段落标签，slots().foo 只给出第一个段落标签。同时拥有 slots()和 children，可以让我们选择是否让组件感知到 slot 机制，或者简单地传递 children，让其他组件去处理。

12.6　实例：使用 render 函数实现帖子列表

在 11.3 节给出了一个 BBS 项目的帖子列表组件的实例，在本节使用 render 函数改写该实例。首先是单个帖子的组件 PostListItem。代码如例 12-1 所示。

例 12-1　PostListItem

```
//子组件
Vue.component('PostListItem', {
    props: {
        post: Object,
        default: () => {},
        required: true
    },
    render: function(h){
        return h('li', [
            h('p', [
                h('span',
                    //这是<span>元素的内容
                    '标题：'+ this.post.title + ' | 发帖人：' + this.post.author + ' | 发帖时间：' + this.post.date + ' | 点赞数：' + this.post.vote
                ),
                h('button', {
                    on: {
                        //单击按钮，向父组件提交自定义事件 vote
                        click: () => this.$emit('vote')
                    }
```

```
                },
                '赞'
              )
          ])
      ]);
    }
});
```

这部分代码最好是结合例 11-1 一起来看。一定要清楚 createElement（这里使用的是别名 h）函数的三个参数的作用，因为后两个参数都是可选的，所以要注意区分代码中哪部分是第二个参数传参，哪部分是第三个参数传参，简单的区分方式就是看是对象传参还是数组传参，如果是对象传参，就是第二个参数（设置元素的属性信息）；如果是数组传参，就是第三个参数（设置子节点信息）。

帖子列表组件 PostList 的代码如例 12-2 所示。

例 12-2　PostList

```
//父组件
Vue.component('PostList', {
    data() {
        return {
            posts: [
                {id: 1, title: '《Servlet/JSP深入详解》怎么样', author: '张三', date:
'2019-10-21 20:10:15', vote: 0},
                {id: 2, title: '《VC++深入详解》观后感', author: '李四', date: '2019-10-10
09:15:11', vote: 0},
                {id: 3, title: '《Vue.js无难事》怎么样', author: '王五', date: '2019-11-11
15:22:03', vote: 0}
            ]
        }
    },
    methods: {
        //自定义事件 vote 的事件处理器方法
        handleVote(id){
            this.posts.map(item => {
                item.id === id ? {...item, voite: ++item.vote} : item;
            })
        }
    },
    render: function(h){
        let postNodes = [];
        //this.posts.map 取代 v-for 指令，循环遍历 posts，构造子组件的虚拟节点
        this.posts.map(post => {
            let node = h('PostListItem', {
                    props: {
                        post: post
```

```
                    },
                    on: {
                        vote : () => this.handleVote(post.id)
                    }
                });
            postNodes.push(node);
        })
        return h('div', [
            h('ul',  [
                postNodes
                ]
            )
        ]
        );
    },
});
```

PostList 组件的使用方式同例 11-1。

12.7 小   结

本章介绍了 Vue 2.0.0 中引入的虚拟 DOM，并详细介绍了 render 函数，采用 render 函数来渲染比使用模板性能要好一些，因为你并不用担心性能问题。实际上，Vue 的模板也是被编译成了 render 函数。

render 函数中最重要的就是 createElement 函数，重点是要理解 createElement 函数的三个参数的作用，这样你才能正确地使用它。

从本章给出的例子可以看到，即使是简单的模板，在 render 函数中编写也很复杂，而且模板中的 DOM 结构面目全非，可读性很差。当模板比较复杂，元素之间嵌套的层级较多时，在 render 函数中一层层嵌套的 createElement 函数会让你的开发效率变得很低，还容易出错。所以在基于 Vue.js 的前端项目开发中，最好还是始终采用 template 方式，如果特殊情况下需要使用 render 函数，也建议使用 JSX 语法来简化模板的编写。

到本章为止，Vue.js 的绝大部分功能已经介绍完毕，从第 13 章开始，将进入真实的前端项目开发领域。

第 2 篇 ●

进阶篇

　　本篇将介绍绝大多数前端 Vue 项目开发中都会用到的功能，从 Vue CLI 3.x 创建脚手架项目开始，到使用 Vue Router 开发单页应用，到使用 axios 向服务端请求数据，到使用 Vuex 进行全局状态管理，并通过最后的实用性项目，让读者充分领略 Vue 前端项目开发的魅力。

第 13 章 Vue CLI

在开发大型单页面应用时，需要考虑项目的组织结构、项目构建、部署、热加载、代码单元测试等多方面与核心业务逻辑无关的事情，对于项目中用到的构建工具、代码检查工具等还需要一遍一遍地重复配置。很显然，这很浪费时间，影响开发效率。为此，我们会选择一些能够创建脚手架的工具，来帮助搭建一个项目的骨架，并进行一些项目所依赖的初始配置。

在 Vue.js 生态中，这个脚手架工具就是 Vue CLI，利用这个工具，可以自动生成一个基于 Vue.js 的单页应用的脚手架项目。

13.1 简　介

Vue CLI 是一个基于 Vue.js 进行快速开发的完整系统，在 3.0 版本正式发布时，Vue CLI 将包名由原来的 vue-cli 改成了 @vue/cli。

Vue CLI 有三个组件。

1. CLI（@vue/cli）

全局安装的 npm 包，提供了终端里的 vue 命令（如 vue create、vue serve、vue ui 等命令）。

2. CLI 服务（@vue/cli-service）

CLI 服务是一个开发环境依赖。它是一个 npm 包，本地安装到 @vue/cli 创建的每个项目中。CLI 服务是构建于 webpack 和 webpack-dev-server 之上的，包含了：

- 加载其他 CLI 插件的核心服务；
- 一个为绝大部分应用优化过的内部 webpack 配置；
- 项目内部的 vue-cli-service 命令，包含基本的 serve、build 和 inspect 命令。

3. CLI 插件

CLI 插件是给 Vue 项目提供可选功能的 npm 包（如 Babel/TypeScript 转译、ESLint 集成、单元测试和 end-to-end 测试等）。Vue CLI 插件的名字以 @vue/cli-plugin-（用于内置插件）或 vue-cli-plugin-（用于社区插件）开头，非常容易使用。当在项目内部运行 vue-cli-service 命令时，它会自动解析并加载项目的 package.json 文件中列出的所有 CLI 插件。

13.2 安　装

Vue CLI 当前的版本是 3.x，如果你已经使用 npm 全局安装了旧版本的 vue-cli（1.x 或 2.x），需要先使用下面的命令卸载旧版本。

```
npm uninstall vue-cli -g
```

然后使用下面的命令安装 3.x 版本的 Vue CLI。

```
npm install -g @vue/cli
```

Vue CLI 在 Vue 项目开发中基本是必用的，因此采用全局安装会更好一些。

安装完成之后，可以使用下面的命令来检查版本是否正确，同时验证 Vue Cli 是否安装成功。

```
vue -version
```

📝 提示：

Vue CLI 3 需要 Node.js 8.9 或更高版本，官方推荐 8.11.0+。

13.3　创　建　项　目

安装完 Vue CLI 之后，就可以开始创建一个脚手架项目了。创建项目有两种方式：一种是通过 vue create <项目名>命令，以命令行方式创建一个项目；另一种是通过 vue ui 命令启动图形界面来创建项目。

13.3.1　vue create

选择好项目存放的目录，打开命令提示符窗口，输入 vue create helloworld，开始创建一个 helloworld 项目，如图 13-1 所示。

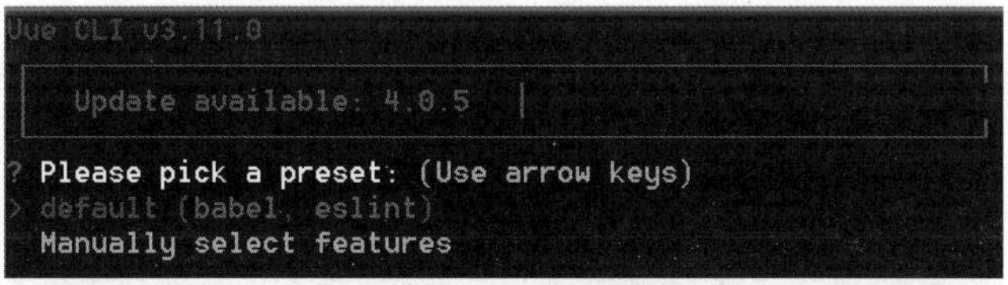

图 13-1　开始创建项目

📝 提示：

项目名中不能有大写字母。

首先会让你选择一个 preset（预设），第一个选项是默认设置，适合快速创建项目的原型；第二个选项需要手动对项目进行配置，适合有经验的开发者。这里用箭头方向键↓选择第二项，然后按 Enter 键，出现项目的配置选项，如图 13-2 所示。

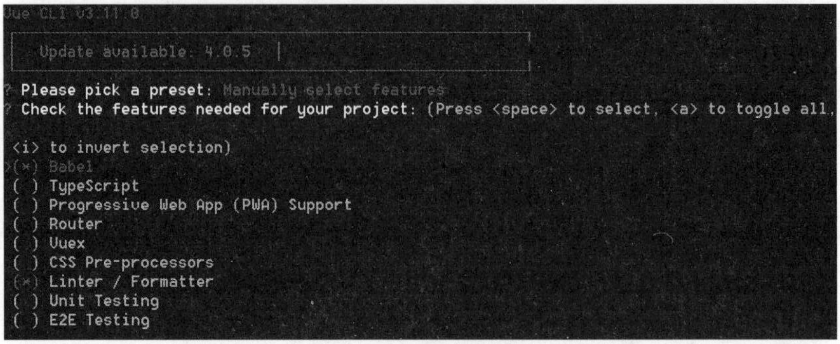

图 13-2　手动配置项目

这些选项的说明在表 13-1 中给出。

表 13-1　手动配置项目中各选项的说明

选　　项	说　　明
Babel	转码器，用于将 ES6 代码转为 ES5 代码，从而在现有环境下执行
TypeScript	TypeScript 是 JavaScript 的一个超集，主要提供了类型系统和对 ES6 的支持。TypeScript 是由微软开发的开源编程语言，它可以编译成纯 JavaScript，编译出来的 JavaScript 可以运行在任何浏览器上
Progressive Web App (PWA) Support	支持渐进式 Web 应用程序
Router	vue-router，参看第 14 章
Vuex	Vue 的状态管理，参看第 16 章
CSS Pre-processors	CSS 预处理器（如 Less、Sass）
Linter / Formatter	代码风格检查和格式校验（如 ESLint）
Unit Testing	单元测试
E2E Testing	End to End 测试

　　保持默认的 Babel 和 Linter / Formatter 的选中状态，按 Enter 键，接下来会根据你选择的功能提示选择具体的功能包，或者进一步配置，如图 13-3 所示。

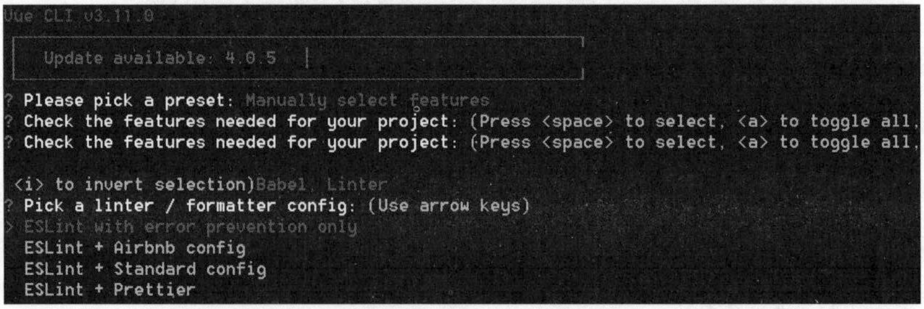

图 13-3　对 Linter / Formatter 功能的进一步配置

　　第 1 个选项是指 ESLint 仅用于错误预防，后三个选项是让你选择 ESLint 和哪一种代码规范一起使用。ESLint 是用于代码校验的，至于代码风格则由另外的规范来限制，如这里的 Airbnb、

Standard 和 Prettier。至于选择哪种代码规范，这要看个人的喜好或者公司的要求。这里先选择
Prettier，即第 4 个选项。

　　接下来是选择何时检测代码，如图 13-4 所示。

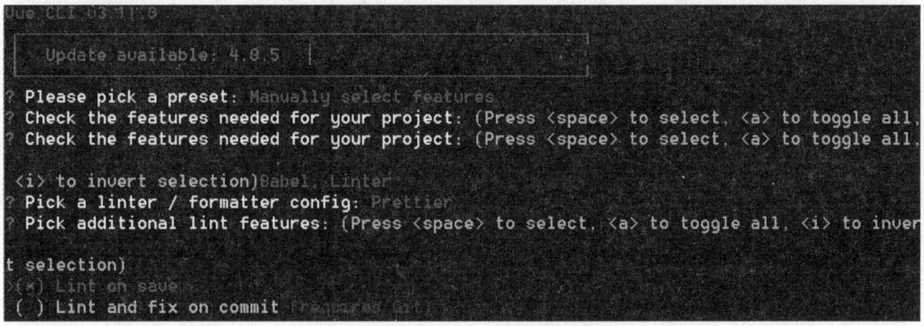

图 13-4　选择何时检测

　　这里选择第 1 项：保存时检测。接下来是询问如何存放配置信息，如图 13-5 所示。

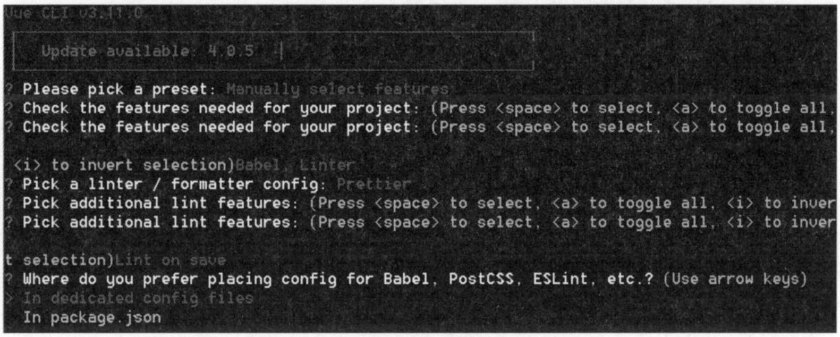

图 13-5　选择如何存放配置信息

　　第 1 个选项是指在专门的配置文件中存放配置信息，第 2 个选项是把配置信息放到 package.json
文件中。关于这个文件，后面会有详细说明。

　　选择第 1 个选项并按 Enter 键，接下来询问是否保存本次配置，保存的配置可以供以后项目使
用，如图 13-6 所示。如果选择了保存，以后再用 vue create 命令创建项目时，就会出现保存过的配
置，然后直接选择该配置即可。

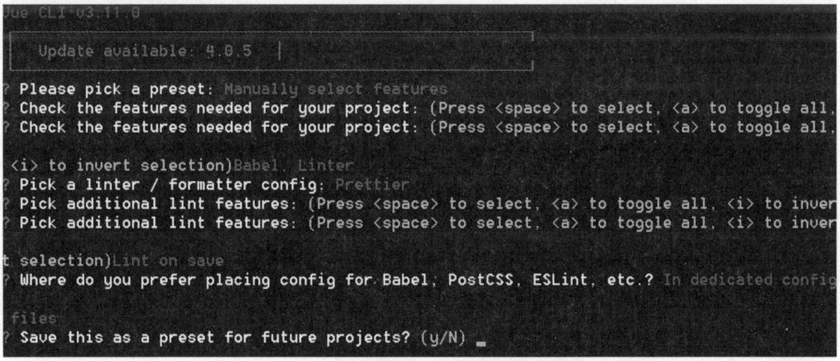

图 13-6　是否保存本次配置

输入 y 并按 Enter 键，接下来是给本次配置取个名字，如图 13-7 所示。

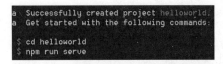

图 13-7　输入本次配置的名字

输入名字并按 Enter 键后，就开始创建脚手架项目了，这中间会根据配置自动下载需要的包。项目创建完成后，会看到如图 13-8 所示的信息。

根据提示在命令提示符窗口中依次输入 cd helloworld 和 npm run serve（运行项目）。运行结果如图 13-9 所示。

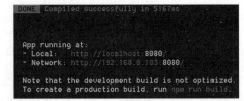

图 13-8　项目成功创建　　　　　　图 13-9　使用 npm run serve 命令运行项目

打开浏览器，输入 http://localhost:8080/，即可看到这个脚手架项目的默认页面，如图 13-10 所示。

图 13-10　helloworld 项目的默认页面

要终止项目运行，在命令提示符窗口中按 Ctrl+C 组合键即可。

vue create 命令有一些可选项，可以输入 vue create --help 来查看这些选项。具体的选项说明如下：

```
-p, --preset <presetName>        //忽略提示符并使用已保存的或远程的预设选项
-d, --default                    //忽略提示符并使用默认预设选项
-i, --inlinePreset <json>        //忽略提示符并使用内联的 JSON 字符串预设选项
-m, --packageManager <command>   //在安装依赖时使用指定的 npm 客户端
-r, --registry <url>             //在安装依赖时使用指定的 npm registry
-g, --git [message]              //强制 git 初始化，并指定初始化提交信息（可选的）
-n, --no-git                     //跳过 git 初始化
-f, --force                      //如果目标目录存在，覆写它
-c, --clone                      //使用 git clone 获取远程预设选项
-x, --proxy                      //使用指定的代理创建项目
-b, --bare                       //创建脚手架项目时省略新手指导信息
--skipGetStarted                 //跳过显示 Get Started 说明
-h, --help                       //输出使用帮助信息
```

如果要删除自定义的脚手架项目的配置，则可以在操作系统的用户目录下找到.vuerc 文件。该文件内容如下：

```
{
  "useTaobaoRegistry": true,
  "latestVersion": "4.0.5",
  "lastChecked": 1572429301691,
  "presets": {
    "hello": {
      "useConfigFiles": true,
      "plugins": {
        "@vue/cli-plugin-babel": {},
        "@vue/cli-plugin-eslint": {
          "config": "prettier",
          "lintOn": [
            "save"
          ]
        }
      }
    }
  }
}
```

粗体显示的代码部分就是脚手架项目配置，如果不想要了，删除即可。

13.3.2　使用图形界面

在命令提示符窗口中输入 vue ui，则会在浏览器窗口中打开 Vue 项目的图形界面管理程序。在

这个管理程序中可以创建新项目，管理项目，配置插件和项目依赖，对项目进行基础设置，以及执行任务。

创建新项目的界面如图 13-11 所示。

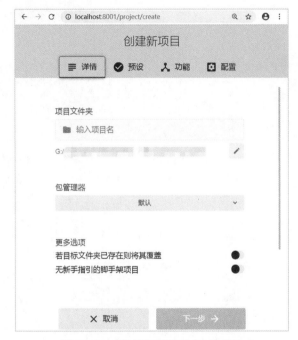

图 13-11　通过图形界面创建新项目

可以根据提示，一步步完成项目的创建。

13.4　项目结构

前面通过 Vue CLI 3 生成的项目的目录结构及各文件夹和文件的用途说明如下所示。

```
|--node_modules              //项目依赖的模块
|--public                    //该目录下的文件不会被 Webpack 编译压缩处理，引用的第三方库
                               的 JS 文件可以放在这里
|   |--favicon.ico           //图标文件
|   |--index.html            //项目的主页面
|--src                       //项目代码的主目录
|   |--assets                //存放项目中的静态资源，如 CSS、图片等
|      |--logo.png           //logo 图片
|   |--components            //编写的组件放这个目录下
|      |--HelloWorld.vue     //Vue Cli 创建的 Hello World 组件
|   |--App.vue               //项目的根组件
|   |--main.js               //程序入口 js 文件，加载各种公共组件和所需要用到的插件
```

```
|--.browserslistrc          //配置项目目标浏览器的范围
|--.gitignore               //配置在 git 提交项目代码时忽略哪些文件或文件夹
|--.eslintrc.js             //ESLint 使用的配置文件
|--babel.config.js          //Babel 使用的配置文件
|--postcss.config.js        //PostCSS 使用的配置文件
|--package.json             //npm 的配置文件，其中设定了脚本和项目依赖的库
|--package-lock.json        //用于锁定项目实际安装的各个 npm 包的具体来源和版本号
|--README.md                //项目说明文件
```

下面来看一下几个关键文件的代码。例 13-1 所示是 App.vue 的代码。

例 13-1　App.vue

```html
<template>
  <div id="app">
    <img alt="Vue logo" src="./assets/logo.png" />
    <HelloWorld msg="Welcome to Your Vue.js App" />
  </div>
</template>

<script>
import HelloWorld from "./components/HelloWorld.vue";

export default {
  name: "app",
  components: {
    HelloWorld
  }
};
</script>

<style>
#app {
  font-family: "Avenir", Helvetica, Arial, sans-serif;
  -webkit-font-smoothing: antialiased;
  -moz-osx-font-smoothing: grayscale;
  text-align: center;
  color: #2c3e50;
  margin-top: 60px;
}
</style>
```

这就是一个典型的单文件组件，在一个文件中包含了组件代码、模板代码和 CSS 样式规则。在这个组件中引入了 HelloWorld 组件，然后在<template>元素中使用它。使用 export 语句将 App 组件作为模块的默认值导出。

App 组件是项目的主组件，我们可以替换它，也可以保留它。如果保留，就是修改代码中的导入语句，将其替换为导入的组件即可。

main.js 是程序入口 JavaScript 文件，该文件主要用于加载各种公共组件和项目需要用到的各种插件，并创建 Vue 的根实例。例 13-2 所示是 main.js 的代码。

例 13-2　main.js

```
import Vue from "vue";
import App from "./App.vue";

Vue.config.productionTip = false;

new Vue({
  render: h => h(App)
}).$mount("#app");
```

在该文件中，使用 import 语句导入 Vue 模块和 App 组件，这不同于之前在 HTML 文件中的引用方式，前面章节是通过<script>元素来引入 Vue 的 JS 文件。后面基于脚手架项目的开发，对模块的引入都会采用这种方式。

Vue.config.productionTip 用于配置是否在项目启动时生成提示信息，false 表示不生成。

接下来创建 Vue 实例，使用 render 函数渲染 App 组件，并使用实例方法$mount 将实例挂载到 ID 属性值为 app 的 HTML 元素上。这里 Vue 实例的创建和挂载方式也和之前使用的方式不同。

下面编写项目的主页面 index.html。代码如例 13-3 所示。

例 13-3　index.html

```
<!DOCTYPE html>
<html lang="en">
  <head>
    <meta charset="utf-8">
    <meta http-equiv="X-UA-Compatible" content="IE=edge">
    <meta name="viewport" content="width=device-width,initial-scale=1.0">
    <link rel="icon" href="<%= BASE_URL %>favicon.ico">
    <title>helloworld</title>
  </head>
  <body>
    <noscript>
      <strong>We're sorry but helloworld doesn't work properly without JavaScript
enabled. Please enable it to continue.</strong>
    </noscript>
    <div id="app"></div>
    <!-- built files will be auto injected -->
  </body>
</html>
```

可以看到一个 id 属性值为 app 的空的<div>元素，组件实例会动态挂载到该元素上。在这种方式下，就没有 v-cloak 指令的用武之地了。

细心的读者可能已经发现 App.vue 和 index.html 中有相同 id 属性值的<div>元素，我们知道在一个 HTML 页面中，ID 类型的属性值要求是唯一的。关于这一点读者不用担心，在编译后的页面中，只会存在一个 id 属性值为 app 的元素，就是 index.html 中的这个\<div\>元素。

13.5　编写一个 Hello 组件

在第 2 章就已经安装了 Visual Studio Code，并对它进行了配置，以支持基于 Vue.js 的项目开发，现在该轮到它出场了。启动 Visual Studio Code，选择【文件】→【打开文件夹】，选中前面使用 Vue CLI 创建的脚手架项目所在的文件夹并打开。

在左边窗口中可以看到项目的目录结构，如图 13-12 所示。

图 13-12　Visual Studio Code 中显示的项目目录结构

右击 components 目录，从弹出的快捷菜单中选择【新建文件】命令，输入 Hello.vue，创建一个单文件组件，编写代码如例 13-4 所示。

例 13-4　Hello.vue

```
<template>
    <p>{{message}}</p>
</template>

<script>
export default {
    data(){
        return {
            message: 'Hello, Vue.js'
```

```
    }
  }
}
</script>
```

打开 App.vue 文件，将 HelloWorld 组件替换为 Hello 组件。修改代码如例 13-5 所示。

例 13-5   App.vue

```
<template>
  <div id="app">
    <Hello />
  </div>
</template>

<script>
import Hello from "@/components/Hello";

export default {
  name: "app",
  components: {
    Hello
  }
};
</script>
...
```

导入语句中的@符号表示 src 目录，该符号用于简化路径的访问。Hello 组件没有写扩展名，这没问题，因为项目内置的 webpack 能够自动添加后缀.vue。

📋 提示：

在创建脚手架项目时，因为选择的代码规范的原因，例 13-5 中书写<Hello />元素时，注意在/>前面加一个空格。如果对代码规范不熟悉，在配置 ESLint 时，最好选择第 1 项，即 ESLint with error prevention only。

接下来，选择【终端】→【新建终端】，在出现的终端窗口中输入命令 npm run serve，开始运行项目，如图 13-13 所示。

图 13-13   在终端窗口中运行项目

打开浏览器，在地址栏中输入 http://localhost:8080/，显示效果如图 13-14 所示。

```
←  →  C   ⓘ  localhost:8080
```

Hello, Vue.js

图 13-14　项目运行效果

13.6　package.json

这是一个 JSON 格式的 npm 配置文件，定义了项目所需要的各种模块，以及项目的配置信息（如名称、版本、许可证等元数据），在项目开发中经常会需要修改该文件的配置内容，所以这里单独对这个文件的内容说明一下。代码如下所示：

```
{
  "name": "helloworld",  //项目名称
  "version": "0.1.0",    //项目版本
  "private": true,       //是否私有项目
  "scripts": {           //值是一个对象，其中指定了项目生命周期各个环节需要执行的命令
    "serve": "vue-cli-service serve", //执行 npm run serve，运行项目
    "build": "vue-cli-service build", //执行 npm run build，构建项目
    "lint": "vue-cli-service lint"    //执行 npm run lint，运行 ESLint 验证并格式化代码
  },
  "dependencies": {      //配置项目依赖的模块列表，key 是模块名称，value 是版本范围
    "core-js": "^3.3.2",
    "vue": "^2.6.10"
  },
  "devDependencies": {   //这里的依赖是用于开发环境的，不发布到生产环境
    "@vue/cli-plugin-babel": "^4.0.0",
    "@vue/cli-plugin-eslint": "^4.0.0",
    "@vue/cli-service": "^4.0.0",
    "@vue/eslint-config-prettier": "^5.0.0",
    "babel-eslint": "^10.0.3",
    "eslint": "^5.16.0",
    "eslint-plugin-prettier": "^3.1.1",
    "eslint-plugin-vue": "^5.0.0",
    "prettier": "^1.18.2",
    "vue-template-compiler": "^2.6.10"
  }
}
```

在使用 NPM 安装依赖的模块时，可以根据模块是否需要在生产环境下使用而选择附加-S（即--save）或者-D（即--save-dev）参数。例如，项目中使用了界面 UI 组件库 element-ui，它肯定是要

在生产环境中用到的，就可以执行下面的命令来安装它。

```
npm install element-ui -S
//等同于
npm install element-ui --save
```

安装后会在 dependencies 中写入依赖项，在项目打包发布时，dependencies 中写入的依赖项也会一起打包。

如果某个模块只是在开发环境中使用，则可以使用-D 参数来安装，在安装完成后将依赖项写入 devDependencies 中，而在 devDependencies 中的依赖项，在项目打包发布时并不会一起打包。

在发布代码时，项目下的node_modules 文件夹都不会发布，那么在下载了别人的代码后，怎么安装依赖呢？这时可以在项目根路径下执行 npm install 命令，该命令会根据 package.json 文件下载所需要的依赖。

13.7 小　　结

本章详细介绍了 Vue CLI 这一创建 Vue 脚手架项目的有用工具，熟练使用该工具，可以快速搭建符合项目要求的骨架程序。同时介绍了脚手架项目中的一些重要配置文件，以及脚手架项目的结构，方便读者快速上手项目的开发。

第 14 章　使用 Vue Router 开发
单页应用

传统的 Web 应用程序不同页面间的跳转都是向服务器发起请求，服务器处理请求后向浏览器推送页面。在单页应用程序中，不同视图（组件的模板）的内容都是在同一个页面中渲染，页面间的跳转都是在浏览器端完成，这就需要用到前端路由。在 Vue.js 中，可以使用官方的路由管理器 Vue Router。

14.1　感受前端路由

Vue Router 需要单独下载，可以参照 2.1.2 节介绍的 CDN 方式来引用 Vue Router，也可以把 JS 文件下载下来使用。

```
<script src="https://unpkg.com/vue-router/dist/vue-router.js"></script>
```

如果使用模块化开发，则使用 NPM 安装方式，执行如下的命令来安装 Vue Router。

```
npm install vue-router
```

14.1.1　HTML 页面使用路由

扫一扫，看视频

前端路由的配置有固定的步骤。

（1）使用 router-link 组件设置导航链接。代码如下所示：

```
<router-link to="/news">新闻</router-link>
<router-link to="/books">图书</router-link>
<router-link to="/videos">视频</router-link>
```

to 属性指定链接的 URL，<router-link> 默认会被渲染为一个 <a> 标签，如图 14-1 所示。

新闻 图书 视频

图 14-1　<router-link> 被渲染为一个链接（<a> 标签）

📝 提示：

<router-link> 可以通过配置 tag 属性来生成别的标签。例如：
<router-link to="/news" tag="li">新闻</router-link>
将渲染为：
<li class="router-link-exact-active router-link-active">新闻</li>

（2）指定组件在何处渲染，这是通过<router-view>指定的。代码如下所示：

```
<router-view></router-view>
```

当单击链接的时候，会在<router-view>所在的位置渲染组件的模板内容。可以把<router-view>理解为是占位符。

（3）定义路由组件。代码如下所示：

```
const news = { template: '<div>新闻页面</div>' }
const books = { template: '<div>图书页面</div>' }
const videos = { template: '<div>视频页面</div>' }
```

这里只是为了演示前端路由的基本用法，所以组件定义很简单。

（4）定义路由，将第 1 步设置的链接 URL 和组件对应起来。代码如下所示：

```
const routes = [
  { path: '/news', component: news },
  { path: '/books', component: books },
  { path: '/videos', component: videos }
]
```

（5）创建 VueRouter 实例，将第 4 步定义的路由配置作为选项传递进去。代码如下所示：

```
const router = new VueRouter({
    routes //简写，相当于 routes: routes
})
```

（6）在 Vue 根实例中使用 router 选项注入第 5 步创建的 router 对象，从而让整个应用程序具备路由功能。

```
new Vue({
  el: '#app',
  router: router  //也可简写为 router
})
```

至此，整个前端路由的配置就完成了。

完整的代码如例 14-1 所示。

例 14-1　routes.html

```
<!DOCTYPE html>
<html>
    <head>
        <meta charset="UTF-8">
        <title></title>
        <script src="vue.js"></script>
        <script src="vue-router.js"></script>
    </head>
    <body>
```

```html
    <div id="app">
        <p>
            <!-- 使用 router-link 组件来导航 -->
            <!-- 通过传入 to 属性指定链接-->
            <!-- <router-link>默认会被渲染成一个<a>标签 -->
            <router-link to="/news">新闻</router-link>
            <router-link to="/books">图书</router-link>
            <router-link to="/videos">视频</router-link>
        </p>
        <!-- 路由出口 -->
        <!-- 路由匹配到的组件将在这里渲染 -->
        <router-view></router-view>
    </div>
    <script>
        //定义路由组件
        //可以从其他文件 import 进来
        const news = { template: '<div>新闻页面</div>' }
        const books = { template: '<div>图书页面</div>' }
        const videos = { template: '<div>视频页面</div>' }

        //定义路由
        //每个路由应该映射到一个组件
        //组件可以是通过 Vue.extend() 创建的组件构造器，或者只是一个组件选项对象。如果是后者，
vue-router 在内部会调用 Vue.extend() 来创建组件构造器
        const routes = [
          { path: '/news', component: news },
          { path: '/books', component: books },
          { path: '/videos', component: videos }
        ]

        //传递 routes 选项，创建 router 实例
        const router = new VueRouter({
            routes //(缩写) 相当于 routes: routes
        })

        //创建和挂载根实例
        //使用 router 选项注入路由，从而让整个应用都有路由功能
        new Vue({
          el: '#app',
          router: router
        })
    </script>
  </body>
</html>
```

在浏览器中的初始渲染效果如图 14-1 所示。任意单击某个链接，效果如图 14-2 所示。

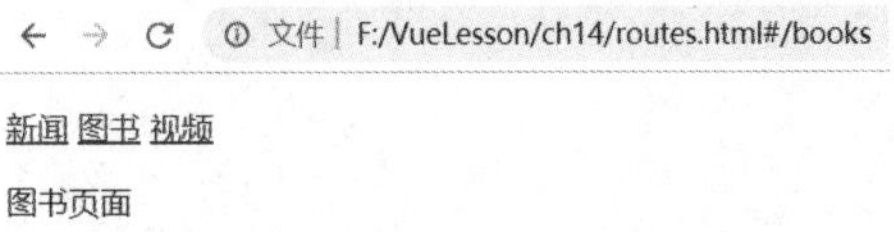

vue-router 默认使用 hash 模式，即使用 URL 的 hash（即 URL 中的锚部分，从"#"开始的部分）来模拟完整的 URL，以便在 URL 更改时不会重新加载页面，如图 14-2 地址栏中的#/books 的使用。

← → C ① 文件 | F:/VueLesson/ch14/routes.html#/books

新闻 图书 视频

图书页面

图 14-2　前端路由演示效果

扫一扫，看视频

14.1.2　模块化开发使用路由

模块化开发使用前端路由也是遵照前一节介绍的各个步骤，只是形式上有些变化。先利用 Vue CLI 创建一个脚手架项目，项目名为 myroute，直接选择 default，开始项目创建。项目创建成功后启动 Visual Studio Code 打开项目所在文件夹，接下来按照如下步骤开始前端路由的配置。

（1）为项目安装 vue-router。选择【终端】→【新建终端】，在终端窗口中输入如下命令安装 vue-router。

```
npm install vue-router
```

（2）在 App.vue 中设置导航链接和组件渲染的位置。修改其模板内容，并将引用 HelloWorld 组件的地方删除。修改后的代码如例 14-2 所示。

例 14-2　App.vue

```
<template>
  <div id="app">
   <p>
     <router-link to="/news">新闻</router-link>
     <router-link to="/books">图书</router-link>
     <router-link to="/videos">视频</router-link>
   </p>
   <router-view></router-view>
  </div>
</template>

<script>
export default {
  name: 'app',
  components: {
  }
}
</script>
...
```

（3）定义路由组件。在 components 目录下新建 News.vue、Books.vue 和 Videos.vue 三个文件，代码如例 14-3 所示。

例 14-3　News、Books 和 Videos 组件的代码

```
                                    News.vue
<template>
    <div>新闻页面</div>
</template>

<script>
export default {
}
</script>


                                    Books.vue
<template>
    <div>图书页面</div>
</template>

<script>
export default {
}
</script>

                                    Videos.vue
<template>
    <div>视频页面</div>
</template>

<script>
export default {
}
</script>
```

（4）单独定义一个模块文件，配置路由信息，这也是项目中经常使用的方式。在 src 目录下新建一个 router 文件夹，在该文件夹下新建一个 index.js 文件。编辑该文件，代码如例 14-4 所示。

例 14-4　index.js

```
import Vue from 'vue'
import VueRouter from 'vue-router'          //导入 vue-router
import News from '@/components/News'
import Books from '@/components/Books'
import Videos from '@/components/Videos'



Vue.use(VueRouter)                          //安装 vue-router 插件

//将 VueRouter 实例作为模块的默认导出
export default new VueRouter({
```

```
  routes: [
    {
      path: '/news',
      component: News
    },
    {
      path: '/books,
      component: Books
    },
    {
      path: '/videos',
      component: Videos
    }
  ]
})
```

（5）在程序入口 main.js 文件中，向 Vue 根实例注入 VueRouter 实例。代码如例 14-5 所示。

例 14-5　main.js

```
import Vue from 'vue'
import App from './App.vue'
import router from './router'

Vue.config.productionTip = false

new Vue({
  render: h => h(App),
  router
}).$mount('#app')
```

粗体显示的代码是新增的代码。在基于 Vue.js 的项目开发中，如果要导入一个目录中的 index.js 文件，可以直接导入该目录，内置的 webpack 会自动导入 index.js 文件。

至此，前端路由就已经全部配置完毕。打开终端窗口，输入 npm run serve 命令，运行项目，体验单页应用的前端路由。

扫一扫，看视频

14.2　动态路由匹配

实际项目开发时，经常需要把匹配某种模式的路由映射到同一个组件，例如有一个 Book 组件，对于所有 ID 各不相同的图书，都使用这个组件来渲染，这可以使用路径中的动态段（dynamic segment）来实现。动态段使用冒号（:）标记，如/book/:id，即/book/1、/book/2 和/book/foo 都将映射到相同的路由。当匹配到一个路由时，动态段的值将被保存到 this.$route.params（this.$route 代表当前路由对象）中，可以在组件内使用。

继续 14.1.2 节的项目，修改 App.vue，使用<router-link>组件添加两个导航链接。代码如例 14-6 所示。

例 14-6　App.vue

```
<div id="app">
    <p>
     ...
     <router-link to="/book/1">图书 1</router-link>
     <router-link to="/book/2">图书 2</router-link>
    </p>
    <router-view></router-view>
</div>
...
```

粗体显示的代码是新增的代码。

在 components 目录下新建 Book.vue 文件。代码如例 14-7 所示。

例 14-7　Book.vue

```
<template>
    <div>图书 ID: {{ $route.params.id }}</div>
</template>

<script>
export default {
}
</script>
```

接下来编辑 router 目录下的 index.js 文件，导入 Book 组件，并添加动态路径/book/:id 的路由配置。代码如例 14-8 所示。

例 14-8　index.js

```
...
import Book from '@/components/Book'

Vue.use(VueRouter)   //安装 vue-router 插件

//将 VueRouter 实例作为模块的默认导出
export default new VueRouter({
  routes: [
    ...
    {
      path: '/book/:id',
      component: Book
    }
  ]
})
```

粗体显示的代码是新增的代码。

在终端窗口中执行 npm run serve 命令，运行项目，打开浏览器，出现图书1和图书2链接，任意单击其中一个，结果如图 14-3 所示。

在同一个路由中可以有多个动态段，它们将映射到 $route.params 中的相应字段，如表 14-1 所示。

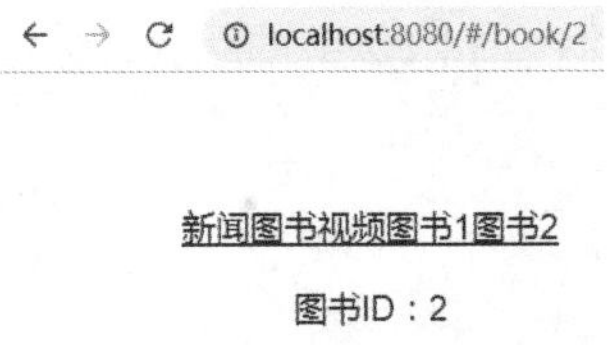

新闻 图书 视频 图书1 图书2

图书ID：2

图 14-3   动态路由匹配

表 14-1   在同一个路由中可以有多个动态段示例

模 式	匹 配 路 径	$route.params
/user/:username	/user/evan	{ username: 'evan' }
/user/:username/post/:post_id	/user/evan/post/123	{ username: 'evan', post_id: '123' }

除了 $route.params 外，$route 对象还提供了其他有用信息，如$route.query（如果 URL 中有查询参数）、$route.hash 等。

扫一扫，看视频

14.2.1   查询参数

URL 中带有查询参数的形式为/book?id=1，这在传统的 Web 应用程序中很常见，根据查询参数向服务端请求数据。在单页应用程序开发中，也支持路径中的查询参数。修改例 14-6，代码如例 14-9 所示。

例 14-9   App.vue

```
<div id="app">
    <p>
    ...
     <router-link to="/book?id=1">图书 1</router-link>
     <router-link to="/book?id=2">图书 2</router-link>
    </p>
    <router-view></router-view>
</div>
...
```

粗体显示的代码是修改的部分。

修改例 14-7，代码如例 14-10 所示。

例 14-10   Book.vue

```
<template>
    <div>图书 ID: {{ $route.query.id }}</div>
</template>
    ...
```

修改例 14-8，代码如例 14-11 所示。

例 14-11　index.js

```
...
export default new VueRouter({
  routes: [
    ...
    {
      path: '/book',
      component: Book
    }
  ]
})
```

运行项目，单击“图书 1”链接，效果如图 14-4 所示。

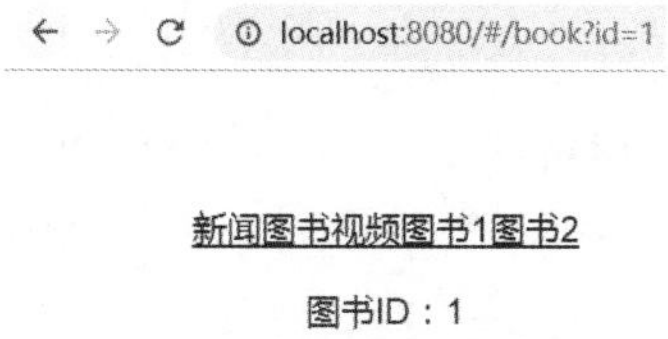
localhost:8080/#/book?id=1
新闻图书视频图书1图书2
图书ID：1

图 14-4　查询参数演示结果

14.2.2　通配符匹配

常规参数只会匹配以“/”分隔的 URL 片段中的字符。如果想匹配任意路径，可以使用通配符（*）。例如：

```
{
  //将匹配所有路径
  path: '*'
}
{
  //将匹配以 /user- 开头的任意路径
  path: '/user-*'
}
```

当使用通配符路由时，请确保路由的顺序是正确的，也就是说，含有通配符的路由应该放在最后。路由 { path: '*' } 通常用于客户端 404 错误。

当使用一个通配符时，$route.params 内会自动添加一个名为 pathMatch 的参数。它包含了 URL 中通过通配符匹配的部分。例如：

```
//给出一个路由 { path: '/user-*' }
this.$router.push('/user-admin')
this.$route.params.pathMatch //'admin'
//给出一个路由 { path: '*' }
this.$router.push('/non-existing')
this.$route.params.pathMatch //'/non-existing'
```

14.3　嵌　套　路　由

在实际的应用场景中，一个界面 UI 通常由多层嵌套的组件组合而成，URL 中的各段也按某种结构对应嵌套的各层组件，如图 14-5 所示。

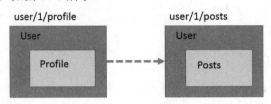

图 14-5　嵌套路由

路径 user/:id 映射到 User 组件，根据 id 的不同，显示不同的用户信息。ID 为 1 的用户单击链接 user/1/profile，将在用户 1 的视图中渲染 Profile 组件；单击链接 user/1/posts，将在用户 1 的视图中渲染 Posts 组件。

继续 14.2 的例子，当单击"图书"链接时，以列表形式显示所有图书的书名，进一步单击单个书名链接，在 Books 视图中显示图书的详细信息。这可以通过嵌套路由来实现。

在 asssets 目录下新建一个 books.js 文件，里面是图书数据。代码如例 14-12 所示。

例 14-12　books.js

```
export default [
  {id: 1, title: 'Vue.js 无难事', desc: '前端框架经典图书'},
  {id: 2, title: 'VC++深入详解', desc: '畅销 10 多年的图书'},
  {id: 3, title: 'Servlet/JSP 深入详解', desc: '经典 JSP 图书'}
]
```

这里硬编码了图书数据，只是为了演示需要，真实场景中，图书数据应该是通过 ajax 请求从服务端加载得到。

修改 Books.vue，以列表方式显示图书数据，添加导航链接，并使用<router-view>来指定 Book 组件渲染的位置。代码如例 14-13 所示。

例 14-13　Books.vue

```
<template>
  <div>
    <h3>图书列表</h3>
    <ul>
      <li v-for="book in books" :key="book.id">
        <router-link :to="'/book/' + book.id">{{book.title}}</router-link>
      </li>
    </ul>
    <!--Book 组件在这里渲染-->
```

```
        <router-view></router-view>
    </div>
</template>

<script>
//导入 Books 数组
import Books from '@/assets/books'
export default {
    data(){
        return {
            books: Books
        }
    }
}
</script>
```

粗体显示的代码是新增的代码。

修改 router 目录下的 index.js 文件，增加嵌套路由的配置并删除例 14-11 的配置，代码如例 14-14 所示。

例 14-14　index.js

```
...
import Book from '@/components/Book'
...
export default new VueRouter({
  routes: [
    ...,
    {
      path: '/books',
      component: Books,
      children: [
        {path: '/book/:id', component: Book}
      ]
    },
    ...

  ]
})
```

要说明的是：

（1）要在嵌套的出口（即 Books 组件中的<router-view>）中渲染组件，需要在 routes 选项的配置中使用 children 选项。children 选项只是路由配置对象的另一个数组，如同 routes 本身一样，因此，可以根据需要继续嵌套路由。

（2）以 "/" 开头的嵌套路径被视为根路径。如果例 14-13 中的导航链接设置的是 /books/book/

id 这种形式，那么这里配置路径时，需要去掉 "/"，即 {path: 'book/:id', component: Book}。

在终端窗口中运行项目，打开浏览器，单击 "图书" 链接后，任选一本图书，结果如图 14-6 所示。

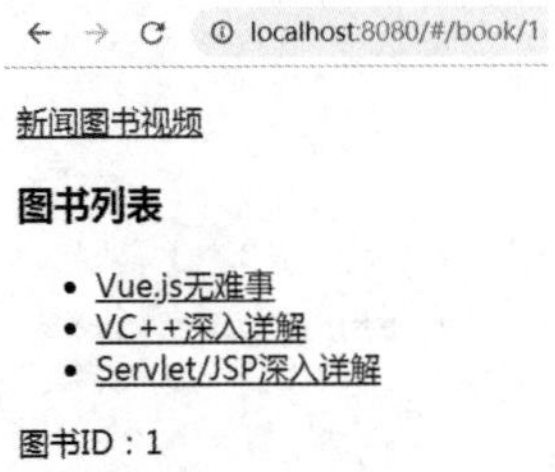

实际场景中，当单击某本图书链接时，应该向服务器端发起 Ajax 请求来获取图书详细数据，于是我们想到在 Book 组件中通过生命周期钩子函数来实现，然而，这行不通。这是因为当两个路由都渲染同一个组件时，例如，从 book/1 导航到 book/2 时，Vue 会复用先前的 Book 实例，比起销毁旧实例再创建新实例，复用会更加高效。但是这就意味着组件的生命周期钩子不会再被调用，所以也就无法在生命周期钩子中去根据路由参数的变化来更新数据。

要对同一组件中的路由参数更改做出响应，只需监听 $route 对象。

修改 Book.vue，当路由参数变化时，更新图书详细数据。代码如例 14-15 所示。

← → C ⓘ localhost:8080/#/book/1

新闻图书视频

图书列表

- Vue.js无难事
- VC++深入详解
- Servlet/JSP深入详解

图书ID：1

图 14-6　嵌套路由

例 14-15　Book.vue

```
<template>
    <div>
        <p>图书 ID: {{ book.id }}</p>
        <p>书名: {{ book.title }}</p>
        <p>说明: {{ book.desc }}</p>
    </div>
</template>

<script>
import Books from '@/assets/books'
export default {
    data(){
        return {
            book: {}
        }
    },
    created(){
        this.book = Books.find((item) => item.id == this.$route.params.id);
    },
    watch: {
        '$route' (to) {
            this.book = Books.find((item) => item.id == to.params.id);
        }
    }
}
</script>
```

要说明的是：

（1）只有路由参数发生变化时，$route 对象的监听器才会被调用，这意味着第一次渲染 Book

组件时，通过$route 对象的监听器是得不到数据的，因此利用 created 钩子来获取第一次渲染时的数据。当然，也可以利用 7.2 节介绍的 immediate 选项，将其值设为 true，让监听器函数在监听开始后立即执行，这样就不需要 created 钩子了。代码如下所示：

```
watch: {
    '$route': {
        handler: function(to) {
            this.book = Books.find((item) => item.id == to.params.id);
        },
        immediate: true
    }
}
```

（2）$route 对象的监听器函数的 to 参数表示即将进入的目标路由对象，该函数还可以带一个 from 参数，表示当前导航正要离开的路由对象。

运行项目，可以看到随着单击不同的图书链接，显示出了对应图书的详细信息，如图 14-7 所示。

除了监听$route 对象外，还可以利用 Vue Router 中的导航守卫（navigation guard）：beforeRouteUpdate，可以把它理解为是针对路由的一个钩子函数。修改例 14-15，删除$route 对象的监听器，改用 beforeRouteUpdate 守卫来实现。代码如下所示：

图 14-7　监听$route 对象对路由参数更改做出响应

```
beforeRouteUpdate (to, from, next) {
    this.book = Books.find((item) => item.id == to.params.id);
    next();
}
```

beforeRouteUpdate 守卫在当前路由改变，但是该组件被复用时调用。它有三个参数，to 表示即将进入的目标路由对象，from 表示当前导航正要离开的路由对象，next 是一个函数对象，必须调用该函数才能解析钩子，后续操作取决于提供给 next 函数的参数。next 函数调用执行的操作如下。

- next()：进入管道中的下一个钩子，如果没有剩余的钩子了，则确认导航。
- next(false)：中断当前导航。如果浏览器的 URL 改变了（可能是用户手动或者通过浏览器的后退按钮更改），那么 URL 地址会重置为 from 路由对应的地址。
- next('/') 或者 next({ path: '/' })：重定向到一个不同的地址。当前的导航被中断，然后进行一个新的导航。可以向 next 传递任意位置对象，允许设置诸如 replace: true、name: 'home' 之类的选项以及任何用在 router-link 的 to prop 或 router.push 中的选项。
- next(error)：（2.4.0 版本新增）如果传入 next 的参数是一个 Error 实例，则导航会被终止且该错误会被传递给 router.onError()注册过的回调。

14.4　命名路由

有时通过一个名称来标识路由会更方便，特别是在链接到路由，或者是执行导航时。可以在创建 Router 实例的时候，在 routes 选项中为路由设置名称。

修改 router 目录下的 index.js，添加根路径（/）的路由配置，并为其他路由取个名字。代码如例 14-16 所示。

例 14-16　index.js

```
...
export default new VueRouter({
  routes: [
    {
      path: '/',
      redirect: {
        name: 'news'
      }
    },
    {
      path: '/news',
      name: 'news',
      component: News
    },
    {
      path: '/books',
      name: 'books',
      component: Books,
      children: [
        {path: '/book/:id', name: 'book', component: Book}
      ]
    },
    {
      path: '/videos',
      name: 'videos',
      component: Videos
    }
  ]
})
```

粗体显示的代码为新增的代码。在根路径（/）的配置中，使用 redirect 参数将对该路径的访问重定向到命名的路由 news 上。当访问 http://localhost:8080/ 时，将直接跳转到 News 组件。

以下是重定向的另外两种配置方式。

```
    {
```

```
    path: '/',
    //指定目标路径
    redirect: '/news'
  }

  {
    path: '/',
    //指定一个方法，动态返回重定向目标
    //方法接收目标路由作为参数
    redirect: to => {
      //return 重定向的字符串路径或路径对象
    }
  }
```

修改 App.vue，在设置导航链接时使用命名路由。代码如例 14-17 所示。

例 14-17　App.vue

```
<div id="app">
    <p>
      <router-link :to="{ name: 'news'}">新闻</router-link>
      <router-link :to="{ name: 'books'}">图书</router-link>
      <router-link :to="{ name: 'videos'}">视频</router-link>
    </p>
    <router-view></router-view>
</div>
```

注意，to 属性的值现在是表达式，因此需要使用 v-bind 指令。

修改 Books.vue，也使用命名路由。代码如例 14-18 所示。

例 14-18　Books.vue

```
...
<ul>
  <li v-for="book in books" :key="book.id">
    <router-link :to="{name:'book', params:{id: book.id}}">{{book.title}}
</router-link>
  </li>
</ul>
```

接下来可以再次运行项目，看看效果，测试效果和前面的例子完全一样。

在路由配置中，还可以为某个路径取个别名。例如：

```
routes: [
  { path: '/a', component: A, alias: '/b' }
]
```

"/a" 的别名是 "/b"，当用户访问 "/b" 时，URL 会保持为 "/b"，但是路由匹配是 "/a"，就像用户正在访问 "/a" 一样。

别名的功能让你可以自由地将 UI 结构映射到任意的 URL，而不受限于配置的嵌套路由结构。

注意别名和重定向的区别，对于重定向而言，当用户访问"/a"时，URL 会被替换成"/b"，然后匹配路由为"/b"。

扫一扫，看视频

14.5　命 名 视 图

有时需要同时（同级）显示多个视图，而不是嵌套展示。例如，创建一个布局，有 header（头部）、sidebar（侧边栏）和 main（主内容）三个视图，这时命名视图就派上用场了。可以在界面中拥有多个单独命名的视图，而不是只有一个单独的出口。例如：

```
<router-view class="view one" name="header"></router-view>
<router-view class="view two" name="sidebar"></router-view>
<router-view class="view three"></router-view>
```

没有设置名字的 router-view，默认为 default。

一个视图使用一个组件渲染，因此对于同个路由，多个视图就需要多个组件。在配置路由时，使用 components 选项。代码如下所示：

```
const router = new VueRouter({
  routes: [
    {
      path: '/',
      components: {
        default: Main,
        header: Header,
        sidebar: Sidebar
      }
    }
  ]
})
```

可以使用带有嵌套视图的命名视图创建复杂的布局，这时也需要命名用到的嵌套 router-view 组件。

下面来看一个设置面板的示例，如图 14-8 所示。

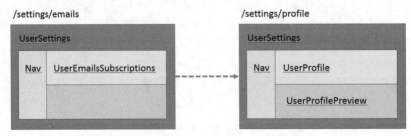

图 14-8　设置面板示意图

在图 14-8 所示的示例中，Nav 是一个常规组件，UserSettings 是一个视图组件，UserEmails-
Subscriptions、UserProfile 和 UserProfilePreview 是嵌套的视图组件。

UserSettings 组件的模板代码类似如下的形式：

```
<!-- UserSettings.vue -->
<div>
  <h1>User Settings</h1>
  <NavBar/>
  <router-view/>
  <router-view name="helper"/>
</div>
```

其他三个组件的模板代码如下：

```
<!-- UserEmailsSubscriptions.vue -->
<div>
    <h3>Email Subscriptions</h3>
</div>


<!-- UserProfile.vue -->
<div>
    <h3>Edit your profile</h3>
</div>


<!-- UserProfilePreview.vue -->
<div>
    <h3>Preview of your profile</h3>
</div>
```

在路由配置中按照上述布局进行配置。代码如下所示：

```
{
  path: '/settings',
  component: UserSettings,
  children: [{
    path: 'emails',
    component: UserEmailsSubscriptions
  }, {
    path: 'profile',
    components: {
      default: UserProfile,
      helper: UserProfilePreview
    }
  }]
}
```

继续我们的例子，将图书详情信息修改为与 Books 视图同级显示。

编辑 App.vue，添加一个命名视图。代码如例 14-19 所示。

例 14-19　App.vue

```
<div id="app">
  ...
  <router-view></router-view>
  <router-view name="bookDetail"></router-view>
</div>
```

修改 router 目录下的 index.js 文件，删除 Books 组件的嵌套路由配置，将 Book 组件路由设置为顶层路由。代码如例 14-20 所示。

例 14-20　index.js

```
...
{
  path: '/books',
  name: 'books',
  component: Books,

},
{
  path: '/book/:id',
  name: 'book',
  components: {bookDetail: Book}
},
...
```

至于 Books 组件内的<router-view>删不删除都不影响 Book 组件的渲染。为了代码的完整性，可以将这些无用的代码注释或删除。

运行项目，可以看到当单击一个图书链接时，图书的详细信息在 Books 视图同级显示了，如图 14-9 所示。

图 14-9　使用命名视图显示效果

扫一扫，看视频

14.6　编程式导航

除了使用 <router-link> 创建<a>标签来定义导航链接外，还可以使用 router 的实例方法，通过编写代码来导航。

要导航到不同的 URL，可以使用 Router 实例的 push()方法。该方法的原型如下：

```
router.push(location, onComplete?, onAbort?)
```

location 可以是一个字符串路径，或者一个描述地址的对象；onComplete 和 onAbort 回调作为第

2 个和第 3 个参数，在导航成功完成（在所有的异步钩子被解析之后）或终止（导航到相同的路由，或在当前导航完成之前导航到另一个不同的路由）的时候分别调用。

router.push()方法会向 history 栈添加一个新的记录，所以当用户单击浏览器后退按钮时，将回到之前的 URL。

当单击<router-link>时，router.push()方法会在内部调用，换句话说，单击<router-link :to="...">等同于调用 router.push(...)。

router.push()方法有多种调用形式。代码如下所示：

```
//字符串
router.push('home')

//对象
router.push({ path: 'home' })

//命名的路由
router.push({ name: 'user', params: { userId: '123' }})

//带查询参数，结果是 /register?plan=private
router.push({ path: 'register', query: { plan: 'private' }})
```

要注意的是，如果提供了 path，params 会被忽略。那么对于/book/:id 这种形式的路径应该如何调用 router.push()方法呢？一种是通过命名路由，如上例第 3 种调用形式；一种是在 path 中提供带参数的完整路径。代码如下所示：

```
const id = 1;
router.push({ name: 'book', params: { id: book.id } }) //-> /book/1
router.push({ path: '/book/${id}' }) //-> /book/1
```

下面继续前面的例子，修改例 14-18 的 Books.vue，使用 router.push()来替换<router-link>。修改后的代码如例 14-21 所示。

例 14-21　Books.vue

```
<div>
    <h3>图书列表</h3>
    <ul>
        <li v-for="book in books" :key="book.id">
            <a href="#"
               @click.prevent="goRoute({name: 'book', params: { id: book.id }})">
            {{book.title}}
</a>
        </li>
    </ul>
    <router-view></router-view>
</div>
```

```
<script>
...
export default {
    ...
    methods: {
        goRoute(location){
            //当单击的 URL 中的参数 id 与当前路由对象参数 id 值不同时，才调用$router.push 方法
            if(location.params.id != this.$route.params.id)
                this.$router.push(location)
        }
    }
}
</script>
```

要说明的是：

（1）在 Vue 实例内部，可以通过$router 访问路由器实例，进而调用 this.$router.push。

（2）this.$router 表示全局的路由器对象，包含了用于路由跳转的方法，其属性 currentRoute 可以获取当前路由对象；this.$route 表示当前路由对象，每一个路由都有一个 route 对象，可以获取对应的 name、path、params、query 等属性。

（3）使用 router.push()方法时，如果导航到相同的路由（用户多次单击同一个导航链接）时会终止导航，同时浏览器控制台窗口中会给出一个错误，这也是在上述代码中需要提前判断一下的原因。当然，可以通过 onAbort 回调来处理这种情况。

除了 router.push()方法外，还可以使用 Router 实例的 replace()方法进行路由跳转。与 push()不同的是，replace()方法不会向 history 添加新记录，而是替换掉当前的 history 记录。replace()方法的原型如下：

```
router.replace(location, onComplete?, onAbort?)
```

方法参数与 push()方法相同，这里就不再赘述了。

replace()方法对应的声明式路由跳转为<router-link :to="..." replace>。

与 window.history 对象的 forward、back 和 go 方法对应的 Router 实例的方法如下：

```
router.forward()
router.back()
router.go(n)
```

扫一扫，看视频

14.7　HTML 5 history 模式

vue-router 默认使用 hash 模式，这会在 URL 中使用"#"来标识要跳转目标的路径，如果你觉得这样的 URL 很难看，影响心情，那么可以使用路由的 history 模式。这种模式利用 history.pushState API 来完成 URL 跳转而无须重新加载页面。

继续前面的例子，修改 router 目录下 index.js 文件，将路由改为 history 模式。代码如例 14-22 所示。

例 14-22 index.js

```
...
export default new VueRouter({
  mode: 'history',
  ...
})
```

再次运行项目，你会发现所有的 URL 都没有 "#" 了。

不过 history 模式也有一个问题，当你在浏览器地址栏中直接输入 URL 或刷新页面时，因为该 URL 是正常的 URL，所以浏览器会解析该 URL 向服务器发起请求，如果服务器没有针对该 URL 的响应，就会出现 404 错误。在 history 模式下，如果是通过导航链接来路由页面，Vue Router 会在内部截获单击事件，通过 JavaScript 操作 window.history 来改变浏览器地址栏里的路径，在这个过程中并没有发起 HTTP 请求，所以就不会出现 404 错误。

如果使用 history 模式，那么需要在前端程序部署的 Web 服务器上配置一个覆盖所有情况的备选资源，即当 URL 匹配不到任何资源时，返回一个固定的 index.html 页面，这个页面就是单页应用程序的主页面。

Vue Router 的官网给出了一些常用的 Web 服务器的配置。网址如下：

https://router.vuejs.org/guide/essentials/history-mode.html#example-server-configurations

如果使用 Tomcat 作为前端程序的 Web 服务器，可以在项目根目录下新建 WEB-INF 子目录，在其下新建一个 web.xml 文件。代码如下所示：

```
<?xml version="1.0" encoding="UTF-8"?>
<web-app xmlns="http://xmlns.jcp.org/xml/ns/javaee"
  xmlns:xsi="http://www.w3.org/2001/XMLSchema-instance"
  xsi:schemaLocation="http://xmlns.jcp.org/xml/ns/javaee
                   http://xmlns.jcp.org/xml/ns/javaee/web-app_4_0.xsd"
  version="4.0">
    <error-page>
        <error-code>404</error-code>
        <location>/index.html</location>
    </error-page>
</web-app>
```

按照上述配置后，Tomcat 服务器就不会再返回 404 错误页面，对于所有不匹配的路径都会返回 index.html 页面。

📝 提示：

在开发时，可以先使用 hash 模式，在生产环境下，再根据部署的服务器调整为 history 模式。不过，在基于 Vue 脚手架项目的开发中，内置的 Node 服务器本身也支持 history 模式，所以开发时一般不会出现问题。

14.8　导航守卫

在 14.3 节已经使用过一个组件内的导航守卫：beforeRouteUpdate。vue-router 提供的导航守卫主要用于在导航的过程中重定向或者取消路由，或者添加权限验证、数据获取等业务逻辑。导航守卫分为三类：全局守卫、路由独享的守卫、组件内守卫，可以用于路由导航过程中的不同阶段。

每一个导航守卫都有三个参数：to、from 和 next（除 router. afterEach 外），其含义已经在 14.3 节中介绍过，这里就不再重复了。

14.8.1　全局守卫

全局守卫分为全局前置守卫、全局解析守卫和全局后置钩子。

当一个导航触发时，全局前置守卫按照创建的顺序调用。守卫可以是异步解析执行，此时导航在所有守卫解析完之前一直处于挂起状态。全局前置守卫使用 router.beforeEach 注册。代码如下所示：

```
const router = new VueRouter({ ... })

router.beforeEach((to, from, next) => {
  //这里执行具体操作
  //next 调用
})
```

在使用全局前置守卫时，要确保 next 函数的正确调用。例如，下面就是一个错误的示例。

```
router.beforeEach((to, from, next) => {
  if (!isAuthenticated) next('/login')
  //如果用户没有验证，next 函数被调用两次
  next()
})
```

正确的做法是：

```
router.beforeEach((to, from, next) => {
  if (!isAuthenticated) next('/login')
  else next()
})
```

全局解析守卫是 vue-router 2.5.0 版本新增的，使用 router.beforeResolve 注册。它和 router.beforeEach 类似，区别在于，在导航被确认之前，在所有组件内守卫和异步路由组件被解析之后，解析守卫被调用。

```
const router = new VueRouter({ ... })

router.beforeResolve((to, from, next) => {
```

```
    //...
})
```

全局后置钩子使用 router.afterEach 注册，它在导航被确认之后调用。

```
const router = new VueRouter({ ... })

router.afterEach((to, from) => {
    //...
})
```

与守卫不同的是，全局后置钩子不接受 next 函数，也不会改变导航。

下面利用全局守卫来解决两个实际开发中的问题。

1. 登录验证

第 1 个问题是登录验证。对于受保护的资源，我们需要用户登录后才能访问，如果用户没有登录，那么就将用户导航到登录页面。为此，可以利用全局前置守卫来完成用户登录与否的判断。

继续前面的例子，在 components 目录下新建 Login.vue。代码如例 14-23 所示。

例 14-23　Login.vue

```
<template>
    <div>
        <h3>{{ info }}</h3>
        <table>
            <caption>用户登录</caption>
            <tbody>
                <tr>
                    <td><label>用户名: </label></td>
                    <td><input type="text" v-model.trim="username"></td>
                </tr>
                <tr>
                    <td><label>密码: </label></td>
                    <td><input type="password" v-model.trim="password"></td>
                </tr>
                <tr>
                    <td cols="2">
                        <input type="submit" value="登录" @click.prevent="login"/>
                    </td>
                </tr>
            </tbody>
        </table>
    </div>
</template>
<script>
export default {
```

```
        data(){
            return {
                username: "",
                password: "",
                info: ""    //用于保存登录失败后的提示信息
            }
        },
        methods: {
        login() {
            //实际场景中，这里应该通过 Ajax 向服务端发起请求来验证
            if("lisi" == this.username && "1234" == this.password){
                //sessionStorage 中存储的都是字符串值，因此这里实际存储的将是字符串"true"
                sessionStorage.setItem("isAuth", true);
                this.info = "";
                //如果存在查询参数
                if(this.$route.query.redirect){
                    let redirect = this.$route.query.redirect;
                    //跳转至进入登录页前的路由
                    this.$router.replace(redirect);
                }else{
                    //否则跳转至首页
                    this.$router.replace('/');
                }
            }
            else{
                sessionStorage.setItem("isAuth", false);
                this.username = "";
                this.password = "";
                this.info = "用户名或密码错误";
            }

        }
        }
}
</script>
```

代码中有详细的注释，这里不再赘述。

修改路由配置文件 index.js。修改后的代码如例 14-24 所示。

例 14-24　index.js

```
...
import Login from '@/components/Login'

...
const router = new VueRouter({
  mode: 'history',
```

```
  routes: [
    ...,
    {
      path: '/login',
      name: 'login',
      component: Login
    }
  ]
})
router.beforeEach((to, from, next) => {
  //判断目标路由是否是/login，如果是，则直接调用 next()方法
  if(to.path == '/login'){
    next();
  }
  else{
    //否则判断用户是否已经登录，注意这里是字符串判断
    if(sessionStorage.isAuth === "true"){
      next();
    }
    //如果用户访问的是受保护的资源，且没有登录，则跳转到登录页面
    //并将当前路由的完整路径作为查询参数传给 Login 组件，以便登录成功后返回先前的页面
    else{
      next({
        path: '/login',
        query: {redirect: to.fullPath}
      });
    }
  }
})


export default router;
```

粗体显示的代码是新增的代码。

要注意的是，代码中的 if(to.path == '/login') {next();} 不能缺少，如果写成下面的代码：

```
router.beforeEach((to, from, next) => {
  if(sessionStorage.isAuth === "true"){
    next();
  }
  else{
    next({
      path: '/login',
      query: {redirect: to.fullPath}
    });
  }
})
```

就会导致死循环。例如，初次访问/news，此时用户还没有登录，条件判断为 false，进入 else 语句，路由跳转到/login，然后又执行 router.beforeEach 注册的全局前置守卫，条件判断依然为 false，再次进入 else 语句，最后导致栈溢出。

为了方便访问登录页面，可以在 App.vue 中增加一个登录的导航链接。代码如下所示：

```
<router-link :to="{ name: 'login'}">登录</router-link>
```

完成上述修改后，运行项目。出现登录页面后，输入正确的用户名（lisi）和密码（1234），看看路由的跳转，之后输入错误的用户名和密码，再看看路由的跳转。

2．页面标题

下面解决第 2 个问题，就是路由跳转后的页面标题问题。因为在单页应用程序中，实际只有一个页面，因此在页面切换时，标题不会发生改变。

在定义路由时，在 routes 配置中的每个路由对象（也称为路由记录）都可以使用一个 meta 字段，来为路由对象提供一个元数据信息。我们可以为每一个组件在它的路由记录里添加 meta 字段，在该字段中设置页面的标题，然后在全局后置钩子中设置目标路由页面的标题。全局后置钩子是在导航确认后，DOM 更新前调用，因此在这个钩子中设置页面标题是比较合适的。

修改路由配置文件 index.js。修改后的代码如例 14-25 所示。

扫一扫，看视频

例 14-25   index.js

```
...
const router = new VueRouter({
  mode: 'history',
  routes: [
    {
      path: '/',
      redirect: {
        name: 'news'
      }
    },
    {
      path: '/news',
      name: 'news',
      component: News,
      meta: {
        title: '新闻'
      }
    },
    {
      path: '/books',
      name: 'books',
      component: Books,
      meta: {
        title: '图书列表'
      }
```

```
      },
      {
        path: '/book/:id',
        name: 'book',
        meta: {
          title: '图书'
        },
        components: {bookDetail: Book}
      },
      {
        path: '/videos',
        name: 'videos',
        component: Videos,
        meta: {
          title: '视频',
        }
      },
      {
        path: '/login',
        name: 'login',
        component: Login,
        meta: {
          title: '登录'
        }
      }
    ]
})
...

router.afterEach((to, from) => {
  document.title = to.meta.title;
})


export default router;
```

粗体显示的代码为新增的代码。再次运行项目，即可看到切换页面时，每个页面都有自己的标题。

meta 字段也可以用于对有限资源的保护，在需要保护的路由对象中添加一个需要验证属性，然后在全局前置守卫中进行判断，如果访问的是受保护的资源，继续判断用户是否已经登录，如果没有，则跳转到登录页面。例如：

```
{
  path: '/videos',
  name: 'videos',
```

```
    component: Videos,
  meta: {
    title: '视频',
    requiresAuth: true
  }
}
```

在全局前置守卫中进行判断。代码如下所示：

```
router.beforeEach((to, from, next) => {
  //判断该路由是否需要登录权限
  if (to.matched.some(record => record.meta.requiresAuth))
  {
    //路由需要验证，判断用户是否已经登录
    if(sessionStorage.isAuth === "true"){
      next();
    }
    else{
      next({
        path: '/login',
        query: {redirect: to.fullPath}
      });
    }
  }
  else
    next();
})
```

路由对象的 matched 属性是一个数组，包含了当前路由的所有嵌套路径片段的路由记录。

14.8.2　路由独享的守卫

路由独享的守卫是在 routes 配置的路由对象中直接定义的 beforeEnter 守卫。代码如下所示：

```
const router = new VueRouter({
  routes: [
    {
      path: '/foo',
      component: Foo,
      beforeEnter: (to, from, next) => {
        //...
      }
    }
  ]
})
```

beforeEnter 守卫只在该组件上生效，在全局前置守卫调用之后，在进入路由组件之间调用。

14.8.3 组件内守卫

在 14.3 节使用的 beforeRouteUpdate 守卫就是组件内的守卫，除此之外，还有两个组件内守卫：

beforeRouteEnter 和 beforeRouteLeave。

```
const Foo = {
 template: '...',
 beforeRouteEnter (to, from, next) {
   //在渲染该组件的路由被确认之前调用
   //不能通过 this 来访问组件实例，因为在守卫执行前，组件实例还没有被创建
 },
 beforeRouteUpdate (to, from, next) {
   //在渲染该组件的路由改变，但是该组件被复用时调用
   //例如，对于一个带有动态参数的路由 /foo/:id，在 /foo/1 和 /foo/2 之间跳转的时候
   //相同的 Foo 组件实例将会被复用，而这个守卫就会在这种情况下被调用
   //可以访问组件实例的 this
 },
 beforeRouteLeave (to, from, next) {
   //导航即将离开该组件的路由时调用
   //可以访问组件实例的 this
 }
}
```

beforeRouteEnter 守卫不能访问 this，因为该守卫是在导航确认前被调用，这时新进入的组件甚至还没有创建。

不过 beforeRouteEnter 有一个特权，就是它的 next 函数支持回调，而其他的守卫则不行。可以把组件实例作为回调方法的参数，在导航被确认后执行回调，而这个时候，组件实例已经创建完成。利用这个特权，可以修改例 14-15，将 created 钩子用 beforeRouteEnter 守卫来替换，如例 14-26 所示。

例 14-26 Book.vue

```
...
<script>
import Books from '@/assets/books'
export default {
    data(){
        return {
            book: {}
        }
    },
    methods: {
        setBook(book){
```

```
        this.book = book;
    }
},

beforeRouteEnter (to, from, next) {
    let book = Books.find((item) => item.id == to.params.id);
    next(vm => vm.setBook(book));
},
beforeRouteUpdate (to, from, next) {
    this.book = null;
    this.book = Books.find((item) => item.id == to.params.id);
    next();
}
}
</script>
```

粗体显示的代码是新增的代码。

beforeRouteLeave 守卫通常用来防止用户在还未保存修改前突然离开，可以通过 next(false) 来取消导航。代码如下所示：

```
beforeRouteLeave (to, from , next) {
  const answer = window.confirm('Do you really want to leave? you have unsaved
changes!')
  if (answer) {
    next()
  } else {
    next(false)
  }
}
```

14.8.4　导航解析流程

完整的导航解析流程如下：

（1）导航被触发。

（2）在失活的组件里调用 beforeRouteLeave 守卫。

（3）调用全局的 beforeEach 守卫。

（4）在重用的组件里调用 beforeRouteUpdate 守卫。

（5）调用路由配置里的 beforeEnter。

（6）解析异步路由组件。

（7）在被激活的组件里调用 beforeRouteEnter。

（8）调用全局的 beforeResolve 守卫。

（9）导航被确认。

（10）调用全局的 afterEach 钩子。

（11）触发 DOM 更新。

（12）用创建好的实例调用 beforeRouteEnter 守卫中传给 next 的回调函数。

读者可以在例 14-1 的 routes.html 页面内添加上所有的导航守卫，利用 console.log(…)语句，输出守卫信息，然后观察一下各个守卫调用的顺序，就能更好地理解守卫调用的时机。

14.8.5　滚动行为

如果某个页面较大，在浏览时通过滚动条已经滚动到某个位置，当路由视图切换时，想要新页面回到顶部，或者保持在原位置，在这种情况下，可以为 Router 实例提供一个 scrollBehavior 方法，在该方法内返回一个滚动位置对象，指定新页面的滚动位置。代码如下所示：

```
const router = new VueRouter({
  routes: [...],
  scrollBehavior (to, from, savedPosition) {
    //return 期望滚动到哪个位置
  }
})
```

scrollBehavior 方法接收 to 和 from 路由对象，第 3 个参数 savedPosition 仅在 popstate 导航（由浏览器的前进/后退按钮触发）时才可用。

scrollBehavior 方法返回的滚动位置对象形式如下：

```
{ x: number, y: number }
{ selector: string, offset? : { x: number, y: number }}
```

如果返回一个计算为 false 的值，或者一个空对象，那么将不会发生滚动行为。

对于所有路由导航，如果都是让页面滚动到顶部，可以按如下方式调用：

```
scrollBehavior (to, from, savedPosition) {
  return { x: 0, y: 0 }
}
```

返回 savedPosition，在使用后退/前进按钮导航时，将获得类似浏览器的原生行为。

```
scrollBehavior (to, from, savedPosition) {
  if (savedPosition) {
    return savedPosition
  } else {
    return { x: 0, y: 0 }
  }
}
```

如果要模拟"滚动到锚点"的行为，可以按如下方式调用：

```
scrollBehavior (to, from, savedPosition) {
  if (to.hash) {
    return {
      selector: to.hash
```

```
    }
  }
}
```

还可以返回一个 Promise，它解析为所需的位置描述符，从而可以实现异步滚动。

```
scrollBehavior (to, from, savedPosition) {
  return new Promise((resolve, reject) => {
    setTimeout(() => {
      resolve({ x: 0, y: 0 })
    }, 500)
  })
}
```

📁 提示：

scrollBehavior 方法实现的功能只在支持 history.pushState 的浏览器中可用。

扫一扫，看视频

14.9 延迟加载路由

当应用变得复杂后，路由组件也会增多，而 Webpack 的打包机制会将应用程序中所有 JavaScript 打包成一个文件（除 public 目录下的 js 文件），这个文件可能相当大，影响页面的加载效率。为此，可以结合 Vue 的异步组件和 Webpack 的代码分割功能，实现路由的延迟加载。

怎么结合，其实很简单。在路由配置中，按照如下方式引入路由组件：

```
{
  path: '/news',
  name: 'news',
  component: () => import('@/components/News'),
  meta: {
    title: '新闻'
  }
}
```

Webpack 的 import 方法可以定义代码分割点，且是动态加载，它返回一个 Promise 对象。这样，只有当路由导航到该路径时，才会动态加载该组件。在代码中所有被 import()的模块，都将打包成一个单独的 JS 文件，在路由匹配到该组件时，就会自动请求这个资源，实现异步加载。

如果希望将嵌套在某个路由下的所有组件都打包到同一个异步块（chunk）中，那么只需要使用特殊的注释语法提供一个块名来使用命名块。代码如下所示：

```
{
  path: '/news',
  name: 'news',
  component: () => import(/* webpackChunkName: "home" */ '@/components/News'),
  meta: {
    title: '新闻'
```

```
    }
  },
  {
    path: '/books',
    name: 'books',
    component: () => import(/* webpackChunkName: "home" */ '@/components/Books'),
    meta: {
      title: '图书列表'
    }
  },
  {
    path: '/videos',
    name: 'videos',
    component: () => import(/* webpackChunkName: "home" */ '@/components/Books'),
    meta: {
      title: '视频',
      requiresAuth: true
    }
  },
```

在构建发布版本时，News、Books 和 Videos 组件就会打包到同一个名字中包含 home 的 JS 文件中。

14.10   小   结

本章详细介绍了 Vue 官方的路由管理器 Vue Router 的使用。涵盖动态参数、嵌套路由、命名视图、声明式导航和编程式导航，在使用路由 history 模式的时候，在生产环境下会引发 404 错误，需要我们针对不同的 Web 服务器做相应的配置来解决这个问题。最后详细介绍了 Vue Router 中的导航守卫，并给出了具体的应用案例。

第 15 章　与服务端通信———axios

在实际项目中，页面中所需要的数据通常是从服务端获取的，这必然牵涉与服务端的通信，Vue 官方推荐使用 axios 来完成 Ajax 请求。

axios 是一个基于 Promise 的 HTTP 库，可以用在浏览器和 Node.js 中。

15.1　安　　装

可以使用 CDN 方式。代码如下所示：

```
<!-- 引用最新版 -->
<script src="https://unpkg.com/axios/dist/axios.min.js"></script>
```

如果采用模块化开发，则使用 NPM 安装方式，执行如下的命令来安装 axios：

```
npm install axios
```

在 Vue 的脚手架项目中使用，可以在 main.js 文件中导入 axios，并绑定到 Vue 的原型链上。代码如下所示：

```
import Vue from 'vue'
import axios from 'axios'

Vue.prototype.$axios = axios;
```

之后在组件内就可以通过 this. $axios 来调用 axios 的方法发送请求。

此外，还可以将 axios 结合 vue-axios 插件一起使用，该插件只是将 axios 集成到 Vue.js 的轻度封装，本身不能独立使用。可以使用如下的命令一起安装 axios 和 vue-axios。

```
npm install axios vue-axios
```

安装了 vue-axios 插件后，就不需要将 axios 绑定到 Vue 的原型链上了。使用形式如下：

```
import Vue from 'vue'
import axios from 'axios'
import VueAxios from 'vue-axios'
Vue.use(VueAxios, axios) //安装插件
```

之后在组件内就可以通过 this.axios 来调用 axios 的方法发送请求。

15.2　基 本 用 法

HTTP 最基本的请求就是 get 请求和 post 请求。使用 axios 发送 get 请求调用形式如下：

```
axios.get('/book?id=1')
  .then(function (response) {
    console.log(response);
  })
  .catch(function (error) {
    console.log(error);
  });
```

　　get 方法接受一个 url 作为参数，如果有要发送的数据，则以查询字符串的形式附加在 url 后面。当服务端发回成功响应（状态码是 2XX）时调用 then 方法中的回调，可以在该回调函数中对服务端的响应进行处理；如果出现错误，则会调用 catch 方法中的回调，可以在该回调函数中对错误信息进行处理，并向用户提示错误。

　　如果不喜欢 url 后附加查询参数的写法，可以给 get 方法传递一个配置对象作为参数，在配置对象中使用 params 字段指定要发送的数据。代码如下所示：

```
axios.get('/book', {
    params: {
      id: 1
    }
})
  .then(function (response) {
    console.log(response);
  })
  .catch(function (error) {
    console.log(error);
  });
```

　　post 请求是在请求体中发送数据，因此，axios 的 post 方法比 get 方法多一个参数，该参数是一个对象，对象的属性就是要发送的数据。代码如下所示：

```
axios.post('/login', {
    username: 'lisi',
    password: '1234'
})
  .then(function (response) {
    console.log(response);
  })
  .catch(function (error) {
    console.log(error);
  });
```

　　get 和 post 方法的原型如下：

```
get(url[, config])
post(url[, data[, config]])
```

　　关于 config 对象，请参看 15.4 节。

接收到服务端的响应信息后，需要对响应信息进行处理。例如，设置用于组件渲染或更新所需要的数据。回调函数中的 response 是一个对象，该对象常用的属性是 data 和 status，前者用于获取服务端发回的响应数据，后者是服务端发送的 HTTP 状态代码。response 对象的完整属性如下所示：

```
{
  //data 是服务器发回的响应数据
  data: {},

  //status 是服务器响应的 HTTP 状态码
  status: 200,

  //statusText 是服务器响应的 HTTP 状态描述
  statusText: 'OK',

  //headers 是服务器响应的消息报头
  headers: {},

  //config 是为请求提供的配置信息
  config: {},

  //request 是生成此响应的请求
  request: {}
}
```

成功响应后，获取数据的一般处理形式如下：

```
axios.get('/book?id=1')
  .then(function (response) {
    if(response.status === 200){
      this.book = response.data;
    }
  })
  .catch(function (error) {
    console.log(error);
  });
```

如果出现错误，则会调用 catch 方法中的回调，并向该回调函数传递一个错误对象。错误处理的一般形式如下：

```
axios.get('/book?id=1')
  .catch(function (error) {
   if (error.response) {
     //请求已发送并接收到服务端响应，但响应的状态码不是 2XX
     console.log(error.response.data);
     console.log(error.response.status);
     console.log(error.response.headers);
```

```
  } else if (error.request) {
    //请求已发送，但未接收到响应
    console.log(error.request);
  } else {
      //在设置请求时出现问题而引发错误
    console.log('Error', error.message);
    }
  console.log(error.config);
});
```

15.3　axios API

可以通过向 axios 传递相关配置来创建请求。axios 原型如下：

```
axios(config)
axios(url[, config])
```

get 请求和 post 请求的调用形式如下：

```
//发送 get 请求（默认的方法）
axios('/book?id=1');

//get 请求，获取远端的图片
axios({
 method:'get',
 url:'/images/logo.png',
 responseType:'stream'
})
 .then(function(response) {
   response.data.pipe(fs.createWriteStream('logo.png'))
});

//发送 post 请求
axios({
 method: 'post',
 url: '/login',
 data: {
   username: 'lisi',
   password: '1234'
 }
});
```

为了方便使用，axios 库为所有支持的请求方法提供了别名。代码如下所示：

● 　axios.request(config)

- axios.get(url[, config])
- axios.delete(url[, config])
- axios.head(url[, config])
- axios.options(url[, config])
- axios.post(url[, data[, config]])
- axios.put(url[, data[, config]])
- axios.patch(url[, data[, config]])

在使用别名方法时，url、method 和 data 这些属性都不必在配置对象中指定。

15.4　请　求　配　置

axios 库为请求提供了配置对象，在该对象中可以设置很多选项，常用的是 url、method、headers 和 params。完整的选项如下所示：

```
{
  //url 是用于请求的服务器 URL
  url: '/book',

  //method 是发起请求时使用的请求方法
  method: 'get', //默认的

  //baseURL 将自动加在 url 前面，除非 url 是一个绝对 URL
  //为 axios 实例设置一个 baseURL，就可以将相对 URL 传递给该实例的方法
  baseURL: 'https://some-domain.com/api/',

  //transformRequest 允许在将请求数据发送到服务器前对其进行修改
  //只能用于 PUT、POST 和 PATCH 这几个请求方法
  //数组中的函数必须返回一个字符串、Buffer 的实例、ArrayBuffer、FormData 或 Stream
  //也可以修改 headers 对象
  transformRequest: [function (data, headers) {
    //对 data 进行任意转换处理
    return data;
  }],

  //transformResponse 允许在将响应数据传递给 then/catch 之前对其进行更改
  transformResponse: [function (data) {
    //对 data 进行任意转换处理
    return data;
  }],

  //headers 是要发送的自定义请求头
```

```
headers: {'X-Requested-With': 'XMLHttpRequest'},

//params 是与请求一起发送的 URL 参数
//必须是一个普通对象（plain object）或 URLSearchParams 对象
params: {
  ID: 1
},

 //paramsSerializer 是一个负责 params 序列化的可选函数
//(e.g. https://www.npmjs.com/package/qs, http://api.jquery.com/jquery.param/)
paramsSerializer: function(params) {
  return Qs.stringify(params, {arrayFormat: 'brackets'})
},

//data 是作为请求体被发送的数据
//只适用于请求方法 PUT、POST 和 PATCH
//在没有设置 transformRequest 时，必须是以下类型之一：
//- string、plain object、ArrayBuffer、ArrayBufferView、URLSearchParams
//- 浏览器专属：FormData、File、Blob
//- Node 专属：Stream
data: {
  firstName: 'Fred'
},

//timeout 指定请求超时的毫秒数，默认是 0，表示无超时时间
//如果请求耗费的时间超过了 timeout，则请求被终止
timeout: 1000,

 //withCredentials 表示跨域请求时是否需要使用凭证
withCredentials: false, //default

//adapter 允许自定义处理请求，以使测试更加容易
//返回一个 promise 并提供一个有效的响应
adapter: function (config) {
  /* ... */
},

//auth 表示应该使用 HTTP 基础验证，并提供凭据
//这将设置一个 Authorization 报头，覆盖使用 headers 设置的现有的 Authorization 自定义报头
auth: {
  username: 'janedoe',
  password: 's00pers3cret'
},
```

```
//responseType 表示服务器响应的数据类型
//可以是 'arraybuffer'、'blob'、'document'、'json'、 'text'和'stream'
responseType: 'json', //默认的

//responseEncoding 表示用于解码响应数据的编码
//注意：对于 stream 响应类型，将忽略
responseEncoding: 'utf8', //默认的

//xsrfCookieName 是用作 xsrf token 值的 cookie 的名称
xsrfCookieName: 'XSRF-TOKEN', //默认的

//xsrfHeaderName 是携带 xsrf token 值的 http 报头的名字
xsrfHeaderName: 'X-XSRF-TOKEN', //默认的

//onUploadProgress 允许为上传处理进度事件
onUploadProgress: function (progressEvent) {
  //对原生进度事件的处理
},

//onDownloadProgress 允许为下载处理进度事件
onDownloadProgress: function (progressEvent) {
  //对原生进度事件的处理
},

//maxContentLength 定义允许的响应内容的最大大小（以字节为单位）
maxContentLength: 2000,

//validateStatus 定义对于给定的 HTTP 响应状态码是解析（resolve）还是拒绝（reject）这个
promise
//如果 validateStatus 返回 true（或者设置为 null 或 undefined）
//promise 将被解析（resolve），否则，promise 将被拒绝（reject）
validateStatus: function (status) {
  return status >= 200 && status < 300; //默认的
},

//maxRedirects 定义在 node.js 中 follow 的最大重定向数目
//如果设置为 0，将不会 follow 任何重定向
maxRedirects: 5, //默认的

//socketPath 定义要在 node.js 中使用的 UNIX 套接字
//例如：'/var/run/docker.sock'向 docker 守护进程发送请求
//只能指定 socketPath 或 proxy，如果两者都指定，则使用 socketPath
socketPath: null, //默认的
```

```
//httpAgent 和 httpsAgent 用于定义在 node.js 执行 http 和 https 时要使用的自定义代理
//允许配置类似 keepAlive 的选项，keepAlive 默认没有启用
httpAgent: new http.Agent({ keepAlive: true }),
httpsAgent: new https.Agent({ keepAlive: true }),

//proxy 定义代理服务器的主机名和端口
//auth 表示 HTTP 基础验证应当用于连接代理，并提供凭据
//这将会设置一个 Proxy-Authorization 报头
//覆盖使用 headers 设置的任何现有的自定义 Proxy-Authorization 报头
proxy: {
  host: '127.0.0.1',
  port: 9000,
  auth: {
    username: 'mikeymike',
    password: 'rapunz3l'
  }
},

//cancelToken 指定用于取消请求的 cancel token
cancelToken: new CancelToken(function (cancel) {
})
}
```

15.5　并发请求

有时需要同时向服务端发起多个请求，这可以利用 axios 库提供的并发请求助手函数来实现。

```
axios.all(iterable)
axios.spread(callback)
```

例如：

```
function getUserAccount() {
  return axios.get('/user/12345');
}

function getUserPermissions() {
  return axios.get('/user/12345/permissions');
}

axios.all([getUserAccount(), getUserPermissions()])
  .then(axios.spread(function (acct, perms) {
    //两个请求现在都执行完成
```

```
    //acct 是 getUserAccount()方法请求的响应结果
    //perms 是 getUserPermissions()方法请求的响应结果
}));
```

15.6　创　建　实　例

可以使用自定义配置调用 axios.create([config])方法来创建一个 axios 实例，之后使用该实例向服务端发起请求，就不用每次请求时重复设置配置选项了。代码如下所示：

```
const instance = axios.create({
  baseURL: 'https://some-domain.com/api/',
  timeout: 1000,
  headers: {'X-Custom-Header': 'foobar'}
});
```

15.7　配置默认值

对于每次请求相同的配置选项，可以通过为配置选项设置默认值来简化代码的编写。项目中使用到的全局 axios 默认值可以在项目的入口文件 main.js 中按照如下形式进行设置：

```
axios.defaults.baseURL = 'https://api.example.com';
axios.defaults.headers.common['Authorization'] = AUTH_TOKEN;
axios.defaults.headers.post['Content-Type'] = 'application/x-www-form-urlencoded';
axios.defaults.withCredentials = true
```

也可以在自定义实例中设置配置默认值，这些配置选项只有在使用该实例发起请求时才生效。代码如下所示：

```
//创建实例时设置配置默认值
const instance = axios.create({
  baseURL: 'https://api.example.com'
});

//实例创建后设置配置默认值
instance.defaults.headers.common['Authorization'] = AUTH_TOKEN;
```

配置将按优先顺序进行合并。先在 lib/defaults.js 中设置库的默认值，然后是实例的 defaults 属性，最后是请求的 config 参数。后者将优先于前者。例如：

```
//使用由库提供的配置默认值来创建实例
//此时超时配置的默认值是 0
var instance = axios.create();
```

```
//覆写库的超时默认值
//现在，在超时前，使用该实例发起的所有请求都会等待 2.5s
instance.defaults.timeout = 2500;

//在发起请求时，覆写超时值
instance.get('/longRequest', {
  timeout: 5000
});
```

15.8　拦　截　器

有时需要统一处理 HTTP 的请求和响应，例如登录验证，这时就可以使用 axios 的拦截器，分为请求拦截器和响应拦截器，它们会在请求或响应被 then 或 catch 处理前拦截它们。axios 拦截器的使用形式如下：

```
//添加请求拦截器
axios.interceptors.request.use(function (config) {
    //在发送请求之前做些什么
    return config;
  }, function (error) {
    //对请求错误做些什么
    return Promise.reject(error);
  });

//添加响应拦截器
axios.interceptors.response.use(function (response) {
    //对响应数据做点什么
    return response;
  }, function (error) {
    //对响应错误做点什么
    return Promise.reject(error);
  });
```

在 14.8.1 节使用全局守卫实现了一个用户登录验证的例子，不过这种方式只是简单的前端路由控制，用户一旦成功登录，前端就保存了用户登录的状态，允许用户访问受保护的资源。如果在这期间，该用户在服务端失效了，例如，用户长时间未操作，服务端强制下线了，又或者管理员将该用户拉入了黑名单，那么前端就应该及时更新用户的状态，对用户的后续访问做出控制。这种情况下，就应该使用 axios 的拦截器结合 HTTP 状态码进行用户是否已登录的判断。

示例代码如下：

```
//请求拦截器
axios.interceptors.request.use(
    config => {
```

```
        if (token) {   //判断是否存在 token，如果存在，则每个 http header 都加上 token
            config.headers.Authorization = `token ${store.state.token}`;
        }
        return config;
    },
    err => {
        return Promise.reject(err);
    });

//响应拦截器
axios.interceptors.response.use(
    response => {
        return response;
    },
    error => {
        if (error.response) {
            switch (error.response.status) {
                case 401:
                    //返回 401 清除 token 信息并跳转到登录页面
                    router.replace({
                        path: 'login',
                        query: {redirect: router.currentRoute.fullPath}
                    })
                }
            }
        return Promise.reject(error.response.data)
    });
```

如果之后想移除拦截器，则可以按如下方式来调用。

```
const myInterceptor = axios.interceptors.request.use(function () {/*...*/});
axios.interceptors.request.eject(myInterceptor);
```

也可以为自定义的 axios 实例添加拦截器。代码如下所示：

```
const instance = axios.create();
instance.interceptors.request.use(function () {/*...*/});
```

15.9 小   结

本章详细介绍了与服务端通信的 axios 库的使用，该库的使用并不复杂，不过由于需要服务端提供数据访问接口，所以本章并未给出实际应用案例。关于 axios 库的使用，可以参看第 17 章的项目案例。

第 16 章　状态管理——Vuex

第 11 章介绍了父子组件之间的通信方式，父组件通过 prop 向子组件传递数据，子组件通过自定义事件向父组件传递数据，然而在实际项目中，经常会遇到多个组件需要访问同一数据的情况，且都需要根据数据的变化做出响应，而这些组件之间可能并不是父子组件这种简单的关系。在这种情况下，就需要一个全局的状态管理方案。在 Vue 开发中，官方推荐使用 Vuex。

Vuex 是一个专为 Vue.js 应用程序开发的状态管理模式。它采用集中式存储来管理应用程序中所有组件的状态，并以相应的规则保证状态以一种可预测的方式发生变化。Vuex 也集成到了 Vue 的官方调试工具 vue-devtools 中，提供了诸如零配置的 time-travel 调试、状态快照导入导出等高级调试功能。

图 16-1 所示是 Vuex 的工作原理图。

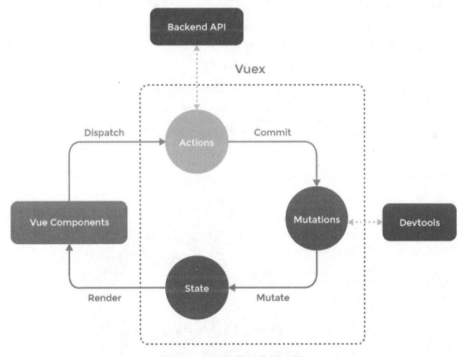

图 16-1　Vuex 的工作原理图

16.1　安　装

可以使用 CDN 方式安装。代码如下所示：

```
<!-- 引用最新版 -->
<script src="https://unpkg.com/vuex"></script>
<!-- 引用指定版本 -->
<script src="https://unpkg.com/vuex@3.1.1"></script>
```

如果使用模块化开发，则使用 NPM 安装方式。执行如下命令来安装 Vuex：

```
npm install vuex
```

在 Vue 的脚手架项目中使用，在 main.js 文件中导入 Vuex，并使用 Vue.use() 来安装 Vuex 插件。

```
import Vue from 'vue'
import axios from 'vuex'

Vue.use(Vuex)    //安装插件
```

扫一扫，看视频

16.2　基　本　用　法

　　Vuex 使用单一状态树，也就是说，用一个对象包含了所有应用层级的状态，作为唯一数据源（single source of truth）而存在。每一个 Vuex 应用的核心就是 store，store 可理解为保存应用程序状态的容器。store 与普通的全局对象的区别有以下两点：

　　（1）Vuex 的状态存储是响应式的。当 Vue 组件从 store 中检索状态的时候，如果 store 中的状态发生变化，那么组件也会相应地得到高效更新。

　　（2）不能直接改变 store 中的状态。改变 store 中的状态的唯一途径就是显式地提交 mutation。这可以确保每个状态更改都留下可跟踪的记录，从而能够启用一些工具来帮助我们更好地理解应用。

　　安装好 Vuex 之后，就可以开始创建一个 store。代码如例 16-1 所示。

例 16-1　创建 store

```
const store = new Vuex.Store({
  //状态数据放到 state 选项中
  state: {
    count: 0
  },
  //mutations 选项中定义修改状态的方法
  //这些方法接收 state 作为第 1 个参数
  mutations: {
    increment (state) {
      state.count++
    }
  }
})
```

在组件中访问 store 中的数据，可以直接使用 store.state.count。在模块化构建系统中，为了方便在各个单文件组件中访问到 store，应该在 Vue 根实例中使用 store 选项注册 store 实例，该 store 实例会被注入根组件下的所有子组件中，在子组件中就可以通过 this.$store 来访问 store。代码如下所示：

```
new Vue({
  el: '#app',
  store,
})
```

如果在组件中要展示 store 中的状态，应该使用计算属性来返回 store 的状态。代码如下所示：

```
computed: {
    count(){
        return this.$store.state.count;
    }
}
```

之后在组件的模板中就可以直接使用 count。当 store 中 count 发生改变时，组件内的计算属性 count 也会同步发生改变。

那么如何更改 store 中的状态呢？注意不要直接去修改 count 的值。例如：

```
methods: {
    handleClick(){
        this.$store.state.count++;    //不要这么做
    }
}
```

既然选择了 Vuex 作为你的应用的状态管理方案，那么就应该遵照 Vuex 的要求：**通过提交 mutation 来更改 store 中的状态**。在严格模式下，如果 store 中的状态改变不是由 mutation 函数引起的，则会抛出错误，而且如果直接修改 store 中的状态，Vue 的调试工具也无法跟踪状态的改变。在开发阶段，可以启用严格模式，以避免直接的状态修改，在创建 store 的时候，传入 strict: true。代码如下所示：

```
const store = new Vuex.Store({
  //...
  strict: true
})
```

Vuex 中的 mutation 非常类似于事件：每个 mutation 都有一个字符串的事件类型和一个处理器函数。这个处理器函数就是实际进行状态更改的地方，它接收 state 作为第 1 个参数（如例 16-1 中的 increment 函数）。

我们不能直接调用一个 mutation 处理器函数，mutations 选项更像是事件注册，当触发一个类型为 increment 的 mutation 时，调用此函数。要调用一个 mutation 处理器函数，需要用它的类型去调用 store.commit 方法。代码如下所示：

```
store.commit('increment')
```

下面给出组件代码，如例 16-2 所示。

例 16-2　组件代码

```
Vue.component('ButtonCounter', {
    computed: {
        count(){
            return this.$store.state.count;
        }
    },
    methods: {
        handleClick(){
            this.$store.commit('increment');
        }
    },
    template: '<button @click="handleClick">You clicked me {{ count }} times.</button>'
})
```

扫一扫，看视频

16.3　mutation

　　16.2 节已经介绍了更改 store 中的状态的唯一方式是提交 mutation。在使用 store.commit 方法提交 mutation 时，还可以传入额外的参数，即 mutation 的载荷（payload）。代码如下所示：

```
//...
mutations: {
  increment (state, n) {
    state.count += n
  }
}

store.commit('increment', 10)
```

载荷也可以是一个对象。代码如下所示：

```
//...
mutations: {
  increment (state, payload) {
    state.count += payload.amount
  }
}

store.commit('increment', {
  amount: 10
})
```

提交 mutation 时，也可以使用包含 type 属性的对象，这样传一个参数就可以了。代码如下所示：

```
store.commit({
  type: 'increment',
  amount: 10
})
```

当使用对象风格提交时，整个对象将作为载荷传给 mutation 函数，因此处理器保持不变。代码如下所示：

```
mutations: {
  increment (state, payload) {
    state.count += payload.amount
  }
}
```

在组件中提交 mutation 时，例 16-2 使用的是 this.$store.commit('increment')，如果你觉得这样比较烦琐，可以使用 mapMutations 辅助函数将组件中的方法映射为 store.commit 调用。代码如下所示：

```
import { mapMutations } from 'vuex'
methods: mapMutations([
    //将 this.increment()映射为 this.$store.commit('increment')
    'increment',

    //将 this.incrementBy(amount)映射为 this.$store.commit('incrementBy', amount)
    'incrementBy'
])
```

除了使用字符串数组外，mapMutations 函数的参数也可以是一个对象。代码如下所示：

```
import { mapMutations } from 'vuex'
methods: mapMutations({
    //将 this.add()映射为 this.$store.commit('increment')
    add: 'increment'
})
```

大多数情况下，组件还有自己的方法，在这种情况下，可以使用 ECMAScript 6 的展开运算符提取 mapMutations 函数返回的对象属性，复制到 methods 选项中。代码如下所示：

```
import { mapMutations } from 'vuex'

export default {
  //...
  methods: {
    ...mapMutations([
        //将 this.increment()映射为 this.$store.commit('increment')
        'increment',

        //mapMutations 也支持载荷
```

```
                //将 this.incrementBy(amount) 映射为 this.$store.commit('incrementBy', amount)
                'incrementBy'
        ]),
        ...mapMutations({
                //将 this.add() 映射为 this.$store.commit('increment')
                add: 'increment'
        })
    }
}
```

修改例 16-2，使用 mapMutations 辅助函数简化 mutation 的提交，如例 16-3 所示。

例 16-3 使用 mapMutations 辅助函数简化 mutation 的提交

```
Vue.component('ButtonCounter', {
    computed: {
        count(){
            return this.$store.state.count;
        }
    },
    methods: {
        ...Vuex.mapMutations([
            'increment'
        ]),
        ...Vuex.mapMutations({
            add: 'increment'
        })
    },
    template: '<button @click="increment">You clicked me {{ count }} times.</button>'
});
```

你可以调用 increment 方法，也可以调用 add 方法，来提交 increment mutation。

本例是在 HTML 页面中通过 CDN 方式引入的 Vuex，所以辅助函数是 Vuex.mapMutations。如果在模块化构建系统中使用，则直接导入 mapMutations 并使用即可。

还可以使用常量来替代 mutation 的类型。可以把常量放到一个单独的 JS 文件中，有助于项目团队对 store 中所包含的 mutation 一目了然。例如：

```
//mutation-types.js
export const INCREMENT = 'increment'

//store.js
import Vuex from 'vuex'
import { INCREMENT } from './mutation-types'

const store = new Vuex.Store({
  state: { ... },
  mutations: {
```

```
    //可以使用 ES2015 风格的计算属性命名功能来使用一个常量作为函数名
    [INCREMENT] (state) {
      //mutate 状态
    }
  }
})
```

扫一扫，看视频

16.4　mapState

当一个组件需要使用多个 store 状态属性时，将这些状态都声明为计算属性就会有些重复和冗余。为了解决这个问题，可以使用 mapState 辅助函数帮助我们生成计算属性。例如，在 store 中定义了两个状态。代码如下所示：

```
const store = new Vuex.Store({
  state: {
    count: 0,
    message: 'Vue.js 从入门到实战'
  },
  ...
})
```

在组件中使用 mapState 辅助函数生成计算属性。代码如下所示：

```
//在完整构建版本中，辅助函数是 Vuex.mapState
import { mapState } from 'vuex'

export default {
  //...
  computed: mapState({
    count: 'count',
    msg: 'message'
  })
}
```

注意粗体显示的代码，冒号前是计算属性的名字，冒号后是 store 中状态属性的名字，以字符串形式给出。上述代码等价于下面的代码：

```
import { mapState } from 'vuex'

export default {
  //...
  computed: mapState({
    count: function(state){
      return state.count;
    },
```

```
        msg: (state) => state.message
    }),
}
```

可以看到，不管是使用普通函数，还是箭头函数，都没有直接使用字符串方便。但如果在计算属性中还要访问组件内的数据属性，那么就只能使用普通函数的方式。代码如下所示：

```
import { mapState } from 'vuex'

export default {
    data(){
      return {
        price: 99
      }
    },
    computed: mapState({
        totalPrice: function(state){
            return this.price * state.count;
        }
    })
}
```

这里不能使用箭头函数，至于为什么，读者可以思考一下。利用 ECMAScript 6 的对象方法的简写语法，可以简化 totalPrice 计算属性的编写。代码如下所示：

```
computed: mapState({
    totalPrice(state){
        return this.price * state.count;
    }
})
```

如果计算属性的名字和 store 中状态属性的名字相同，那么还可以进一步简化，直接给 mapState 函数传递一个字符串数组即可。代码如下所示：

```
computed: mapState([
  //映射 this.count 为 store.state.count
  'count',
  //映射 this.message 为 store.state.message
  'message'
])
```

与 mapMutations 一样，mapState 函数返回的也是一个对象，因此可以使用展开运算符将它和组件内的本地计算属性结合一起使用。代码如下所示：

```
computed: {
  localComputed () { /* ... */ },
  //使用对象展开运算符将此对象混入外部对象中
  ...mapState({
   //...
```

```
    })
}
```

16.5   getter

假如在 store 的状态中定义了一个图书数组，代码如下所示：

```
const store = new Vuex.Store({
  state: {
    books: [
        {id:1, title: 'Vue.js 从入门到实战', isSold: false},
        {id:2, title: 'VC++深入详解', isSold: true},
        {id:3, title: 'Servlet/JSP 深入详解', isSold: true}
    ]
  },
  ...
})
```

在组件内需要得到正在销售的图书，于是定义一个计算属性 sellingBooks，对 state 中的 books 进行过滤。代码如下所示：

```
computed: {
    sellingBooks(){
        return this.$store.state.books.filter(book => book.isSold === true);
    }
}
```

这没有什么问题，但如果多个组件都需要用到 sellingBooks 属性，那么应该怎么办呢？是复制代码，还是抽取为共享函数在多处导入？显然，这都不理想。

Vuex 允许我们在 store 中定义 getters（可以认为是 store 的计算属性）。与计算属性一样，getter 的返回值会根据它的依赖项被缓存起来，且只有在它的依赖项发生改变时才会重新计算。

getter 接收 state 作为其第 1 个参数。代码如下所示：

```
const store = new Vuex.Store({
  state: {
    books: [
        {id:1, title: 'Vue.js 从入门到实战', isSold: false},
        {id:2, title: 'VC++深入详解', isSold: true},
        {id:3, title: 'Servlet/JSP 深入详解', isSold: true}
    ]
  },
  getters: {
    sellingBooks: state => state.books.filter(book => book.isSold === true)
  }
})
```

我们定义的 getter 将作为 store.getters 对象的属性来访问。代码如下所示：

```
<ul>
    <li v-for="book in this.$store.getters.sellingBooks" :key="book.id">
      {{book.title}}
    </li>
</ul>
```

getter 也可以接收其他 getter 作为第 2 个参数。代码如下所示：

```
getters: {
    sellingBooks: state => state.books.filter(book => book.isSold === true),
    sellingBooksCount: (state, getters) => {
        return getters.sellingBooks.length
  }
}
```

在组件内，要简化 getter 的调用，同样可以使用计算属性。代码如下所示：

```
computed: {
    sellingBooks(){
        return this.$store.getters.sellingBooks;
    },
    sellingBooksCount(){
        return this.$store.getters.sellingBooksCount;
    }
}
```

要注意，作为属性访问的 getter 作为 Vue 的响应式系统的一部分被缓存。

如果想简化上述 getter 在计算属性中的访问形式，可以使用 mapGetters 辅助函数，这个辅助函数的用法和 mapMutations、mapState 类似。代码如下所示：

```
computed: {
    //使用对象展开运算符将 getter 混入 computed 中
    //传递数组作为参数
    ...mapGetters([
      'sellingBooks',
      'sellingBooksCount',
      //...
    ]),

    //传递对象作为参数
    ...mapGetters({
      //将 this.booksCount 映射为 this.$store.getters.sellingBooksCount
      booksCount: 'sellingBooksCount'
    })
}
```

getter 还有更灵活的用法，通过让 getter 返回一个函数，来实现给 getter 传参。例如，下面的 getter 根据图书 ID 来查找图书对象。

```
getters: {
  ...
  getBookById: function(state){
    return function(id){
      return state.books.find(book => book.id === id);
    }
  }
}
```

如果读者对箭头函数已经掌握得炉火纯青，那么可以使用箭头函数来简化上述代码的编写。代码如下所示：

```
getters: {
  ...
  getBookById: state => id => state.books.find(book => book.id === id)
}
```

下面在组件模板中的调用将返回 { "id": 2, "title": "VC++深入详解", "isSold": true }。

```
<p>{{$store.getters.getBookById(2)}}</p>
```

16.6　action

扫一扫，看视频

在定义 mutation 时，有一条重要的原则就是 mutation 必须是同步函数。换句话说，在 mutation 处理器函数中，不能存在异步调用。例如：

```
const store = new Vuex.Store({
  state: {
    count: 0
  },
  mutations: {
    increment (state) {
      setTimeout(() => {
       state.count++
      }, 2000)
    }
  }
})
```

在 increment 函数中调用 setTimeout()方法在 2s 后更新 count，这就是一个异步调用。记住，不要这么做，因为这会让调试变得困难。假设正在调试应用程序并查看 devtool 中的 mutation 日志，对于每个记录的 mutation，devtool 都需要捕捉到前一状态和后一状态的快照。然而，在上面的例子中，mutation 中的 setTimeout 方法中的回调让这不可能完成。因为当 mutation 被提交的时候，回调函数还没有被调用，devtool 也无法知道回调函数什么时候真正被调用。实质上，任何在回调函数中执行的状态的改变都是不可追踪的。

如果确实需要执行异步操作，那么应该使用 action。action 类似于 mutation，不同之处在于：

● 　action 提交的是 mutation，而不是直接变更状态。

● 　action 可以包含任意异步操作。

一个简单的 action 如下所示：

```
const store = new Vuex.Store({
  state: {
    count: 0
  },
  mutations: {
    increment (state) {
      state.count++
    }
  },
  actions: {
    increment (context) {
      context.commit('increment')
    }
  }
})
```

action 处理函数接收一个与 store 实例具有相同方法和属性的 context 对象，因此可以利用该对象调用 commit 方法来提交 mutation，或者通过 context.state 和 context.getters 来访问 state 和 getter。甚至可以用 context.dispatch 调用其他的 action。要注意的是，context 对象并不是 store 实例本身。

如果在 action 中需要多次调用 commit，则可以考虑使用 ECMAScript 6 中的解构语法来简化代码，如下所示：

```
actions: {
  increment ({ commit }) {
    commit('increment')
  }
}
```

action 通过 store.dispatch 方法触发。代码如下所示：

```
store.dispatch('increment')
```

感觉上和 mutation 没有什么区别，实际上，它们之间最主要的区别就是 action 中可以包含异步操作。例如：

```
actions: {
  incrementAsync ({ commit }) {
    setTimeout(() => {
```

```
      commit('increment')
    }, 1000)
  }
}
```

action 同样支持载荷和对象方式进行分发。代码如下所示：

```
//载荷是一个简单值
store.dispatch('incrementAsync', 10)

//载荷是一个对象
store.dispatch('incrementAsync', {
  amount: 10
})

//直接传递一个对象进行分发
store.dispatch({
  type: 'incrementAsync',
  amount: 10
})
```

在组件中可以使用 this.$store.dispatch('xxx')分发 action，或者使用 mapActions 辅助函数将组件的方法映射为 store.dispatch 调用。代码如下所示：

```
                                store.js
const store = new Vuex.Store({
  state: {
    count: 0
  },
  mutations: {
    increment (state) {
      state.count++;
    },
    incrementBy (state, n) {
      state.count += n;
    },
  },
  actions: {
    increment ({ commit }) {
      commit('increment');
    },
    incrementBy ({ commit}, n) {
      commit('incrementBy', n);
    }
  }
})
```

```
                                              组件
<template>
    <button @click="incrementBy(10)">
        You clicked me {{ count }} times.
    </button>`
</template>



import { mapActions } from 'vuex'
export default {
  //...
  methods: {
    ...mapActions([
      //将 this.increment()映射为 this.$store.dispatch('increment')
      'increment',

      //mapActions 也支持载荷
      //将 this.incrementBy(n)映射为 this.$store.dispatch('incrementBy', n)
      'incrementBy'
    ]),
    ...mapActions({
      //将 this.add()映射为 this.$store.dispatch('increment')
      add: 'increment'
    })
  }
}
```

action 通常是异步的，那么如何知道 action 何时完成呢？更重要的是，我们如何才能组合多个 action 来处理更复杂的异步流程呢？

首先，要知道是 store.dispatch 可以处理被触发的 action 的处理函数返回的 Promise，并且 store.dispatch 仍旧返回 Promise。例如：

```
actions: {
  actionA ({ commit }) {
    return new Promise((resolve, reject) => {
      setTimeout(() => {
        commit('someMutation')
        resolve()
      }, 1000)
    })
  }
}
```

现在可以：

```
store.dispatch('actionA').then(() => {
```

```
  //...
})
```

在另外一个 action 中也可以：

```
actions: {
  //...
  actionB ({ dispatch, commit }) {
    return dispatch('actionA').then(() => {
      commit('someOtherMutation')
    })
  }
}
```

最后，如果使用 async / await，则可以按如下方式组合 action。

```
//假设 getData() 和 getOtherData() 返回的是 Promise
actions: {
  async actionA ({ commit }) {
    commit('gotData', await getData())
  },
  async actionB ({ dispatch, commit }) {
    await dispatch('actionA') //等待 actionA 完成
    commit('gotOtherData', await getOtherData())
  }
}
```

一个 store.dispatch 在不同模块中可以触发多个 action 处理函数。在这种情况下，只有当所有触发的处理函数完成后，返回的 Promise 才会执行。

✑ 提示：

async / await 是 ECMAScript 2017 标准引入的用于执行异步任务的简化语法。在函数前面添加关键字 async 表示该函数将以异步模式运行，关键字 await 在 async 函数内部使用，表示紧跟在后面的表达式需要等待结果。

下面给出一个简单的例子，来看看如何组合 action 来处理异步流程。代码如例 16-4 所示。

例 16-4　ComposingActions.html

```
<div id="app">
    <book></book>
</div>
<script src="vue.js"></script>
<script src="https://unpkg.com/vuex@3.1.1"></script>
<script>
    const store = new Vuex.Store({
      state: {
        book: {
          title: 'VC++深入详解',
```

```
      price: 168,
      quantity: 1
    },
    totalPrice: 0
  },
  mutations: {
    //增加图书数量
    incrementQuantity (state, quantity) {
      state.book.quantity += quantity;
    },
    //计算图书总价
    calculateTotalPrice(state){
      state.totalPrice = state.book.price * state.book.quantity;
    }
  },
  actions: {
    incrementQuantity({commit}, n){
      //返回一个 Promise
      return new Promise((resolve, reject) => {
        //模拟异步操作
        setTimeout(() => {
          //提交 mutiation
          commit('incrementQuantity', n)
          resolve()
        }, 1000)
      })
    },
    updateBook({ dispatch, commit }, n){
      //调用 dispatch()方法触发 incrementQuantity action
      //incrementQuantity action 返回一个 Promise
      //dispatch 对其进行处理，仍旧返回 Promise
      //因此可以继续调用 then()方法
      return dispatch('incrementQuantity', n).then(() => {
        //提交 mutation
        commit('calculateTotalPrice');
      })

    }
  }
})

Vue.component('book', {
    data(){
        return {
          quantity: 1
        }
```

```
        },
        computed: {
        ...Vuex.mapState([
          'book',
          'totalPrice'
        ])
      },
        methods: {
            ...Vuex.mapActions([
                'updateBook',
            ]),
            addQuantity(){
                this.updateBook(this.quantity)
            }
        },
    template: `
      <div>
        <p>书名: {{ book.title }}</p>
        <p>价格: {{ book.price }}</p>
        <p>数量: {{ book.quantity }}</p>
        <p>总价: {{ totalPrice }}</p>
        <p>
          <input type="text" v-model.number="quantity">
          <button @click="addQuantity">增加数量</button>
        </p>
      </div>`
    });

    new Vue({
      el: '#app',
      store,
    })
</script>
```

我们在 state 中定义了两个状态数据：book 对象和 totalPrice，并为修改它们的状态分别定义了一个 mutation:incrementQuantity 和 calculateTotalPrice，之后定义了两个 action:incrementQuantity 和 updateBook，前者模拟异步操作提交 incrementQuantity mutation 修改图书数量，后者调用 dispatch()方法触发前者的调用，在前者成功完成后，提交 calculateTotalPrice mutation，计算图书的总价。

渲染效果如图 16-2 所示。

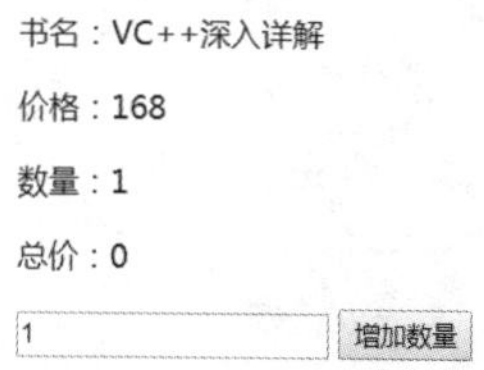

当单击"增加数量"按钮时，在addQuantity事件处理函

```
书名：VC++深入详解
价格：168
数量：1
总价：0
┌──────────────┐ ┌──────────┐
│1             │ │ 增加数量  │
└──────────────┘ └──────────┘
```

图 16-2　例 16-4 页面的渲染效果

数中触发的是 updateBook action，而在该 action 方法中调用 dispatch 方法触发 incrementQuantity action，等待后者的异步操作成功完成后（1s 后更新了图书的数量），接着 then()方法中的成功完成

函数被调用，提交 calculateTotalPrice mutation，计算图书总价，最终在页面中渲染出图书新的数量和总价。

本例只是用于演示如何组合 action 来处理异步流程，并不具有实用价值，实际开发中对于本例完成的功能不要这么做！

16.7 表 单 处 理

在表单控件上通常会使用 v-model 指令来进行数据绑定，如果绑定的数据是 Vuex 中的状态数据，就会遇到一些问题。我们看例 16-5 所示的代码。

例 16-5   form.html

```
<div id="app">
    <my-component></my-omponent>
</div>
<script src="vue.js"></script>
<script src="https://unpkg.com/vuex@3.1.1"></script>
<script>

    const store = new Vuex.Store({
      state: {
        message: 'Vue.js 从入门到实战'
      },
      mutations: {
        updateMessage (state, msg) {
          state.message = msg;
        }
      }
    })
    Vue.component('MyComponent', {
        computed: Vuex.mapState([
          'message'
        ]),
          template: '<input type="text" v-model="message">'
    });

    new Vue({
      el: '#app',
      store,
    })
</script>
```

当在文本控件中输入值的时候，v-model 会试图直接修改 message 属性的值，这将引发一个错误，这是由 v-model 的数据双向绑定机制决定的。我们希望在用户输入数据的时候，调用 mutation

处理函数来修改 store 中的状态 message，从而实现计算属性 message 的更新，那么可以采用两种方式来实现。

（1）给<input>元素使用 v-bind 绑定 value 属性，然后使用 v-on 监听 input 事件，在事件处理函数中提交 mutation。修改例 16-4 的代码，如下所示：

```
...
Vue.component('MyComponent', {
    computed: Vuex.mapState([
        'message'
    ]),
    methods: {
      updateMessage(e){
          this.$store.commit('updateMessage', e.target.value)
      }
    },
  template: '<input type="text" :value="message" @input="updateMessage">'
});
...
```

粗体显示的代码是新增的代码。这种方式相当于自己实现了 v-model 指令，代码有些烦琐。如果还是想用 v-model，那么可以使用第（2）种方式。

（2）在 6.1 节介绍过，计算属性可以提供一个 setter，用于计算属性的修改。可以在 set 函数中提交 mutation。代码如下所示：

```
...
Vue.component('MyComponent', {
    computed: {
        message: {
            get () {
                return this.$store.state.message;
            },
            set (value) {
              this.$store.commit('updateMessage', value);
            }
        }
    },
    template: '<input type="text" v-model="message">'
});
...
```

16.8　模　　块

扫一扫，看视频

Vuex 使用单一状态树，应用程序的所有状态都包含在一个大的对象中，当应用变得复杂时，store 对象就会变得非常臃肿。

为了解决这个问题，Vuex 允许将 store 划分为多个模块，每个模块可以包含自己的 state、mutations、actions、getters，以及嵌套的子模块。例如：

```
const moduleA = {
  state: { ... },
  mutations: { ... },
  actions: { ... },
  getters: { ... }
}

const moduleB = {
  state: { ... },
  mutations: { ... },
  actions: { ... }
}

const store = new Vuex.Store({
  modules: {
    a: moduleA,
    b: moduleB
  }
})

store.state.a //-> moduleA 的状态
store.state.b //-> moduleB 的状态
```

对于模块内部的 mutations 和 getters，接收的第 1 个参数是模块的局部状态对象。代码如下所示：

```
const moduleA = {
  state: { count: 0 },
  mutations: {
    increment (state) {
      //state 对象是局部模块状态
      state.count++
    }
  },

  getters: {
    doubleCount (state) {
      return state.count * 2
    }
  }
}
```

同样的，对于模块内部的 actions，局部状态通过 context.state 暴露出来，根节点状态则为 context.rootState。代码如下所示：

```
const moduleA = {
  //...
  actions: {
    incrementIfOddOnRootSum ({ state, commit, rootState }) {
      if ((state.count + rootState.count) % 2 === 1) {
        commit('increment')
      }
    }
  }
}
```

对于模块内部的 getters，根节点状态将作为第 3 个参数暴露出来。代码如下所示：

```
const moduleA = {
  //...
  getters: {
    sumWithRootCount (state, getters, rootState) {
      return state.count + rootState.count
    }
  }
}
```

在一个大型项目中，如果 store 模块划分较多，Vuex 建议项目结构按照如下形式组织。

```
├── store
    ├── index.js        # 组装模块并导出 store 的地方
    ├── actions.js      # 根级别的 actions
    ├── mutations.js    # 根级别的 mutations
    └── modules
        ├── cart.js       # 购物车模块
        └── products.js   # 产品模块
```

默认情况下，模块内部的 actions、mutations 和 getters 是注册在全局命名空间下的，这使得多个模块能够对同一 mutations 或 actions 做出响应。

如果希望模块具有更高的封装度和复用性，则可以通过添加 namespaced: true 的方式使其成为带命名空间的模块。**当模块被注册后，它的所有 mutations、actions 和 getters 都会根据模块注册的路径自动命名。**

例如：

```
const store = new Vuex.Store({
  modules: {
    account: {
      namespaced: true,

      //模块内容（module assets）
      //模块的状态已经是嵌套的，使用 namespaced 选项不会对其产生影响
      state: { ... },
```

```
getters: {
  isAdmin () { ... } //-> getters['account/isAdmin']
},
actions: {
  login () { ... }   //-> dispatch('account/login')
},
mutations: {
  login () { ... }   //-> commit('account/login')
},

//嵌套模块
modules: {
  //继承父模块的命名空间
  myPage: {
    state: { ... },
    getters: {
      profile () { ... } //-> getters['account/profile']
    }
  },

  //进一步嵌套命名空间
  posts: {
    namespaced: true,

    state: { ... },
    getters: {
      popular () { ... } //-> getters['account/posts/popular']
    }
  }
}
}
})
```

　　启用了命名空间的 getters 和 actions 会接收本地化的 getters、dispatch 和 commit。换句话说，在同一模块内使用模块内容（module assets）时不需要添加前缀。在命名空间和非命名空间之间切换不会影响模块内的代码。

　　在带有命名空间的模块内如果要使用全局 state 和 getters，rootState 和 rootGetters 会作为第 3 和第 4 个参数传入 getters，也会通过 context 对象的属性传入 actions。如果在全局命名空间内分发 actions 或提交 mutations，将{ root: true }作为第 3 个参数传给 dispatch 或 commit 即可。代码如下所示：

```
modules: {
  foo: {
    namespaced: true,
```

```
   getters: {
     //在 foo 模块中，getters 已被本地化
     //使用 getters 的第 3 个参数 rootState 来访问全局 state
     //使用 getters 的第 4 个参数 rootGetters 来访问全局 getters
     someGetter (state, getters, rootState, rootGetters) {
       getters.someOtherGetter //-> 'foo/someOtherGetter'
       rootGetters.someOtherGetter //-> 'someOtherGetter'
     },
     someOtherGetter: state => { ... }
   },

   actions: {
     //在这个模块中，dispatch 和 commit 也被本地化了
     //它们可以接收 root 选项以访问根 dispatch 或 commit
     someAction ({ dispatch, commit, getters, rootGetters }) {
       getters.someGetter //-> 'foo/someGetter'
       rootGetters.someGetter //-> 'someGetter'

       dispatch('someOtherAction') //-> 'foo/someOtherAction'
       dispatch('someOtherAction', null, { root: true }) //-> 'someOtherAction'

       commit('someMutation') //-> 'foo/someMutation'
       commit('someMutation', null, { root: true }) //-> 'someMutation'
     },
     someOtherAction (ctx, payload) { ... }
   }
 }
}
```

如果需要在带命名空间的模块内注册全局 actions，可以将其标记为 root: true，并将这个 actions 的定义放到函数 handler 中。例如：

```
{
  actions: {
    someOtherAction ({dispatch}) {
      dispatch('someAction')
    }
  },
  modules: {
    foo: {
      namespaced: true,

      actions: {
        someAction: {
          root: true,
```

```
            handler (namespacedContext, payload) { ... } //-> 'someAction'
        }
      }
    }
  }
}
```

在组件内使用 mapState、mapGetters、mapActions 和 mapMutations 这些辅助函数来绑定带命名空间的模块时，写起来可能比较烦琐。代码如下所示：

```
computed: {
  ...mapState({
    a: state => state.some.nested.module.a,
    b: state => state.some.nested.module.b
  })
},
methods: {
  ...mapActions([
    'some/nested/module/foo',  //-> this['some/nested/module/foo']()
    'some/nested/module/bar'   //-> this['some/nested/module/bar']()
  ])
}
```

在这种情况下，可以将带命名空间的模块名字作为第 1 个参数传递给上述函数，这样所有绑定都会自动使用该模块作为上下文。于是上面的例子可以简化为：

```
computed: {
  ...mapState('some/nested/module', {
    a: state => state.a,
    b: state => state.b
  })
},
methods: {
  ...mapActions('some/nested/module', [
    'foo',   //-> this.foo()
    'bar'    //-> this.bar()
  ])
}
```

此外，还可以使用 createNamespacedHelpers 创建命名空间的辅助函数。它返回一个对象，该对象里有与给定命名空间值绑定的新的组件绑定辅助函数。代码如下所示：

```
import { createNamespacedHelpers } from 'vuex'

const { mapState, mapActions } = createNamespacedHelpers('some/nested/module')

export default {
  computed: {
```

```
    //在 some/nested/module 中查找
    ...mapState({
      a: state => state.a,
      b: state => state.b
    })
  },
  methods: {
    //在 some/nested/module 中查找
    ...mapActions([
      'foo',
      'bar'
    ])
  }
}
```

为了让读者对带命名空间的模块的访问有更直观的认知，下面给出一个简单的示例。

先给出两个带命名空间的模块定义。代码如下所示：

```
const ModuleA = {
  namespaced: true,
  state: {
    message : 'Hello Vue.js'
  },
  mutations: {
    updateMessage(state, newMsg){
      state.message = newMsg;
    }
  },
  actions: {
    changeMessage({commit}, newMsg){
      commit('updateMessage', newMsg);
    }
  },
  getters: {
    reversedMessage(state){
      return state.message.split('').reverse().join('');
    }
  }
}

const ModuleB = {
  namespaced: true,
  state: {
    count : 0
  },
```

```
mutations: {
  increment(state){
    state.count++;
  }
}
}
```

ModuleA 和 ModuleB 都使用了 namespaced 选项并设置为 true，从而变成具有命名空间的模块。ModuleA 中 state、mutations、actions 和 getters 一个不少，为了简单起见，ModuleB 只有 state 和 mutations。

接下来在 Store 实例中注册模块。代码如下所示：

```
const store = new Vuex.Store({
  modules: {
    msg: ModuleA,
    another: ModuleB
  }
})
```

根据模块注册时的名字来访问模块，例如要访问 ModuleA 中的状态，应该使用 msg 名字来访问。代码如下所示：

```
this.$store.state.msg.message
//或者
this.$store.state['msg'].message
```

模块注册时，也可以根据应用的需要，为名字添加任意前缀。例如：

```
const store = new Vuex.Store({
  modules: {
    'user/msg': ModuleA,
    another: ModuleB
  }
})
```

这时要访问 ModuleA 中的状态，需要使用 user/msg。代码如下所示：

```
this.$store.state['user/msg'].message
```

最后看在组件内如何访问带命名空间的模块。代码如下所示：

```
Vue.component('MyComponent', {
  data(){
    return {
      message: ''
    }
  },
  computed: {
```

```
   ...Vuex.mapState({
     msg(){
       return this.$store.state['msg'].message;
     }
   }),
   //将模块的名字作为第 1 个参数传递给 mapState
   ...Vuex.mapState('another', [
     //将 this.count 映射为 store.state['another'].count
     'count',
   ]),
   reversedMessage(){
     return this.$store.getters['msg/reversedMessage'];
   }
},
methods: {
   //将模块的名字作为第 1 个参数传递给 mapMutations
   ...Vuex.mapMutations('msg', [
     //将 this.updateMessage()映射为
     //this.$store.commit('msg/increment')
     'updateMessage',
   ]),
   add(){
     this.$store.commit('another/increment')
   },
   changeMessage(){
     this.$store.dispatch('msg/changeMessage', this.message)
   },
   //等价于
   /*...Vuex.mapActions('msg', [
     //将 this.changeMessage(message)映射为
     //this.$store.dispatch('msg/changeMessage', message)
     'changeMessage',
   ]),*/

},
template: `
   <div>
     <p>
       <span>消息: {{ msg }}</span>
       <span>反转的消息: {{ reversedMessage }}</span>
     </p>
     <p>
       <input type="text" v-model="message">
       <button @click="changeMessage()">修改内容</button>
```

```
      </p>
      <p>
        <span>计数：{{ count }}</span>
        <button @click="add">增加计数</button>
      </p>
    </div>`
});
```

如果使用注释中的代码，需要将粗体显示的<button>元素的代码修改如下：

```
<button @click="changeMessage(message)">修改内容</button>
```

从上述代码可以看出，对于带命名空间的模块访问，**最简单的方式是使用辅助函数来映射，并将模块的名字作为第 1 个参数传递进去，这样不仅简单而且不会出错。**

完整的代码如例 16-6 所示。

例 16-6   Modules.html

```
<div id="app">
  <my-component></my-component>
</div>
<script src="vue.js"></script>
<script src="https://unpkg.com/vuex@3.1.1"></script>
<script>
  const ModuleA = {
    namespaced: true,
    state: {
      message : 'Hello Vue.js'
    },
    mutations: {
      updateMessage(state, newMsg){
        state.message = newMsg;
      }
    },
    actions: {
      changeMessage({commit}, newMsg){
        commit('updateMessage', newMsg);
      }
    },
    getters: {
      reversedMessage(state){
        return state.message.split('').reverse().join('');
      }
    }
  }
```

```
const ModuleB = {
  namespaced: true,
  state: {
    count : 0
  },
  mutations: {
    increment(state){
      state.count++;
    }
  }
}
const store = new Vuex.Store({
  modules: {
    msg: ModuleA,
    another: ModuleB
  }
})

Vue.component('MyComponent', {
  data(){
    return {
      message: ''
    }
  },
  computed: {
    ...Vuex.mapState({
      msg(){
        return this.$store.state['msg'].message;
      }
    }),
    //将模块的名字作为第 1 个参数传递给 mapState
    ...Vuex.mapState('another', [
      //将 this.count 映射为 store.state['another'].count
      'count',
    ]),
    reversedMessage(){
      return this.$store.getters['msg/reversedMessage'];
    }
  },
  methods: {
    //将模块的名字作为第 1 个参数传递给 mapMutations
    ...Vuex.mapMutations('msg', [
      //将 this.updateMessage()映射为 this.$store.commit('msg/increment')
      'updateMessage',
```

```
      ]),
      add(){
        this.$store.commit('another/increment')
      },
      changeMessage(){
        this.$store.dispatch('msg/changeMessage', this.message)
      },
      //等价于
      /*...Vuex.mapActions('msg', [
        //将 this.changeMessage(message) 映射为
        //this.$store.dispatch('msg/changeMessage', message)
        'changeMessage',
      ]),*/

    },
    template: `
      <div>
        <p>
          <span>消息：{{ msg }}</span>
          <span>反转的消息：{{ reversedMessage }}</span>
        </p>
        <p>
          <input type="text" v-model="message">
          <button @click="changeMessage()">修改内容</button>
        </p>
        <p>
          <span>计数：{{ count }}</span>
          <button @click="add">增加计数</button>
        </p>
      </div>`
  });

  var vm = new Vue({
    el: '#app',
    store,
  })
</script>
```

渲染效果如图 16-3 所示。

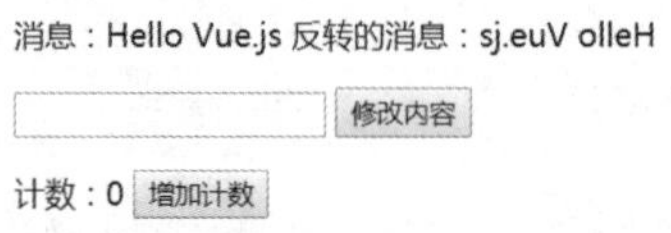

消息：Hello Vue.js 反转的消息：sj.euV olleH

[_____] 修改内容

计数：0 增加计数

图 16-3　例 16-6 页面的渲染效果

16.9　小　　结

　　本章详细介绍了 Vue 官方推荐的状态管理解决方法 Vuex 的使用，要明确的是，不要直接去修改 store 中的状态，而应该提交对应的 mutation 来修改，在组件内，mutation 是映射为组件的方法来使用的，而 store 中的 state 和 getter 是映射为计算属性来使用的，store 中的 action 也是映射为组件的方法来使用的。

　　如果应用比较复杂，状态比较多，那么可以分模块来管理，也可以将模块定义为带命名空间的模块，不过访问时就会稍显复杂。因此，在实际项目中，都建议使用辅助映射函数来简化对 store 的访问。

第 17 章 网上商城项目

本章将结合前面所学知识,开发一个网上商城项目。

17.1 脚手架项目搭建

选择好项目存放目录,使用 Vue CLI 创建一个脚手架项目,项目名为 bookstore。

打开命令提示符窗口,输入下面的命令开始创建脚手架。

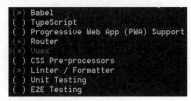

```
vue create bookstroe
```

选择 Manually select features,之后按照图 17-1 所示选中所需的功能。

图 17-1 在脚手架项目中选择需要的功能

然后选择使用 history 模式,如图 17-2 所示。

接下来选择 ESLint with error prevention only,之后连续按 Enter 键即可。

最后生成的项目结构如图 17-3 所示。

图 17-2 选择 history 模式

图 17-3 项目结构

可以看到路由（router/index.js）和 Vuex 状态管理（store/index.js）的目录结构已经生成好了，在 main.js 中也全都导入和注册好了。main.js 的代码如下所示：

```
import Vue from 'vue'
import App from './App.vue'
import router from './router'
import store from './store'

Vue.config.productionTip = false

new Vue({
  router,
  store,
  render: h => h(App)
}).$mount('#app')
```

项目结构中还有一个 views 文件夹，在这个文件夹下存放页面级组件，例如项目自带的 Home 组件。一般的小组件存放在 components 文件夹下，这些组件可以被复用，通常 views 组件不会被复用。

17.2　安装与配置 axios

本项目采用官网推荐的 axios 访问服务端接口提供的数据。打开命令提示符窗口，在项目目录下执行下面的命令安装 axios 和 vue-axios 插件。

```
npm install axios vue-axios -S
```

读者也可以在 Visual Studio Code 的终端窗口中执行上面的命令。

编辑项目的 main.js 文件，引入 axios。代码如下所示：

```
import axios from 'axios'
import VueAxios from 'vue-axios'
Vue.use(VueAxios, axios) //安装插件
```

本项目是一个前端项目，与后台提供数据的服务端是分离的，分别部署在不同的服务器上，因此请求后台数据会牵涉一个跨域访问的问题，为此，需要配置一个反向代理来解决这个问题，将请求转发给真正提供数据的后台服务器。

在项目的根目录下（注意是项目根目录，不是 src 目录）新建一个名为 vue.config.js 的文件，该文件是 Vue 脚手架项目的配置文件，在这个配置文件中设置反向代理。代码如例 17-1 所示。

例 17-1　vue.config.js

```
module.exports = {
  devServer: {
    proxy: {
      ///api 是后端数据接口的上下文路径
```

```
    '/api': {
        //这里的地址是后端数据接口的地址
        target: 'http://111.229.37.167/',
        //允许跨域
        changOrigin: true,
    }
  }
}
```

接下来在 main.js 文件中为 axios 配置全局的 baseURL 默认值。代码如下所示：

```
axios.defaults.baseURL = "/api"
```

经过上述配置后，不管前端项目所在的服务器 IP 和端口是多少，对/book/new 发起的请求，都会被自动代理为对 http://111.229.37.167/api/book/new 发起请求。

在本章后续内容中，将提供数据接口的后台服务器称为服务端，而本项目称为前端。

17.3　首　页

前端页面的开发首先要做原型设计，最简单的原型设计就是画草图。本项目首页的草图如图 17-4 所示。

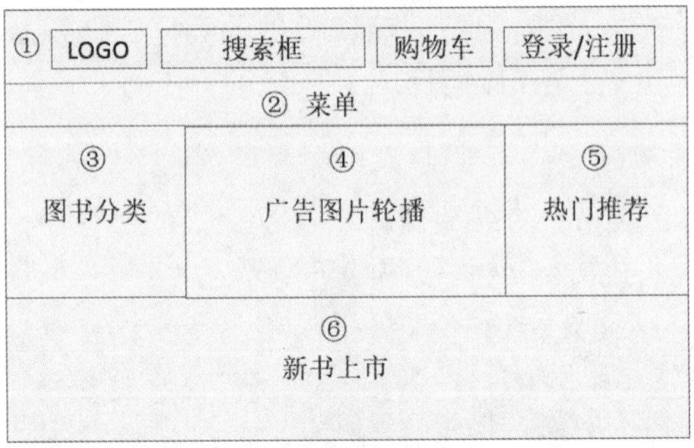

图 17-4　网上商城首页的布局

从图 17-4 中可以看到，本项目的首页大致可以分为 6 个部分，当然这已经是经过简化的商城首页了。划分出首页的每一部分，便于我们设计组件。粗略来看，至少就需要 7 个组件（加首页组件本身），接下来就需要根据各部分的复杂程度、实现的功能是否可复用等因素去综合考量，最终确定组件的设计。

下面按照图 17-4 中的 6 个部分分别介绍其中组件的实现，以及涉及的知识点。

17.3.1　页面头部组件

考虑到搜索框与购物车可能会在多个地方被复用，因此决定将这两部分单独剥离出来，设计成两个组件，然后编写一个 Header 组件，将搜索框与购物车组件作为子组件在其内部调用。

1．头部搜索框组件

在 components 目录下新建 HeaderSearch.vue，代码如例 17-2 所示。

例 17-2　HeaderSearch.vue

```
<template>
  <div class="headerSearch">
     <input type="search" v-model.trim="keyword">
     <button @click="search">搜索</button>
  </div>
</template>

<script>
  export default {
    name:'HeaderSearch',
    data () {
      return {
        keyword: ''
      };
    },
    methods: {
      search(){
        //当查询关键字与当前路由对象中的查询参数 wd 值不同时，才调用$router.push 方法
        if(this.keyword != this.$route.query.wd)
           this.$router.push({path: '/search', query: {wd: this.keyword}})
      }
    },
  }
</script>
```

要说明的是：

（1）本项目的头部组件（Header 组件）在所有页面中都存在，搜索框暂时未在其他组件中使用，在 Vue 的单文件组件开发中，建议与父组件紧密耦合的子组件用父组件为前缀命名，因此搜索框组件的名字在这里是 HeaderSearch。采用这种命名约定的好处是父子组件的关系一目了然，而在 IDE 中，通常也是按照字母顺序来组织文件，这样相关联的文件自然就排在了一起，便于快速定位和编辑。另一种方式是在以父组件命名的目录中编写子组件，但这种方式会导致许多文件的名字相同，使得在 IDE 中快速切换文件变得困难。此外，过多的嵌套子目录也增加了在 IDE 侧边栏中浏览组件所花的时间。当然，万事都不是绝对的，当你的项目非常复杂，在组件数非常多（如 100+组件）的情况下，采用合理的目录结构来管理组件可能更为合适。本章后面的组件名也会采用与 HeaderSearch 相同的命名约定，就不再重复说明了。

（2）当单击"搜索"按钮时，将输入框中的内容作为查询参数附加在"/search"后面，然后跳转到搜索页面。同时为了避免用户使用相同的关键字查询，在这里做了个判断。

（3）为了节省篇幅，本章所有的示例代码都将省略 CSS 样式规则。

2．头部购物车组件

在 components 目录下新建 HeaderCart.vue，代码如例 17-3 所示。

例 17-3   HeaderCart.vue

```
<template>
  <div class="headerCart">
    <a href="javascript:;" @click.prevent="handleCart">
      <span>购物车{{ cartItemsCount }}</span>
    </a>
  </div>
</template>

<script>
  import { mapGetters } from 'vuex'
  export default {
   name:'HeaderCart',
   components: {},
   computed: {
     //cart 模块带有命名空间
     ...mapGetters('cart', {
       //Vuex 的 store 中定义的一个 getter，得到购物车中商品的数量
       //将 this.cartItemsCount 映射为 this.$store.getters['cart/itemsCount']
       cartItemsCount: 'itemsCount'
     })
   },

   methods: {
     handleCart(){
       this.$router.push("/cart");
     }
   },
  }
</script>
```

要说明的是：

（1）本项目采用 Vuex 进行全局状态管理，HeaderCart 组件通过 store 中定义的一个 getter（itemsCount）来得到购物车中商品的数量。

（2）本项目采用模块来管理应用中不同的状态，目前分为两个带命名空间的模块 cart 和 user，cart 模块主要是购物车中商品的存储与管理，user 模块主要是用户信息的存储和管理。后面会详细介绍本项目中的状态管理实现。

（3）单击"购物车"按钮，跳转到购物车页面。

3．头部组件

在 components 目录下新建 Header.vue，代码如例 17-4 所示。

例 17-4 **Header.vue**

```
<template>
  <div class="header">
    <img src="@/assets/images/logo.png">
    <HeaderSearch />
    <HeaderCart/>
    <span v-if="!user">你好，请<router-link to="/login">登录</router-link> 免费
<router-link to="/register">注册</router-link></span>
    <span v-else>欢迎您，{{ user.username }}, <a href="javascript:;" @click="logout">
退出登录</a></span>
  </div>
</template>

<script>
import HeaderSearch from "./HeaderSearch";
import HeaderCart from "./HeaderCart";
import { mapState, mapMutations } from 'vuex'

export default {
  name: "Header",

  components: {
    HeaderSearch,
    HeaderCart
  },

  computed: {
    //user 模块带有命名空间
    ...mapState('user', [
      //将 this.user 映射为 this.$store.state.user.user
      'user'
    ])
  },

  methods: {
    logout(){
      this.deleteUser();
    },
    //user 模块带有命名空间
    ...mapMutations('user', [
      //将 this.deleteUser 映射为 this.$store.commit('user/deleteUser')
      'deleteUser'
    ])
```

```
  },
};
</script>
```

要说明的是：

（1）通过 v-if/v-else 指令控制用户登录前和登录后显示的文字。用户没有登录时，显示的是"你好，请登录 免费注册"，登录后显示的是："欢迎您，某某，退出登录"。

（2）当用户单击"退出登录"时，提交 user/deleteUser mutation 来删除在 store 中存储的用户信息。

Header 组件的渲染效果如图 17-5 所示。

图 17-5　Header 组件的渲染效果

17.3.2　菜单组件

菜单是我们单独定义的一个组件，本项目的菜单只有一级，如果需要定义多级菜单，可参照 5.3.1 节的实现。在 components 目录下新建 Menus.vue，代码如例 17-5 所示。

例 17-5　Menus.vue

```
<template>
  <div class="menus">
    <ul>
      <li>
        <router-link to="/home">首页</router-link>
      </li>
      <li>
        <router-link to="/newBooks">新书</router-link>
      </li>
      <li>
        <a href="javascript:;">特价书</a>
      </li>
      <li>
        <a href="javascript:;">教材</a>
      </li>
      <li>
        <a href="javascript:;">视听教程</a>
      </li>
    </ul>
  </div>
</template>

<script>
```

```
export default {
  name: "Munus",
};
</script>
```

这个组件比较简单，都是静态代码。由于本项目只是用于演示基于 Vue 的前端开发涉及的各个功能的实现，所以暂时只提供了首页和新书的实现，其他三个菜单（特价书、教材、视听教程）功能的实现是类似的，只需要服务端提供相应的接口即可。

首页和新书菜单组件渲染的位置（即<router-view>）在 App.vue 中指定。App.vue 的代码如例 17-6 所示。

例 17-6　App.vue

```
<template>
  <div id="app">
    <Header/>
    <Menus/>
    <router-view/>
  </div>
</template>
<script>
import Header from '@/components/Header.vue'
import Menus from '@/components/Menus.vue'
export default {
  components: {
    Header,
    Menus,
  }
}
</script>
```

本项目没有用到嵌套路由，所有页面级路由组件的渲染都是在这里。换句话说，即所有渲染的页面都有头部和菜单。

17.3.3　图书分类组件

图书分类组件显示商品的分类，每个分类都是一个链接，单击链接将跳转到展示该分类下所有商品的页面。

在 components 目录下新建 HomeCategory.vue，代码如例 17-7 所示。

例 17-7　HomeCategory.vue

```
<template>
  <div class="category">
    <h3>图书分类</h3>
    <div v-for="category in categories" :key="category.id">
```

```
        <h5>{{ category.name }}</h5>
        <router-link v-for="child in category.children" :key="child.id"
          :to="'/category/' + child.id">{{ child.name }}</router-link>
      </div>

    </div>
</template>
<script>
  export default {
    name:'HomeCategory',
    data () {
      return {
        categories: []
      };
    },

    created(){
      this.axios.get("/category")
        .then(response => {
         if(response.status == 200){
           this.categories = response.data;
         }
        })
        .catch(error => alert(error));
    }
  }
</script>
```

在 created 生命周期钩子中向服务端请求所有分类数据。服务端提供的该数据接口如下：
http://111.229.37.167/api/category
返回的数据形式如下：

```
[
    {
        "id": 1,
        "name": "Java EE",
        "root": true,
        "parentId": null,
        "children": [
            {
                "id": 3,
                "name": "Servlet/JSP",
                "root": false,
                "parentId": 1,
                "children": []
            },
```

```json
            {
                "id": 4,
                "name": "应用服务器",
                "root": false,
                "parentId": 1,
                "children": []
            },
            {
                "id": 5,
                "name": "MVC 框架",
                "root": false,
                "parentId": 1,
                "children": []
            }
        ]
    },
    {
        "id": 2,
        "name": "程序设计",
        "root": true,
        "parentId": null,
        "children": [
            {
                "id": 6,
                "name": "C/C++",
                "root": false,
                "parentId": 2,
                "children": [
                    {
                        "id": 9,
                        "name": "C11",
                        "root": false,
                        "parentId": 6,
                        "children": []
                    }
                ]
            },
            {
                "id": 7,
                "name": "Java",
                "root": false,
                "parentId": 2,
                "children": []
            },
            {
                "id": 8,
```

```
            "name": "C#",
            "root": false,
            "parentId": 2,
            "children": []
        }
     ]
   }
 ]
```

子分类是放到 children 数组属性中的，本项目中未用到 root 和 parentId 属性，前者可用于列出某个根分类下的所有商品，后者可以用于查找某个分类的父分类，甚至反向查找所有上级分类。

清楚了数据接口返回的数据结构，那么 HomeCategory 组件的代码也就清楚了。

HomeCategory 组件的渲染效果如图 17-6 所示。

图书分类

Java EE

<u>Servlet/JSP 应用服务器 MVC框架</u>

程序设计

<u>C/C++ Java C#</u>

图 17-6   HomeCategory 组件的渲染效果

17.3.4   广告图片轮播组件

广告图片轮播功能在电商网站属于标配的功能，其实现是通过 JavaScript 代码控制图片的轮播，并处理一些控制图片显示的单击事件。

本项目采用了 Vue-Awesome-Swiper 插件来实现广告图片的轮播。该插件的官网如下：

https://github.surmon.me/vue-awesome-swiper/

首先要安装这个插件。在 Visual Studio Code 的终端窗口中执行如下命令来安装该插件：

```
npm install vue-awesome-swipe -S
```

广告图片轮播一般不会出现在很多页面中，因此也就没必要在 main.js 中引入，直接在用到该功能的组件中引入即可。

在 components 目录下新建 HomeScrollPic.vue，代码如例 17-8 所示。

例 17-8   HomeScrollPic.vue

```html
<template>
 <div class="scrollPic">
   <swiper :options="swiperOption" ref="mySwiper">
    <swiper-slide><img src="/ad01.jpg"></swiper-slide>
    <swiper-slide><img src="/ad02.jpg"></swiper-slide>
    <!-- 分页器 -->
    <div class="swiper-pagination" slot="pagination"></div>
    <!-- 轮播图向左滚动按钮 -->
    <div class="swiper-button-prev" slot="button-prev"></div>
    <!-- 轮播图向右滚动按钮 -->
    <div class="swiper-button-next" slot="button-next"></div>
```

```
        <!-- 轮播图滚动条 -->
        <div class="swiper-scrollbar" slot="scrollbar"></div>
      </swiper>
    </div>
</template>

<script>
import { swiper, swiperSlide } from "vue-awesome-swiper";
import "swiper/dist/css/swiper.min.css";

export default {
  data() {
    return {
      //在 swiperOption 中对轮播图进行参数设置
      swiperOption: {
        loop: true,  //开启循环播放模式
        pagination: {  //分页器设置，包括样式、是否可以单击、气泡是否动态变化等
          el: ".swiper-pagination",
          type: "bullets",
          clickable: true,
          dynamicBullets: true
        },
        speed: 1000, //设置 slide 从自动滑动开始到结束的时间，单位为 ms
        autoplay: {
          delay: 2000,
          disableOnInteraction: false
        },
        effect: "slide",  //图片切换效果：滑动
        navigation: {
          nextEl: ".swiper-button-next", //设置轮播图向左、向右按钮
          prevEl: ".swiper-button-prev"
        }
      }
    };
  },
  components: {
    swiper,
    swiperSlide
  }
};
</script>
```

轮播的图片是保存在 public 目录下的，该目录下的资源直接通过根路径 "/" 引用即可。

本项目只是演示图片轮播组件的其中一种实现方式，如果要精细化控制图片轮播，可以参看该插件的官网。更多的配置参数可以参看下面的网址：

https://www.swiper.com.cn/api/index.html

HomeScrollPic 组件的渲染效果如图 17-7 所示。

图 17-7　HomeScrollPic 组件的渲染效果

17.3.5　热门推荐组件

热门推荐组件用于显示热门商品，用户如果对某一热门商品感兴趣，可以单击该商品链接，进入商品详情页面。

在 components 目录下新建 HomeBooksHot.vue，代码如例 17-9 所示。

例 17-9　HomeBooksHot.vue

```
<template>
  <div class="bookRecommend">
    <h3>热门推荐</h3>
    <ul>
      <li v-for="book in books" :key="book.id">
        <router-link :to="'/book/'+ book.id">
          {{ book.title }}
          <span>{{ book.price | factPrice(book.discount) | currency}}</span>
        </router-link>
      </li>
    </ul>
  </div>
</template>

<script>
  export default {
    name:'HomeBooksHot',
    data () {
      return {
        books: []
      };
```

```
    },
    created(){
      this.axios.get("/book/hot")
       .then(response => {
        if(response.status == 200){
          this.books = response.data;
        }
      })
       .catch(error => alert(error));
    },
  }
</script>
```

在 created 生命周期钩子中向服务端请求热门商品数据。服务端提供的该数据接口如下：
http://111.229.37.167/api/book/hot
返回的数据形式如下：

```
[
    {
        "id": 1,
        "title": " VC++深入详解（第 3 版）",
        "author": "孙鑫",
        "price": 168.0,
        "discount": 0.95,
        "imgUrl": "/api/img/vc++.jpg",
        "bigImgUrl": "/api/img/vc++big.jpg",
        "bookConcern": null,
        "publishDate": null,
        "brief": null
    },
    {
        "id": 2,
        "title": "Java 编程思想",
        "author": "Bruce Eckel",
        "price": 108.0,
        "discount": 0.5,
        "imgUrl": "/api/img/javathink.jpg",
        "bigImgUrl": "/api/img/javathinkbig.jpg",
        "bookConcern": null,
        "publishDate": null,
        "brief": null
    }
]
```

实际上，热门推荐组件用不到全部信息，只是服务端的数据接口返回的数据就是如此，那么从这些数据中选择有用的数据使用即可。

一般电商网站的商品有定价和实际销售价格，在前端展示商品的时候需要同时显示这两种价格。从这里返回的数据来看，服务端只提供了商品的定价和折扣，并没有实际销售价格，那么实际销售价格就需要我们自己来处理。这在实际开发中也很常见，不能期望服务端的开发人员专为你（当然你是老板除外）的需求提供一个接口，也许还有其他前端也要用到该接口。

由于实际价格在多处要用到，我们决定采用过滤器的方式来计算实际价格，用定价与折扣相乘得到实际价格。此外，还要考虑价格显示的问题，我们知道，价格只是显示到分就可以了，而在计算过程中，由于是浮点数，可能会出现小数点后两位之后的数据，所以要进行处理。除此之外，价格一般还会加上货币符号，如国内会加上人民币符号￥。为此，再编写一个过滤器，专门负责价格的格式化问题。

在 src 目录下新建 utils 文件夹，在该文件夹下新建 filters.js 文件。代码如例 17-10 所示。

例 17-10　filters.js

```
const digitsRE = /(\d{3})(?=\d)/g

export function factPrice(value, discount){
  value = parseFloat(value);
  discount = parseFloat(discount);
  if(!discount) return value
  return value * discount;
}

export function currency (value, currency, decimals) {
  value = parseFloat(value)
  if (!isFinite(value) || (!value && value !== 0)) return ''
  currency = currency != null ? currency : '￥'
  decimals = decimals != null ? decimals : 2
  var stringified = Math.abs(value).toFixed(decimals)
  var _int = decimals
    ? stringified.slice(0, -1 - decimals)
    : stringified
  var i = _int.length % 3
  var head = i > 0
    ? (_int.slice(0, i) + (_int.length > 3 ? ',' : ''))
    : ''
  var _float = decimals
    ? stringified.slice(-1 - decimals)
    : ''
  var sign = value < 0 ? '-' : ''
  return sign + currency + head +
    _int.slice(i).replace(digitsRE, '$1,') +
    _float
}
```

为了方便使用过滤器，我们采用全局注册过滤器的方式。编辑 **main.js** 文件，添加下面的代码：

```
import { currency, factPrice} from './utils/filters'
Vue.filter('currency', currency)
Vue.filter('factPrice', factPrice)
```

有了这两个过滤器后，相信读者对例 17-9 的代码也就清楚了。

📝 **提示：**

> utils 目录下存放一些有用的工具函数库 JS 文件，如果你的项目有很多过滤器，也可以考虑单独创建一个 filter 文件夹来存放你编写的过滤器。

HomeBooksHot 组件的渲染效果如图 17-8 所示。

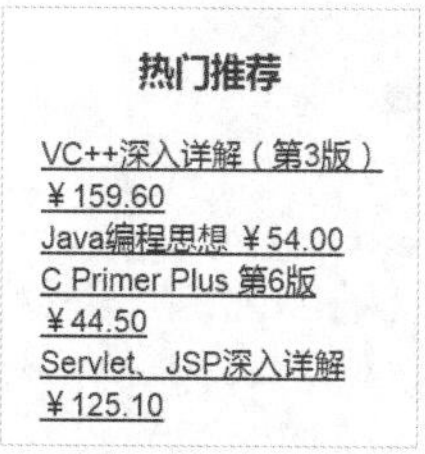

热门推荐

VC++深入详解（第3版）
¥159.60
Java编程思想 ¥54.00
C Primer Plus 第6版
¥44.50
Servlet、JSP深入详解
¥125.10

图 17-8　HomeBooksHot 组件的渲染效果

17.3.6　新书上市组件

新书上市组件用于显示刚上市的商品，用户如果对某一商品感兴趣，可以单击该商品链接，进入商品详情页面。

在 components 目录下新建 BooksNew.vue，由于该组件会被复用，所以这里没有使用主页的前缀 Home。BooksNew 组件的代码如例 17-11 所示。

例 17-11　BooksNew.vue

```
<template>
  <div class="booksNew">
   <h3>新书上市</h3>
   <div class=book v-for="book in books" :key="book.id">
    <figure>
      <router-link :to="'/book/' + book.id">
      <img :src="book.imgUrl">
      <figcaption>
         {{ book.title }}
      </figcaption>
      </router-link>
    </figure>
    <p>
      {{ book.price | factPrice(book.discount) | currency}}
      <span>{{ book.price | currency}}</span>
    </p>
   </div>
  </div>
</template>

<script>
```

```
export default {
  name:'',
  props:[''],
  data () {
    return {
      books: [],
    };
  },
  created(){
    this.axios.get("/book/new")
    .then(response => {
     if(response.status == 200){
       this.loading = false;
       this.books = response.data;
     }
    })
    .catch(error => alert(error));
  }
}
</script>
```

在 created 生命周期钩子中向服务端请求新书的数据。服务端提供的该数据接口如下：

http://111.229.37.167/api/book/new

返回的数据形式同 /book/hot。

BooksNew 组件的渲染效果如图 17-9 所示。

新书上市

VC++深入详解（第
3版）
¥159.60 ¥168.00

Java编程思想
¥54.00 ¥108.00

C Primer Plus 第6
版
¥44.50 ¥89.00

Servlet、JSP深入
详解
¥125.10 ¥139.00

深入浅出MFC（第2
版）
¥40.00 ¥80.00

图 17-9   BooksNew 组件的渲染效果

17.3.7　首页组件

首页的各个组成部分编写完成后，就可以开始集成这几个部分。首页作为页面级组件，放到 views 目录下。在 views 目录下新建 Home.vue，代码如例 17-12 所示。

例 17-12　Home.vue

```
<template>
  <div class="home">
```

```
    <HomeCategory/>
    <HomeScrollPic/>
    <HomeBooksHot/>
    <BooksNew/>
  </div>
</template>

<script>
import HomeCategory from '@/components/HomeCategory.vue'
import HomeScrollPic from '@/components/HomeScrollPic.vue'
import HomeBooksHot from '@/components/HomeBooksHot.vue'
import BooksNew from '@/components/BooksNew.vue'
export default {
  name: 'home',
  components: {
    HomeCategory,
    HomeScrollPic,
    HomeBooksHot,
    BooksNew
  }
}
</script>
```

Home 组件比较简单，只是用于拼接各个子组件。

Home 组件的渲染效果如图 17-10 所示。

图 17-10　Home 组件的渲染效果

17.4 商 品 列 表

商品列表页面以列表形式显示所有商品，我们将商品列表和商品项分别定义为单独的组件，商品列表组件作为父组件在其内部循环渲染商品项子组件。

17.4.1 商品列表项组件

在 components 目录下新建 BookListItem.vue，代码如例 17-13 所示。

例 17-13　BookListItem.vue

```
<template>
  <div class="bookListItem">
    <div>
      <img :src="item.bigImgUrl">
    </div>
    <p class="title">
      <router-link
①        :to="{name: 'book', params: {id: item.id}}"
②        target="_blank">
        {{ item.title }}
      </router-link>
    </p>
    <p>
      <span class="factPrice">
        {{ item.price | factPrice(item.discount) | currency }}
      </span>
      <span>
        定价: <i class="price">{{ item.price | currency }}</i>
      </span>
    </p>
    <p>
      <span>{{ item.author }}</span> /
      <span>{{ item.publishDate }}</span> /
      <span>{{ item.bookConcern }}</span>
    </p>
    <p>
      {{ item.brief }}
    </p>
    <p>
      <button class="addCartButton" @click=addCartItem(item)>
        加入购物车
      </button>
```

```
    </p>
  </div>
</template>

<script>
  import { mapActions } from 'vuex'
  export default {
    name: 'BookListItem',
    props: {
③    item: {
        type: Object,
        default: () => {}
      }
    },
    methods: {
      ...mapActions('cart', {
        //将 this.addCart()映射为 this.$store.commit('cart/addProductToCart')
        addCart: 'addProductToCart'
      }),
      factPrice(price, discount){
        return price * discount;
      },
      addCartItem(item){
        let quantity = 1;
        let newItem = {
          ...item,
④         price: this.factPrice(item.price, item.discount),
⑤         quantity
        };
        this.addCart(newItem);
⑥       this.$router.push("/cart");
      }
    }
  }
</script>
```

要说明的是：

① <router-link>的 to 属性使用了表达式，因此要用 v-bind 指令（这里使用的是简写语法）进行绑定。params 和 path 字段不能同时存在，如果使用了 path 字段，那么 params 将被忽略，所以这里使用命名路由。当然，也可以采用前面例子中拼接路径字符串的方式。

② <router-link>默认渲染为<a>标签，所有路由的跳转都是在当前浏览器窗口中完成的，但有时候希望在新的浏览器窗口中打开目标页面，那么可以使用 target="_blank"。但要注意，如果你在<router-link>上使用了 tag 属性来生成其他的标签，那么就不能使用<a>标签的 target 属性，只能编写单击事件响应代码，然后通过 window.open()方法来打开一个新的浏览器窗口。

③ BookListItem 组件需要的商品数据是由父组件通过 prop 传进来的，所以这里定义了一个item prop。

④ 单击"加入购物车"按钮的时候，会调用 addCartItem()方法将该商品加入购物车中，由于购物车中的商品不需要商品的定价，所以这里先计算出商品的实际价格。为了计算商品的实际价格，在 BookListItem 组件中定义了 factPrice()方法（在这里也可以通过计算属性来实现），考虑到有一个过滤器 factPrice 也是实现商品实际价格的计算，而该过滤器本质上是一个模块内的导出函数，所以也可以复用该过滤器函数。在组件中导入 factPrice 函数，代码如下所示：

import {factPrice} from '@/utils/filters'

然后就可以在本例的④处使用该函数：factPrice(item.price, item.discount)，注意前面不要添加this。

⑤ 购物中存储的每种商品都有一个数量，通过 quantity 字段来表示，在商品列表项页面中的"加入购物车"功能是一种便捷方式，商品的数量默认是 1，后面你会看到商品详情页面中加入任意数量商品功能的实现。

⑥ 在添加商品到购物车中后，路由跳转到购物车页面，这也是电商网站通常采用的方式，可以刺激用户的冲动消费。

BookListItem 组件的渲染效果如图 17-11 所示。

VC++深入详解（第3版）

¥159.60　定价：~~¥168.00~~

孙鑫 / 2019-06-01 / 电子工业出版社

《VC 深入详解（第3版）（基于Visual Studio 2017）》以Visual Studio 2017作为开发环境，将之前适用于Visual C 6.0的代码全部进行了升级，并修订自书中和代码中的一些疏漏。

加入购物车

图 17-11　BookListItem 组件的渲染效果

17.4.2　商品列表组件

商品列表组件作为商品列表项组件的父组件，负责为列表项组件提供商品数据，并通过 v-for指令循环渲染列表项组件。

在 components 目录下新建 BookList.vue，代码如例 17-14 所示。

例 17-14　BookList.vue

```
<template>
  <div>
    <div v-for="book in list" :key="book.id">
      <BookListItem :item="book" />
    </div>
  </div>
</template>

<script>
```

```
import BookListItem from "./BookListItem"
export default {
  name: 'BookList',
  props: {
    list: {
      type: Array,
      default: () => []
    }
  },
  components: {
    BookListItem
  },
}
</script>
```

BookList 组件的代码比较简单，主要就是通过 v-for 指令循环渲染 BookListItem 子组件。某些项目的实现是在列表组件中向服务端请求数据来渲染列表项，但在本项目中，BookList 组件会被多个页面复用，并且请求的数据接口是不同的，因此 BookList 组件仅仅是定义了一个 list prop 用来接收父组件传递进来的商品列表数据。

BookList 组件的渲染效果如图 17-12 所示。

VC++深入详解（第3版）

￥159.60　定价：~~￥168.00~~

孙鑫 /　2019-06-01 /　电子工业出版社

《VC 深入详解（第3版）（基于Visual Studio 2017）》以Visual Studio 2017作为开发环境，将之前适用于Visual C 6.0的代码全部进行了升级，并修订了书中和代码中的一些疏漏。

加入购物车

C Primer Plus 第6版

￥44.50　定价：~~￥89.00~~

Stephen Prata /　2016-04-01 /　人民邮电出版社

经久不衰的C语言畅销经典教程针对C11标准进行全面更新《C Primer Plus（第6版）中文版》是一本经过仔细测试、精心设计的完整C语言教程，它涵盖了C语言编程中的核心内容。《C Primer Plus（第6版）中文版》作为计算机

加入购物车

图 17- 12　BookList 组件的渲染效果

17.5　分类商品和搜索结果页面

单击某个分类链接，将跳转到分类商品页面，在该页面下，将以列表形式列出该分类下的所有商品信息；当我们在搜索框中输入某个关键字，单击搜索后，将跳转到搜索结果页面，在该页面下，也是以列表形式列出匹配该关键字的所有商品信息。既然这两个页面都是以列表形式显示商品信息，那么可以将它们合并为一个页面组件来实现，在该页面中无非就是根据路由的路径来动态切

换页面标题，以及向服务端请求不同的数据接口。

先给出这两个页面的路由配置，编辑 router 目录下的 index.js 文件。添加的代码如例 17-15 所示。

例 17-15　router/index.js

```
...
const routes = [
  {
    path: '/category/:id',
    name: 'category',
    meta: {
      title: '分类图书'
    },
    component: () => import('../views/Books.vue')
  },
  {
    path: '/search',
    name: 'search',
    meta: {
      title: '搜索结果'
    },
    component: () => import('../views/Books.vue')
  },
}
//设置页面的标题
router.afterEach((to) => {
  document.title = to.meta.title;
})
...
```

在路由配置中，采用的是延迟加载路由的方式，只有在路由到该组件的时候才加载。关于延迟加载路由，可以参看 14.9 节。

将分类图书（/category/:id）和搜索结果（/search）的导航链接对应到同一个目标路由组件 Books 上，同时根据 14.8.1 节介绍的知识，利用全局后置钩子来为路由跳转后的页面设置标题。

17.5.1　Loading 组件

考虑到图书列表的数据是从服务端去请求数据，以及网络状况的原因，图书列表的显示可能会有延迟，为此，我们决定编写一个 Loading 组件，在图书列表数据还没有渲染的时候，给用户一个提示，让用户稍安勿躁。

在 11.9 节的例 11-6 中，已经给出了一个使用 loading 图片实现加载提示的示例，读者可以沿用该示例来实现加载提示。在这里换一种实现方式，考虑到图片本身加载也需要时间（虽然 loading 图片一般都很小），采用 CSS 来实现 loading 加载的动画效果，这种实现在网上有很多，本项目随便找了一个实现，并将其封装为组件。

在 components 目录下新建 Loading.vue，代码如例 17-16 所示。

例 17-16　Loading.vue

```
<template>
  <div class="loading">
    <div class="shadow">
      <div class="loader">
        <div class="mask"></div>
      </div>
    </div>
  </div>
</template>

<script>
export default {
  name: "Loading",
};
</script>
<style scoped>
.shadow {
  position: absolute;
  top: 50%;
  left: 50%;
  border-radius: 50%;
  margin-top: -50px;
  margin-left: -50px;
  box-shadow: -2px 2px 10px 0 rgba(0, 0, 0, 0.5),
    2px -2px 10px 0 rgba(255, 255, 255, 0.5);
}

.loader {
  background: -webkit-linear-gradient(
    left,
    skyblue 50%,
    #fafafa 50%
  ); /* Foreground color, Background color */
  border-radius: 100%;
  height: 100px; /* Height and width */
  width: 100px; /* Height and width */
  animation: time 8s steps(500, start) infinite;
}
.mask {
  border-radius: 100% 0 0 100% / 50% 0 0 50%;
```

```
    height: 100%;
    left: 0;
    position: absolute;
    top: 0;
    width: 50%;
    animation: mask 8s steps(250, start) infinite;
    transform-origin: 100% 50%;
}
@keyframes time {
    100% {
      transform: rotate(360deg);
    }
}
@keyframes mask {
    0% {
      background: #fafafa; /* Background color */
      transform: rotate(0deg);
    }
    50% {
      background: #fafafa; /* Background color */
      transform: rotate(-180deg);
    }
    50.01% {
      background: skyBlue; /* Foreground color */
      transform: rotate(0deg);
    }
    100% {
      background: skyBlue; /* Foreground color */
      transform: rotate(-180deg);
    }
}
</style>
```

　　主要代码就是 CSS 的样式规则，我们没必要去深究具体的实现细节，当然想研究 CSS 如何实现
该种动画效果就另当别论了。

　　这个 Loading 组件的渲染效果如图 17-13 所示。

图 17-13　Loading 组件的渲染效果

17.5.2　Books 组件

有了 Loading 组件，接下来就可以开始编写 Books 组件了。在 views 目录下新建 Books.vue，代码如例 17-17 所示。

例 17-17　Books.vue

```
<template>
  <div>
①   <Loading v-if="loading" />
    <h3 v-else>{{ title }}</h3>
⑥   <BookList :list = "books"  v-if="books.length"/>
    <h1>{{ message }}</h1>
  </div>
</template>

<script>
  import BookList from "@/components/BookList"
  import Loading from '@/components/Loading.vue'
  export default {
    name: 'Books',
    data () {
      return {
        title: '',
        books: [],
        message: '',
①       loading: true
      };
    },

④   beforeRouteEnter(to, from, next){
      next(vm => {
        vm.title = to.meta.title;
        let url = vm.setRequestUrl(to.fullPath);
        vm.getBooks(url);
      });
    },
⑤   beforeRouteUpdate(to, from, next){
      let url = this.setRequestUrl(to.fullPath);
      this.getBooks(url);
      next();
    },

    components: {
      BookList,
```

```
      Loading
    },

    methods: {
      getBooks(url){
        this.message = '';
        this.axios.get(url)
          .then(response => {
            if(response.status == 200){
①             this.loading = false;
              this.books = response.data;
              if(this.books.length === 0){
③               if(this.$route.name === "category")
                  this.message = "当前分类下没有图书！"
                else
                  this.message = "没有搜索到匹配的图书！"
              }
            }
          })
          .catch(error => alert(error));
      },
      //动态设置服务端数据接口的请求 URL
②    setRequestUrl(path){
        let url = path;
③      if(path.indexOf("/category") != -1){
          url = "/book" + url;
        }
        return url;
      }
    }
  }
</script>
```

要说明的是：

① 为了控制 Loading 组件的显示与删除，定义一个数据属性 loading，其值默认为 true，然后使用 v-if 指令进行条件判断。当成功接收到服务端发回的数据时，将数据属性 loading 设置为 false，这样 v-if 指令就会删除 Loading 组件。

② 因为分类商品和搜索结果使用的是同一个组件，但是向服务端请求的数据接口是不同的，分类商品请求的数据接口是/book/category/6，而搜索请求的数据接口是/search?wd=keyword，为此定义了 setRequestUrl 方法来动态设置请求的接口 URL。

③ 判断目标路由有多种方式，可以在导航守卫中通过 to.path 或 to.fullPath 来判断，也可以使用 this.$route.path 和 this.$route.fullPath 来判断，如果在路由配置中使用了命名路由，还可以使用 this.$route.name 来判断，如本例所示。

④ 在组件内导航守卫 beforeRouteEnter 中请求初次渲染的数据，当然也可以利用 created 生命周

期钩子来完成相同的功能。

⑤ 由于搜索框是独立的，用户可能会多次进行搜索行为，所以使用组件内守卫 beforeRoute-Update，在组件被复用的时候再次请求数据。

⑥ 商品列表组件所需要的数据是通过 list prop 传进去的，由于父子组件生命周期的调用时机问题，可能会出现子组件已经 mounted，而父组件的数据才传过去，导致子组件不能正常渲染，为此可以添加一个 v-if 指令，使用列表数据的长度作为条件判断，来确保子组件能正常接收到数据并渲染。在本项目使用的 Vue.js 版本和采用的实现方式下，不添加 v-if 指令也能正常工作，如果读者以后遇到子组件的列表数据不能正常渲染，可以试试这种解决方案。

Books 组件的渲染效果与商品列表组件渲染的效果是类似的，只是多了一个标题，以及在没有请求到数据时给出的一个提示信息。

17.6　新书页面

当单击菜单栏中的"新书"菜单时，将跳转到新书页面。这里直接复用了 BooksNew 组件（参看 17.3.6 节），只是在路由配置中为新书页面添加了一项路由配置。代码如下所示：

```
const routes = [
 ...
 {
   path: '/newBooks',
   name: 'newBooks',
   meta: {
     title: '新书上市'
   },
   component: () => import('../components/BooksNew.vue')
 }
 ...
]
```

渲染效果参见图 17-9。

17.7　图书详情页面

不管从何处单击图书链接，都将跳转到图书详情页面。图书详情页面中有两个子组件，其中一个是实现图书数量加减的组件，如图 17-14 所示；另一个是用动态组件实现的标签页组件，用于在图书介绍、图书评价和图书问答三者之间进行切换，如图 17-15 所示。

图 17-14　加减组件　　　　　　　　　　　　　图 17-15　标签组件

17.7.1　加减按钮组件

加减按钮组件由三部分组成：一个输入框，两个加减按钮。当然，至于你采用什么页面元素来实现加减按钮就无所谓了，本项目中采用的是<a>标签来实现加减按钮。

在 components 目录下新建 AddSubtractButton.vue，代码如例 17-18 所示。

例 17-18　AddSubtractButton.vue

```
<template>
  <div class="addSubtractButton">
    <input v-model="quantity" type="number">
    <div>
      <a class="add" href="javascript:;" @click="handleAdd">+</a>
      <a class="sub" @click="handleSubtract"
        :class="{disabled: quantity === 0, actived: quantity > 0}"
        href="javascript:;" >
        -
      </a>
    </div>
  </div>
</template>

<script>
  export default {
    name:'AddSubtractButton',
    data(){
      return {
        quantity: 0
      }
    },
    methods: {
      handleAdd(){
        this.quantity++;
        this.$emit("updateQuantity", this.quantity);
      },
      handleSubtract(){
        this.quantity--;
        this.$emit("updateQuantity", this.quantity);
      }
    }
  }
</script>
```

用户可直接在输入框中输入购买数量，也可以通过加减链接来增减数量，当数量为 0 时，通过 CSS 样式控制递减按钮不可用。加减组件通过自定义事件 updateQuantity 向父组件传递数据。

17.7.2　标签页组件

本项目中的标签页组件是根据 11.7 节介绍的动态组件知识编写的，并进行了封装。该标签组件有三个子组件，分别是图书介绍、图书评价和图书问答。下面分别来看一下这三个组件。

1. 图书介绍组件

在 components 目录下新建 BookIntroduction.vue，代码如例 17-19 所示。

例 17-19　BookIntroduction.vue

```
<template>
  <div>
    <p>{{ content }}</p>
  </div>
</template>

<script>
export default {
  name: 'BookIntroduction',
  props: {
    content: {
      type: String,
      default: ''
    }
  }
}
</script>
```

组件代码很简单，只是定义了一个 content prop，用于接收父组件传进来的图书内容，并进行显示。

2. 图书评价组件

图书评价组件负责渲染图书的评论信息，评论信息以列表方式呈现，在本项目中，我们将单条评论信息封装为一个组件 BookCommentListItem，评论信息列表封装为一个组件 BookCommentList。

在 components 目录下新建 BookCommentListItem.vue，代码如例 17-20 所示。

例 17-20　BookCommentListItem.vue

```
<template>
  <div class="bookCommentListItem">
    <div>
      <span>{{ item.username }}</span>
      <span>{{ item.commentDate | formatTime }}</span>
```

```
    </div>
    <div>{{ item.content }}</div>
  </div>
</template>

<script>
  export default {
    name: 'BookCommentListItem',
    props: {
      item: {
        type: Object,
        default: () => {}
      }
    },
  }
</script>
```

该组件比较简单，只是接收父组件传进来的 item prop，并进行相应渲染。唯一要注意的是，在渲染评论日期的时候，调用了一个 formatTime 过滤器。这是因为服务端传过来的日期时间数据有时候并不是我们平常使用的格式。例如，Java 服务端程序传过来的日期和时间中间会有一个 T 字符。代码如下所示：

```
2019-10-03T09:15:09
```

很显然，直接将该日期时间渲染到页面，用户体验不好。为此，又编写了一个过滤器，负责日期时间的格式化。该过滤器的实现代码如下所示：

```
export function formatTime(value){
  return value.toLocaleString().replace(/T/g, ' ').replace(/\.[\d]{3}Z/, '');
}
```

同样不要忘记在 main.js 中引入该过滤器并将其注册为全局过滤器。

接下来在 components 目录下新建 BookCommentList.vue，代码如例 17-21 所示。

例 17-21　BookCommentList.vue

```
<template>
  <div>
    <h3>{{ message }}</h3>
    <BookCommentListItem
      v-for="comment in comments"
      :item="comment"
      :key="comment.id" />
  </div>
</template>

<script>
  import BookCommentListItem from './BookCommentListItem'
```

```
      export default {
        name: 'BookCommentList',
        data () {
          return {
            comments: [],
            message: '',
          };
        },

        components: {
          BookCommentListItem,
        },

        created(){
          this.message = '';
          let url = this.$route.path + "/comment";
          this.axios.get(url)
              .then(response => {
                if(response.status == 200){

                  this.comments = response.data;
                  if(this.comments.length === 0){
                    this.message = "当前没有任何评论！"
                  }
                }
              })
              .catch(error => alert(error));
        },
      }
</script>
```

BookCommentList 组件在 created 生命周期钩子中向服务端请求数据。数据接口如下：
http://111.229.37.167/api/book/:id/comment
返回的数据形式如下：

```
[
    {
        "id": 1,
        "content": "本书是 VC 深入详解第三版，内容基于 VS2017，从基础学起，最后自己会编程。",
        "commentDate": "2019-11-12T00:14:30",
        "username": "张三",
        "book": null
    },
    {
        "id": 2,
```

```
      "content": "书收到了，快递非常快，书的质量也好，也是最便宜的，谢谢你们",
      "commentDate": "2019-10-03T09:15:09",
      "username": "李四",
      "book": null
    },
    {
      "id": 3,
      "content": "确实不错，好书",
      "commentDate": "2019-09-14T18:16:10",
      "username": "王五",
      "book": null
    }
]
```

接收到数据后，使用 v-for 指令循环渲染 BookCommentListItem 组件。

读者可能会考虑是否要给该组件添加组件复用时再次请求评论数据的功能，其实这是没必要的。当用户在浏览评论信息时切换了标签页再回到评论标签页时，多一条两条评论信息并不会影响到用户的购买需求，再说了，并不是每个购买图书的用户都会发表评论。也就是说，图书评论的频次实际上是很低的。所以在 created 生命周期钩子中请求一次数据足以满足我们的应用需求。

3. 图书问答组件

图书问答组件其实就是一个摆设，并没有实际的功能。

该组件的名字为 BookQA，就显示了一句话：图书问答。这里就不浪费篇幅介绍它的代码了。

4. 标签页组件

在 components 目录下新建 BookTabComponent.vue，代码如例 17-22 所示。

例 17-22   BookTabComponent.vue

```
<template>
  <div class="tabComponent">
    <button
      v-for="tab in tabs"
      :key="tab.title"
      :class="['tab-button', { active: currentTab === tab.title }]"
      @click="currentTab = tab.title">
      {{ tab.displayName }}
  </button>

    <keep-alive>
①     <component :is="currentTabComponent":content="content" class="tab"></component>
    </keep-alive>
  </div>
</template>

<script>
  import BookIntroduction from './BookIntroduction'
```

```
    export default {
      name:'TabComponent',
      props: {
①     content: {
        type: String,
        default: ''
      }
    },
    data () {
      return {
        currentTab: 'introduction',
        tabs: [
          {title: 'introduction', displayName: '图书介绍'},
          {title: 'comment', displayName: '图书评价'},
          {title: 'qa', displayName: '图书问答'}
        ]
      };
    },

    components: {
      BookIntroduction,
②     'BookComment' : () => import('./BookCommentList'),
      'BookQa' : () => import('./BookQA')
    },

    computed: {
      currentTabComponent: function () {
        return 'book-' + this.currentTab
      }
    }
  }
</script>
```

多标签页面的实现方式已经在 11.7 节中讲述过，这里不再赘述。要说明的是：

① BookIntroduction 组件定义了一个 content prop，用来接收图书的内容，而图书的内容数据是在下一节介绍的 Book 组件中得到的，BookTabComponent 将作为 Book 组件的子组件来使用，因此给 BookTabComponent 组件中也定义了一个 content prop，在接收到 Book 组件的图书内容数据后，依次向下级组件传递。当然，可以采用其他方式来实现向后代组件传数据的功能，例如利用依赖注入，或者利用 Vuex 的状态管理来实现。此外，读者可能担心切换到其他标签页时，其所对应的组件没有 content prop 会不会出错，在第 11 章介绍过，如果子组件没有定义 prop，那么父组件在该组件上设置的属性会被添加到子组件的根元素上，浏览器对于不识别的属性，并不会提示错误，所以这不用担心。实际上，很早之前就有一些前端框架和库通过在 HTML 元素上添加自定义属性来扩展页面的功能。

② 图书的评论数据只有在切换到评论标签页时才会显示，而且有些用户在购买图书时并不查看评论信息，所以这里采用异步加载的方式来按需加载 BookCommentList 组件。

17.7.3 Book 组件

Book 组件作为页面级组件，放在 views 目录下，在该目录下新建 Book.vue。代码如例 17-23 所示。

例 17-23 Book.vue

```
<template>
  <div class="book">
    <img :src="book.bigImgUrl" />
    <div>
      <div class="bookInfo">
        <h3>{{ book.title }}</h3>
        <p>{{ book.slogan }}</p>
        <p>
          <span>作者：{{ book.author }}</span>
          <span>出版社：{{ book.bookConcern }}</span>
          <span>出版日期：{{ book.publishDate }}</span>
        </p>
        <p>
          <span class="factPrice">
            {{ book.price | factPrice(book.discount) | currency }}
          </span>
          <span class="discount">
①           [{{book.discount | formatDiscount}}]
          </span>
          <span>[定价 <i class="price">{{book.price | currency}}</i>]</span>
        </p>
      </div>
      <div class="addCart">
        <AddSubtractButton :quantity="quantity" @updateQuantity="handleUpdate"/>
        <button class="addCartButton" @click="addCart(book)">加入购物车</button>
      </div>
    </div>
②   <BookTabComponent :content="book.detail"/>
  </div>
</template>

<script>
  import AddSubtractButton from '@/components/AddSubtractButton'
  import BookTabComponent from '@/components/BookTabComponent'
  import { mapActions } from 'vuex'
```

```
export default {
  name: 'Book',
  data () {
    return {
      book: {},
      quantity: 0
    }
  },
  components: {
    AddSubtractButton,
    BookTabComponent
  },

  created(){
    this.axios.get(this.$route.fullPath)
      .then(response => {
        if(response.status == 200){
          this.book = response.data;
        }
      }).catch(error => alert(error));
  },
  methods: {
    //子组件 AddSubtractButton 的自定义事件 updateQuantity 的处理函数
    handleUpdate(value){
      this.quantity = value;
    },
    factPrice(price, discount){
      return price * discount;
    },
    addCart(book){
      let quantity = this.quantity;

      if(quantity === 0){
        quantity = 1;
      }
      let newItem = {...book, price: this.factPrice(book.price, book.discount)};
      this.addProductToCart({...newItem, quantity});
      this.$router.push('/cart');
    },
    ...mapActions('cart', [
//将 this.addProductToCart 映射为 this.$store.dispatch('cart/addProductToCart')
      'addProductToCart'
    ])
  },
```

```
    filters: {
      //格式化折扣数据
①    formatDiscount(value){
      if(value)
      {
        let strDigits = value.toString().substring(2);
        strDigits += "折";
        return strDigits;
      }
      else
        return value;
    }
  }
 }
</script>
```

要说明的是：

① 我们接收到的折扣数据格式形如 0.95，在显示时，直接显示 0.95 折，显然不合适，为此我们编写了一个过滤器，将 0.95 这种形式格式化为 95 折，由于这个过滤器只在 Book 组件中使用，所以将其注册为局部过滤器。

② 前面提到过 BookIntroduction 组件有一个content prop，用于接收图书的详细介绍数据，这里得到图书数据后，将图书的介绍数据通过 BookTabComponent 组件向下传递。

Book 组件在 created 生命周期钩子中请求服务端的图书数据。数据接口如下：

http://111.229.37.167/api/book/:id

返回的数据格式如下：

```
{
    "id": 1,
    "title": " VC++深入详解（第3版）",
    "author": "孙鑫",
    "price": 168.0,
    "discount": 0.95,
    "imgUrl": "/api/img/vc++.jpg",
    "bigImgUrl": "/api/img/vc++big.jpg",
    "bookConcern": "电子工业出版社",
    "publishDate": "2019-06-01",
    "brief": "...",
    "inventory": 1000,
    "detail": "...",
    "newness": true,
    "hot": true,
    "specialOffer": false,
    "slogan": "...",
```

```
    "category": {
        ...
    }
}
```

Book 组件的渲染效果如图 17-16 所示。

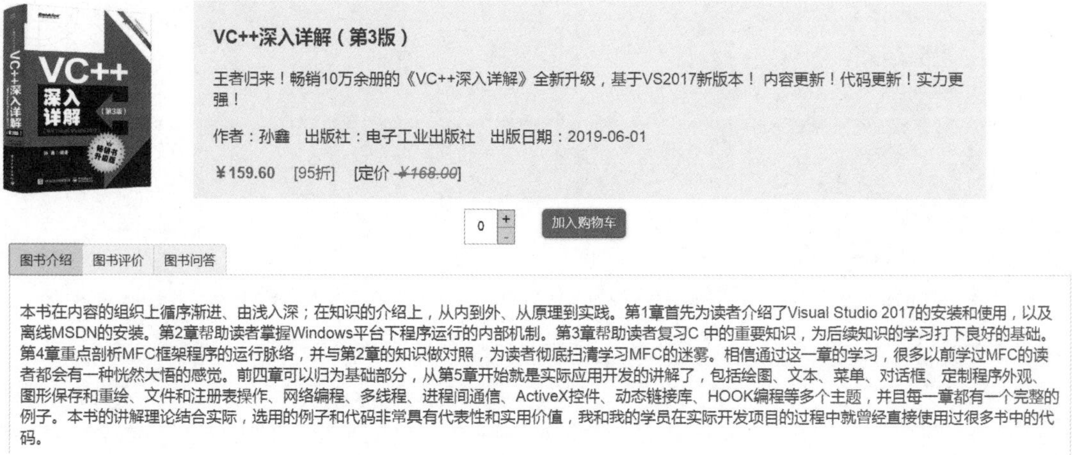

VC++深入详解（第3版）

王者归来！畅销10万余册的《VC++深入详解》全新升级，基于VS2017新版本！内容更新！代码更新！实力更强！

作者：孙鑫　　出版社：电子工业出版社　　出版日期：2019-06-01

¥**159.60**　[95折]　[定价 ~~¥168.00~~]

图书介绍　图书评价　图书问答

本书在内容的组织上循序渐进、由浅入深；在知识的介绍上，从内到外、从原理到实践。第1章首先为读者介绍了Visual Studio 2017的安装和使用，以及离线MSDN的安装。第2章帮助读者掌握Windows平台下程序运行的内部机制。第3章帮助读者复习C 中的重要知识，为后续知识的学习打下良好的基础。第4章重点剖析MFC框架程序的运行脉络，并与第2章的知识做对照，为读者彻底扫清学习MFC的迷雾。相信通过这一章的学习，很多以前学过MFC的读者都会有一种恍然大悟的感觉。前四章可以归为基础部分，从第5章开始就是实际应用开发的讲解了，包括绘图、文本、菜单、对话框、定制程序外观、图形保存和重绘、文件和注册表操作、网络编程、多线程、进程间通信、ActiveX控件、动态链接库、HOOK编程等多个主题，并且每一章都有一个完整的例子。本书的讲解理论结合实际，选用的例子和代码非常具有代表性和实用价值，我和我的学员在实际开发项目的过程中就曾经直接使用过很多书中的代码。

图 17-16　Book 组件的渲染效果

17.8　购　物　车

在一个电商网站中，购物车在很多页面都需要用到，因此非常适合放在 Vuex 的 store 中进行集中管理。在本项目中，我们采用模块化的方式来管理应用中不同的状态。

17.8.1　购物车状态管理配置

在项目的 store 目录下新建 modules 文件夹，在该文件夹下新建 cart.js。代码如例 17-24 所示。

例 17-24　cart.js

```
const state = {
  items: []
}
//mutations
const mutations = {
  //添加商品到购物车中
  pushProductToCart(state, { id, imgUrl, title, price, quantity}) {
    if(! quantity)
      quantity = 1;
    state.items.push({ id, imgUrl, title, price, quantity });
```

```javascript
    },

    //增加商品数量
    incrementItemQuantity(state, { id, quantity }) {
      let cartItem = state.items.find(item => item.id == id);
      cartItem.quantity += quantity;
    },
    //用于清空购物车
    setCartItems(state, { items }) {
      state.items = items
    },

    //删除购物车中的商品
    deleteCartItem(state, id){
      let index = state.items.findIndex(item => item.id === id);
      if(index > -1)
        state.items.splice(index, 1);
    }
}


//getters
const getters = {
  //计算购物车中所有商品的总价
  cartTotalPrice: (state) => {
    return state.items.reduce((total, product) => {
      return total + product.price * product.quantity
    }, 0)
  },
  //计算购物车中单项商品的价格
  cartItemPrice: (state) => (id) => {
    if (state.items.length > 0) {
      const cartItem = state.items.find(item => item.id === id);
      if (cartItem) {
        return cartItem.price * cartItem.quantity;
      }
    }
  },
  //获取购物车中商品的数量
  itemsCount: (state) => {
    return state.items.length;
  }
}
```

```
//actions
const actions = {
  //增加任意数量的商品到购物车
  addProductToCart({ state, commit },
    { id, imgUrl, title, price, inventory, quantity }) {
    commit('setCheckoutStatus', null)
    if (inventory > 0) {
      const cartItem = state.items.find(item => item.id == id);
      if (!cartItem) {
        commit('pushProductToCart', { id, imgUrl, title, price, quantity })
      } else {
        commit('incrementItemQuantity', { id, quantity })
      }
    }
  }
}


export default {
  namespaced: true,
  state,
  mutations,
  getters,
  actions
}
```

items 数组就是用于保存购物车中所有商品信息的状态属性。

接下来编辑 store 目录下的 index.js 文件，导入 cart 模块。代码如例 17-25 所示。

例 17-25　store/index.js

```
import Vue from 'vue'
import Vuex from 'vuex'
import cart from './modules/cart'
import createPersistedState from "vuex-persistedstate"

Vue.use(Vuex)

export default new Vuex.Store({
  state: {
  },
  mutations: {
  },
  actions: {
  },
  modules: {
```

```
    cart
  },
  plugins: [createPersistedState()]
})
```

粗体显示的代码是新增的代码。

在 store 中存储的状态信息，在刷新浏览器窗口时，会被重置，这样就会导致我们加入购物车中的商品信息丢失。所以一般会选择一种浏览器端持久存储方案来解决这个问题，比较常用且简单的方案就是 localStorage，保存在 store 中的状态信息也要同步加入 localStorage 中，在刷新浏览器窗口前，或者用户重新访问网站时，从 localStorage 中读取状态信息保存到 store 中。在整个应用期间，需要考虑各种情况下 store 与 localStorage 数据同步的问题，这比较麻烦。为此，我们可以使用一个第三方的插件来解决 store 与 localStorage 数据同步的问题，即例 17-25 中所用的 vuex-persistedstate 插件。

首先安装 vuex-persistedstate，在 Visual Studio Code 的终端窗口中执行下面的命令来安装它。

```
npm install vuex-persistedstate -S
```

vuex-persistedstate 插件的使用非常简单，从例 17-25 中可以看到，只需要两句代码就可以实现 store 的持久化存储，这会将整个 store 的状态以 vuex 为键名存储到 localStorage 中。

如果你只想持久化 store 中的部分状态信息，那么可以在调用 createPersistedState() 方法时，传递一个选项对象，在该选项对象的 reducer 函数中返回要存储的数据。例如：

```
plugins: [createPersistedState({
  reducer(data) {
    return {
      //设置只存储 cart 模块中的状态
      cart: data.cart,
      //或者设置只存储 cart 模块中的 items 数据
      //products: data.cart.items
    }
  }
})]
```

reducer 函数的 data 参数是完整的 state 对象。

如果想改变底层使用的存储机制，如使用 sessionStorage，那么可以在选项对象中通过 storage 来指定。代码如下所示：

```
plugins: [createPersistedState({
  storage: window.sessionStorage,
  ...
})]
```

vuex-persistedstate 更多用法请参看下面的网址：

https://github.com/robinvdvleuten/vuex-persistedstate

配置好 Vuex 的状态管理后，就可以开始编写购物车组件了。

17.8.2　购物车组件

在 views 目录下新建 ShoppingCart.vue，代码如例 17-26 所示。

例 17-26　ShoppingCart.vue

```
<template>
  <div class="shoppingCart">
    <table>
      <tr>
        <th></th>
        <th>商品名称</th>
        <th>单价</th>
        <th>数量</th>
        <th>金额</th>
        <th>操作</th>
      </tr>
      <tr v-for="book in books" :key="book.id">
        <td><img :src="book.imgUrl"></td>
        <td>
          <router-link :to="{name: 'book', params:{id: book.id}}" target="_blank">
            {{ book.title }}
          </router-link>
        </td>
        <td>{{ book.price | currency}}</td>
        <td>
          <button @click="handleSubtract(book, $event)">-</button>
          {{ book.quantity }}
          <button @click="handleAdd(book.id)">+</button>
        </td>
        <td>{{ cartItemPrice(book.id) | currency}}</td>
        <td>
          <button @click="deleteCartItem(book.id)">删除</button>
        </td>
      </tr>
    </table>
    <p>
      <span><button class="checkout" @click="checkout">结算</button></span>
      <span>总价: {{ cartTotalPrice | currency}}</span>
    </p>
  </div>
</template>
```

① button @click="handleSubtract(book, $event)"

```
<script>
import { mapGetters, mapState, mapMutations } from 'vuex'
export default {
 name: "ShoppingCart",

 computed: {
   ...mapState('cart', {
     books: 'items'
   }),
   ...mapGetters('cart', [
     'cartItemPrice',
     'cartTotalPrice'
   ])
 },

 methods: {
   itemPrice(price, count){
     return price * count;
   },
   ...mapMutations('cart', [
     'deleteCartItem',
     'incrementItemQuantity',
     'setCartItems'
   ]),
   handleAdd(id){
     this.incrementItemQuantity({id: id, quantity: 1});
   },

   handleSubtract(book, e){
     let quantity = book.quantity -1;

     if(quantity <= 0){
       e.target.disabled = true;
       this.$msgBox.show({
         title: '您确定要删除商品吗？',
         cancel: '取消',
         handleOk: ()=>this.deleteCartItem(book.id),
         handleCancel: ()=>{
           e.target.disabled = false;
         }
       })
     }
     else
       this.incrementItemQuantity({id: book.id, quantity: -1});
   },
```

①
②
①

```
    checkout(){
      this.$router.push("/check");
    }
  }
};
</script>
```

ShoppingCart 组件的渲染效果如图 17-17 所示。

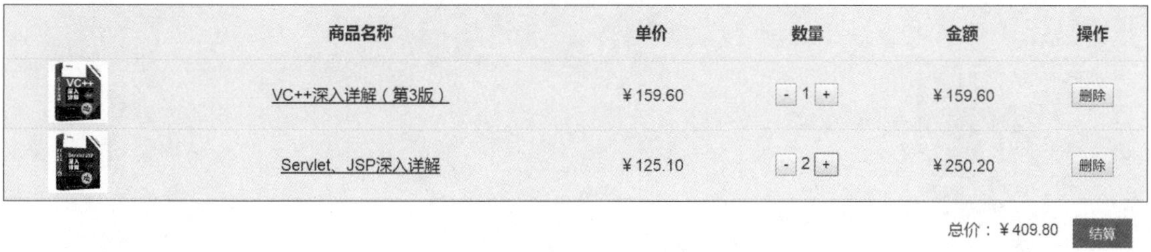

	商品名称	单价	数量	金额	操作
	VC++深入详解（第3版）	￥159.60	- 1 +	￥159.60	删除
	Servlet、JSP深入详解	￥125.10	- 2 +	￥250.20	删除

总价：￥409.80　结算

图 17-17　ShoppingCart 组件的渲染效果

图 17-18　消息提示框

ShoppingCart 组件提供了两种方式删除购物车中的某项商品：
① 单击"删除"按钮，将直接删除购物车中的该项商品；② 用户单击数量下的减号按钮时，如果判断数量减 1 后为 0，则弹出一个消息提示框（如图 17-18 所示），询问用户是否要删除商品，单击"确定"按钮删除商品，单击"取消"按钮则不删除商品。为了防止用户在商品数量为 1 时，快速多次单击减号按钮，从而导致弹出过多的消息框，我们给 handleSubtract 方法传递一个特殊的变量$event（参看 5.1.6 节），这样就可以通过原生事件对象访问事件触发的 DOM 元素节点（即减号按钮），通过按钮的 disabled 属性来控制按钮是否可用，如例 17-26 中①标识的代码。

接下来介绍一下弹出消息提示框的实现。按照 Vue.js 的组件开发思维，自然是将消息提示框封装为组件，然后在需要用到消息提示框的组件中导入并注册该提示框组件，在组件中可以定义一个布尔类型的数据属性，通过 v-if 指令来控制消息框的显示与否。如果要把消息提示框组件做成通用的，那么可以为提示框组件设置一个 title prop，甚至"确定"和"取消"按钮的文本也可以定义成两个 prop，对于"确定"和"取消"两个按钮的单击事件，可以在提示框组件内通过提交自定义事件的方式向父组件发送通知。如果某些场景下，提示框只需要一个"确定"按钮，那么还需要提供额外的 prop 来进行控制，如果 prop 较多，可以把这些 prop 封装为一个对象，通过对象 prop 来一起传递。感兴趣的读者可以按照这种思路来试着编写消息提示框组件。

在本项目中，并未按照上述思路来实现消息提示框，而是采用 JavaScript 代码来动态配置消息提示框组件的选项，然后将其封装为 Vue 的插件来使用。

17.8.3　消息提示框插件

在 src 目录下新建 plugin 文件夹，在该文件夹下新建 MessageBox.vue，代码如例 17-27 所示。

Vue.js 从入门到实战（微课视频版）

例 17-27　MessageBox.vue

```
<template>
  <div class="messageBox">
    <h2>{{title}}</h2>
    <div>
      <div class="ok" @click="handleOk">{{ok}}</div>
      <div class="cancel" @click="handleCancel" v-if="cancel">{{cancel}}</div>
    </div>
  </div>
</template>

<script>
export default {
  name: "MessageBox",
  props: [""],
  data() {
    return {
      title: '',
      ok: '',
      cancel: ''
    };
  }
}
</script>
```

可以看到，该组件内的数据属性都没有值，稍后会给该组件的数据属性设置默认值。在组件内，对数据属性 cancel 进行判断，如果计算为假，则不渲染"取消"按钮。

我们知道，Vue.extend()方法可以创建一个组件的"子类"，可以利用这个"子类"来构造一个提示框组件对象，并设置组件的数据属性的默认值。代码如下所示：

```
let MessageBoxImpl = Vue.extend(MessageBox);
//调用 showMessageBox 函数时需要提供一个选项对象，用于初始化组件内的各个选项
function showMessageBox(opts)
{
    let vm = new MessageBoxImpl({
      el: document.createElement("div"),  //创建一个组件挂载的根元素
      data() {
        return {
          title: opts.title ? opts.title : '',
          ok: opts.ok ? opts.ok : '确定',
          cancel: opts.cancel ? opts.cancel : ''
        }
      },
      methods: {
```

```
    handleOk(){
      if(opts.handleOk)
        //如果外部指定了"确定"按钮的单击事件处理函数，则调用它，使用组件的 this 进行绑定
        opts.handleOk.call(this);
      //单击"确定"按钮时，从 DOM 中删除提示框组件
      document.body.removeChild(vm.$el);
    },
    handleCancel(){
      if(opts.handleCancel)
        //如果外部指定了"取消"按钮的单击事件处理函数，则调用它，使用组件的 this 进行绑定
        opts.handleCancel.call(this);
      //单击"取消"按钮时，从 DOM 中删除提示框组件
      document.body.removeChild(vm.$el);
    }
  }
});
//将组件绑定的根元素添加到 HTML body 元素内
document.body.appendChild(vm.$el)
}
```

对上述代码进一步改良，使用闭包函数调用返回一个对外的接口。代码如下所示：

```
(function(){
  //组件数据属性和事件响应函数的默认值
  let defaults = {
    title: '',
    ok: '确定',
    cancel: '',
    handleOk: function(){},
    handleCancel: function(){}
  }

  let MessageBoxImpl = Vue.extend(MessageBox);
  return function(opts){                    //配置参数
    for(let attr in opts){
      defaults[attr] = opts[attr];
    }

    let vm = new MessageBoxImpl({
      el: document.createElement("div"),    //创建一个组件挂载的根元素
      data() {
        return {
          title: defaults.title,
          ok: defaults.ok,
          cancel: defaults.cancel,
```

```
      }
    },
    methods: {
      handleOk(){
        defaults.handleOk.call(this);
        document.body.removeChild(vm.$el);
      },
      handleCancel(){
        defaults.handleCancel.call(this);
        document.body.removeChild(vm.$el);
      }
    }
  });
  document.body.appendChild(vm.$el)
}
})();
```

接下来将上述代码封装为 Vue 的插件。Vue 的插件开发很简单，只需要按照如下形式编写代码即可。

```
MyPlugin.install = function (Vue, options) {
  //1. 添加全局方法或属性
  Vue.myGlobalMethod = function () {
    //逻辑...
  }

  //2. 添加全局资源
  Vue.directive('my-directive', {
    bind (el, binding, vnode, oldVnode) {
      //逻辑...
    }
    ...
  })

  //3. 注入组件选项
  Vue.mixin({
    created: function () {
      //逻辑...
    }
    ...
  })

  //4. 添加实例方法
  Vue.prototype.$myMethod = function (methodOptions) {
    //逻辑...
```

```
        }
    }
```

按照上述插件开发形式编写消息提示框插件，在 plugin 目录下新建 vue-msgbox.js。完整的代码如例 17-28 所示。

例 17-28　vue-msgbox.js

```
import MessageBox from './MessageBox'

const msgBox = {};

msgBox.install = function(Vue){
  Vue.prototype.$msgBox = msgBox;
  msgBox.show = (function(){
    //组件数据属性和事件响应函数的默认值
    let defaults = {
      title: '',
      ok: '确定',
      cancel: '',
      handleOk: function(){},
      handleCancel: function(){}
    }

    let MessageBoxImpl = Vue.extend(MessageBox);
    //调用 msgBox.show 函数时需要提供一个选项对象，用于初始化组件内的各个选项
    return function(opts){                        //配置参数
      for(let attr in opts){
        defaults[attr] = opts[attr];
      }

      let vm = new MessageBoxImpl({
        el: document.createElement("div"),        //创建一个组件挂载的根元素
        data() {
          return {
            title: defaults.title,
            ok: defaults.ok,
            cancel: defaults.cancel,
          }
        },
        methods: {
          handleOk(){
            defaults.handleOk.call(this);
            //单击"确定"按钮时，从 DOM 中删除提示框组件
            document.body.removeChild(vm.$el);
          },
          handleCancel(){
```

```
            defaults.handleCancel.call(this);
            //单击"取消"按钮时，从 DOM 中删除提示框组件
            document.body.removeChild(vm.$el);
          }
        }
      });
      //将组件绑定的根元素添加到 HTML body 元素内
      document.body.appendChild(vm.$el)
    }
  })();

}
export default msgBox;
```

接下来引入和安装 vue-msgbox 插件。编辑 main.js 文件，添加如下代码：

```
import msgBox from './plugin/vue-msgbox'
Vue.use(msgBox)
```

之后在组件内就可以按照例 17-26 中②处的代码所示使用插件弹出消息提示框。

17.9 结 算 页 面

在购物车页面中单击"结算"按钮，则进入结算界面，结算界面再一次列出购物车中的所有商品，不同的是，结算界面不能再对商品进行修改了。

在 views 目录下新建 Checkout.vue，代码如例 17-29 所示。

例 17-29 Checkout.vue

```
<template>
  <div class="shoppingCart">
    <table>
      <caption>商品结算</caption>
      <tr>
        <th></th>
        <th>商品名称</th>
        <th>单价</th>
        <th>数量</th>
        <th>金额</th>
      </tr>
      <tr v-for="book in books" :key="book.id">
        <td><img :src="book.imgUrl"></td>
        <td>
          <router-link :to="{name: 'book', params:{id: book.id}}" target="_blank">
            {{ book.title }}
          </router-link>
```

```
        </td>
        <td>{{ book.price | currency}}</td>
        <td>
            {{ book.quantity }}
        </td>
        <td>{{ cartItemPrice(book.id) | currency}}</td>
      </tr>
    </table>
    <p>
      <span><button class="pay" @click="pay">付款</button></span>
      <span>总价: {{ cartTotalPrice | currency}}</span>
    </p>
  </div>
</template>

<script>
import { mapGetters, mapState, mapMutations } from 'vuex'
export default {
  name: "Checkout",
  data() {
    return {};
  },

  computed: {
    ...mapState('cart', {
      books: 'items'
    }),
    ...mapGetters('cart', [
      'cartItemPrice',
      'cartTotalPrice'
    ])
  },

  methods: {
    itemPrice(price, count){
        return price * count;
    },
    ...mapMutations('cart', [
      'setCartItems'
    ]),

    pay(){
      this.setCartItems({ items: [] });
      this.$msgBox.show({title: '付款成功! '})
```

```
    }
  }
};
</script>
```

在线支付牵涉各个支付平台或者银联的调用接口，而且不是你想调用就能调用的，所以本项目的购物流程到这一步就结束了，当用户单击"付款"按钮时，只是简单地清空购物车，稍候提示用户"付款成功"。

17.10 用 户 管 理

在实际场景中，当用户提交购物订单准备结算时，系统会判断用户是否已经登录，如果没有登录，会提示用户先进行登录，在这一节实现用户注册和用户登录组件。

17.10.1 用户状态管理配置

用户登录后的状态需要保存，不仅仅是可以用于向用户显示欢迎信息，还可以用于对受保护的资源进行权限验证。同样，用户的状态存储也使用 Vuex 来管理。

在 store/modules 目录下新建 user.js，代码如例 17-30 所示。

例 17-30 user.js

```
const state = {
  user: null
}
//mutations
const mutations = {
  saveUser(state, {username, id}){
    state.user = {username, id}
  },
  deleteUser(state){
    state.user = null;
  }
}

export default {
  namespaced: true,
  state,
  mutations,
}
```

对于前端来说，存储用户名和用户 id 已经足矣，像用户中心等功能的实现，是需要重新向服务端去请求数据的。

17.10.2　用户注册组件

当用户单击 Header 组件中的"注册"链接时，将跳转到用户注册页面。
在 components 目录下新建 UserRegister.vue，代码如例 17-31 所示。

例 17-31　UserRegister.vue

```
<template>
  <div class="register">
    <form>
      <div class="lable">
        <label class="error">{{ message }}</label>
        <input name="username"
          type="text"
①         v-model.trim="username"
          placeholder="请输入用户名" />
        <input
          type="password"
          v-model.trim="password"
          placeholder="请输入密码" />
        <input
          type="password"
          v-model.trim="password2"
          placeholder="请输入确认密码" />
        <input
          type="tel"
          v-model.trim="mobile"
          placeholder="请输入手机号" />
      </div>
      <div class="submit">
        <input type="submit" @click.prevent="register" value="注册" />
      </div>
    </form>
  </div>
</template>

<script>
import { mapMutations } from 'vuex';
export default {
  name: "UserRegister",
  data() {
    return {
      username: "",
      password: "",
```

```
        password2: "",
        mobile: "",
        message: ''
      };
    },

    watch: {
①   username(newVal) {
        //取消上一次请求
        if (newVal) {
①        this.cancelRequest();
          this.axios
            .get("/user/" + newVal, {
①            cancelToken: new this.axios.CancelToken(
                cancel => this.cancel = cancel
              )
            })
            .then(response => {
              if (response.data.code == 200) {
                let isExist = response.data.data;
                if (isExist) {
                  this.message = "该用户名已经存在";
                }else{
                  this.message = "";
                }
              }
            })
            .catch(error => {
①            if (this.axios.isCancel(error)) {
                //如果是请求被取消产生的错误，输出取消请求的原因
                console.log("请求取消: ", error.message);
              } else {
                //处理错误
                console.log(error);
              }
            });
        }
      }
    },
    methods: {
      register() {
        this.message = '';
        if(!this.checkForm())
          return;
```

```
      this.axios.post("/user/register",
        {username: this.username, password: this.password, mobile: this.mobile})
        .then(response => {
          if(response.data.code === 200){
            this.saveUser(response.data.data);
            this.username = '';
            this.password = '';
            this.password2 = '';
            this.mobile = '';
            this.$router.push("/");
          }else if(response.data.code === 500){
            this.message = "用户注册失败";
          }
        })
        .catch(error => {
          alert(error.message)
        })
      },
①    cancelRequest() {
        if (typeof this.cancel === "function") {
          this.cancel("终止请求");
        }
      },
      checkForm(){
        if(!this.username || !this.password || !this.password2 || !this.mobile){
          this.$msgBox.show({title: "所有字段不能为空"});
          return false;
        }
        if(this.password !== this.password2){
          this.$msgBox.show({title: "密码和确认密码必须相同"});
          return false;
        }
        return true;
      },
      ...mapMutations('user', [
        'saveUser'
      ])
    },
  };
</script>
```

要说明的是：

（①处）在这里实现了一个功能，当用户输入用户名时，实时去服务端检测该用户名是否已经存在，如果存在，则提示用户，这是通过 Vue 的监听器来实现的。不过由于 v-model 指令内部实现机制的原因（默认绑定表单控件的 input 事件），如果用户快速输入或快速用退格键删除用户名时，监听器将触发多次，由此导致频繁地向服务端发起请求。为了解决这个问题，可以利用 axios 的 cancel token 来取消重复的请求。使用 axios 发起请求时，可以传递一个配置对象，在配置对象中使用 cancelToken 选项，通过传递一个 executor 函数到 CancelToken 的构造函数中来创建 cancel token。

```
this.axios.get("/user/" + newVal, {
 cancelToken: new this.axios.CancelToken(function executor(c) {
   //executor 函数接收一个 cancel 函数作为参数
   this.cancel = c;
 )
})
```

使用箭头函数可以简化上述代码，如下所示：

```
this.axios.get("/user/" + newVal, {
 cancelToken: new this.axios.CancelToken(
   c => this.cancel = c
 )
})
```

将 cancel 函数保存为组件实例的方法。之后如果要取消请求，调用 this.cancel()即可。cancel() 函数可以接收一个可选的消息字符串参数，用于给出取消请求的原因。同一个 cancel token 可以取消多个请求。在发生错误时，可以在 catch 方法中使用 this.axios.isCancel(error)来判断该错误是否是由取消请求而引发的。

当然，这里也可以通过修改 v-model 的监听事件为 change 来解决快速输入和删除导致的重复请求问题，只需要给 v-model 指令添加.lazy 修饰符即可。

用户名是否已注册的判断，请求的服务端数据接口如下：

http://111.229.37.167/api/user/{用户名}

返回的数据结构形式如下：

```
{
    "code": 200,
    "data": true    //如果要注册的用户名不存在，则返回 false
}
```

用户注册请求的服务端数据接口如下：

http://111.229.37.167/api/user/register

需要采用 POST 方法向该接口发起请求，提交的数据是一个 JSON 格式的对象，该对象要包含 username、password 和 mobile 三个字段。

返回的数据结构形式如下：

```
{
    "code":200,
    "data":{
        "id":18,
        "username":"小鱼儿",
        "password":"1234",
```

```
      "mobile":"139012348888"
    }
}
```

实际开发时，服务端就不要把密码返回给前端了，如果前端需要用到密码，可以采用加密形式传输。

例 17-31 剩余的代码并不复杂，这里就不再详述了。UserRegister 组件渲染的效果如图 17-19 所示。

当用户注册成功后，将用户名和 ID 保存到 store 中，并跳转到根路径下，即网站的首页。然后 Header 组件会自动渲染出用户名，显示欢迎信息，如图 17-20 所示。

图 17-19   UserRegister 组件的渲染效果   图 17-20   Header 组件渲染用户欢迎信息

17.10.3   用户登录组件

当用户单击 Header 组件中的"登录"链接时，将跳转到用户登录页面。

在 components 目录下新建 UserLogin.vue，代码如例 17-32 所示。

例 17-32   UserLogin.vue

```
<template>
  <div class="login">
    <div class="error">{{ message }}</div>
    <form>
      <div class="lable">
        <input
          name="username"
          type="text"
          v-model.trim="username"
          placeholder="请输入用户名"
        />
        <input
```

```
            type="password"
            v-model.trim="password"
            placeholder="请输入密码"
          />
      </div>
      <div class="submit">
        <input type="submit" @click.prevent="login" value="登录" />
      </div>
    </form>
  </div>
</template>

<script>
import { mapMutations } from 'vuex';
export default {
  name: "UserLogin",
  data() {
    return {
      username: '',
      password: '',
      message: ''
    };
  },
  methods: {
    login(){
      this.message = '';
      if(!this.checkForm())
        return;
      this.axios.post("/user/login",
        {username: this.username, password: this.password})
        .then(response => {
          if(response.data.code === 200){
            this.saveUser(response.data.data);
            this.username = '';
            this.password = '';
            this.$msgBox.show({
              title: "登录成功",
              handleOk: ()=>{
                //如果存在查询参数
                if(this.$route.query.redirect){
                    let redirect = this.$route.query.redirect;
                    //跳转至进入登录页前的路由
                    this.$router.replace(redirect);
                }else{
                    //否则跳转至首页
                    this.$router.replace('/');
```

```
            }
        }
      });
    }else if(response.data.code === 500){
      this.message = "用户登录失败";
    }else if(response.data.code === 400){
      this.message = "用户名或密码错误";
    }
  })
  .catch(error => {
    alert(error.message)
  })
},
...mapMutations('user', [
  'saveUser'
]),
checkForm(){
  if(!this.username || !this.password){
    this.$msgBox.show({title: "用户名和密码不能为空"});
    return false;
  }
  return true;
  }
 }
};
</script>
```

用户登录组件并不复杂，值得一提的就是在用户登录后需要跳转到进入登录页面前的路由，这会让用户的体验更好，实现方式已经在 14.8.1 节中介绍过了，本项目也是利用 beforeEach 注册的全局前置守卫来保存用户登录前的路由路径，可以参看下一节。

用户登录请求的数据接口如下：

http://111.229.37.167/api/user/login

同样是以 POST 方法发起请求，提交的数据是一个 JSON 格式的对象，该对象要包含 username 和 password 两个字段。

返回的数据格式与用户注册返回的数据格式相同。

UserLogin 组件渲染的效果如图 17-21 所示。

图 17-21　UserLogin 组件的渲染效果

17.11　路 由 配 置

下面给出本项目的路由配置，其中包含了页面标题的设置，以及对结算页面的路由要求用户已登录的判断。代码如例 17-33 所示。

例 17-33　router/index.js

```
import Vue from 'vue'
import VueRouter from 'vue-router'
import Home from '../views/Home.vue'
import store from '@/store'

//解决 vue-router 3.1.0 及之后版本在路由跳转时浏览器控制台报 Uncaught (in promise)的问题
const originalPush = VueRouter.prototype.push
VueRouter.prototype.push = function push(location, onResolve, onReject) {
  if (onResolve || onReject)
    return originalPush.call(this, location, onResolve, onReject)
  return originalPush.call(this, location).catch(err => err)
}

Vue.use(VueRouter)

const routes = [
  {
    path: '/',
    redirect: {
      name: 'home'
    }
  },
  {
    path: '/home',
    name: 'home',
    meta: {
      title: '首页'
    },
    component: Home
  },
  {
    path: '/newBooks',
    name: 'newBooks',
    meta: {
      title: '新书上市'
    },
    component: () => import('../components/BooksNew.vue')
```

```
  },
  {
    path: '/category/:id',
    name: 'category',
    meta: {
      title: '图书分类'
    },
    component: () => import('../views/Books.vue')
  },
  {
    path: '/search',
    name: 'search',
    meta: {
      title: '搜索结果'
    },
    component: () => import('../views/Books.vue')
  },
  {
    path: '/book/:id',
    name: 'book',
    meta: {
      title: '图书'
    },
    component: () => import('../views/Book.vue')
  },
  {
    path: '/cart',
    name: 'cart',
    meta: {
      title: '购物车'
    },
    component: () => import('../views/ShoppingCart.vue')
  },
  {
    path: '/register',
    name: 'register',
    meta: {
      title: '注册'
    },
    component: () => import('../components/UserRegister.vue')
  },
  {
    path: '/login',
    name: 'login',
    meta: {
      title: '登录'
```

```
    },
    component: () => import('../components/UserLogin.vue')
  },
  {
    path: '/check',
    name: 'check',
    meta: {
      title: '结算',
      requiresAuth: true
    },
    component: () => import('../views/Checkout.vue')
  }
]

const router = new VueRouter({
  mode: 'history',
  base: process.env.BASE_URL,
  routes,
})

router.beforeEach((to, from, next) => {
  //判断该路由是否需要登录权限
  if (to.matched.some(record => record.meta.requiresAuth))
  {
    //路由需要验证，判断用户是否已经登录
    if(store.state.user.user){
      next();
    }
    else{
      next({
        path: '/login',
        query: {redirect: to.fullPath}
      });
    }
  }
  else
    next();
})

//设置页面的标题
router.afterEach((to) => {
  document.title = to.meta.title;
})

export default router
```

在 beforeEach 注册的全局前置守卫中调用 next({ path: '/login', query: {redirect: to.fullPath}})时，浏览器控制台会报一个 Uncaught (in promise)错误，这是因为 Vue Router 3.1.0 版本修改了 push 和 replace 方法的实现，这两个方法会返回一个 promise，在调用这两个方法时如果没有使用 catch 捕获异常，就会报上述错误，但并不影响程序的正常运行。如果你不喜欢看到该错误，那么可以使用例 17-33 中加粗显示的代码来解决这个问题，或者在所有调用 push 和 replace 方法的地方，加上 catch 方法调用。代码如下所示：

```
this.$router.push("/").catch(error => console.log(error));
```

17.12　分　页　组　件

完善一下商品列表的显示，如果商品数量较多，就需要分页显示了。分页功能可以使用 element-ui 组件库中的分页组件来实现。element-ui 是一套采用 Vue 2.0 作为基础框架实现的组件库，提供的组件涵盖了绝大部分页面 UI 的需求。关于该组件库的详细介绍可以参看下面的网址：

https://element.eleme.cn/#/zh-CN/component/

在本项目中只是使用了它的分页组件 Pagination。

首先当然是安装 element-ui 的 NPM 包。在 Visual Studio Code 的终端窗口中执行下面的命令：

```
npm install element-ui -S
```

编辑 main.js，引入 Pagination 组件和所需的样式，并安装该插件。代码如下所示：

```
import {Pagination} from 'element-ui'
import 'element-ui/lib/theme-chalk/index.css'
Vue.use(Pagination)
```

作为分页实现来说，至少需要三个属性来控制分页的显示和跳转，即每页显示的条数、总条数和当前页数。有了每页显示的条数和总条数就可以计算出需要分多少页，有了当前页数就可以记录用户要跳转的分页。

编辑 views 目录下的 Books.vue，添加三个数据属性。代码如下所示：

```
data () {
  return {
    ...
    total: 5,
    pageNum: 1,
    pageSize: 2
  }
}
```

分别代表总条数、当前页数、每页显示的条数。由于服务端数据较少，为了能够看到分页组件的效果，这里将每页显示的条数初始值设为 2。

接下来在 Books 组件中使用 Pagination 组件实现分页功能。代码如下所示：

```
<template>
  <div>
    <Loading v-if="loading" />
    <h3 v-else>{{ title }}</h3>
    <BookList :list = "books"/>
    <h1>{{ message }}</h1>
    <el-pagination
      :hide-on-single-page="true"          //当只有一页时隐藏分页
      @size-change="handleSizeChange"      //当 pageSize 改变时触发
      :page-sizes="[2, 10, 20, 40]"        //设置每页显示条数的选项
      @current-change="handleCurrentChange" //当前页发生改变触发
      :current-page="pageNum"              //当前页数
      :page-size="pageSize"                //每页显示条数
      layout="total, sizes, prev, pager, next, jumper"  //设置组件布局
      :total="total">                      //总条目数
    </el-pagination>
  </div>
</template>
```

el-pagination 组件的渲染效果如图 17-22 所示。

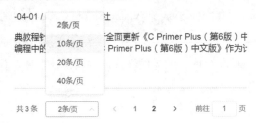

图 17-22　el-pagination 组件渲染的效果

读者对照图 17-22 看上述代码就能更好地理解 el-pagination 组件各个属性的用法了。

接下来就是编写当前页数改变和每页显示条数改变的事件响应函数代码，以及修正向服务端发起请求获取数据的接口，因为服务端对于分页数据的返回提供了不同的接口。修改代码如下：

```
<script>
  ...
  export default {
    data () {
      ...
    },

    beforeRouteEnter(to, from, next){
      next(vm => {
        vm.title = to.meta.title;
        let url = vm.setRequestUrl(to.fullPath);
        vm.getBooks(url, vm.pageNum, vm.pageSize);
      });
```

```
    },
  beforeRouteUpdate(to, from, next){
    let url = this.setRequestUrl(to.fullPath);
    this.getBooks(url, this.pageNum, this.pageSize);
    next();
  },

  components: {
    ...
  },

  methods: {
    getBooks(url, pageNum, pageSize){
      this.message = '';
      //get 请求增加两个参数 pageNum 和 pageSize
      this.axios.get(url, {params: {pageNum, pageSize}})
        .then(response => {
          if(response.data.code == 200){
            this.loading = false;
            this.books = response.data.data;
            this.total = response.data.total;
            if(this.books.length === 0){
              if(this.$route.name === "category")
                this.message = "当前分类下没有图书！"
              else
                this.message = "没有搜索到匹配的图书！"
            }
          }
        })
        .catch(error => alert(error));
    },
    //动态设置服务端数据接口的请求 URL
    setRequestUrl(path){
      let url = path;
      if(path.indexOf("/category") != -1){
        url = "/book" + url + "/page";
      }
      return url;
    },
    //当修改了每页显示的条数时，重新请求数据
    handleSizeChange(selectedSize) {
      this.pageSize = selectedSize;
      let url = this.setRequestUrl(this.$route.fullPath);
      this.getBooks(url, this.pageNum, this.pageSize);
    },
```

```
//当用户切换而选择了某一页时，重新请求数据
handleCurrentChange(currentPage) {
    this.pageNum = currentPage
    let url = this.setRequestUrl(this.$route.fullPath);
    this.getBooks(url, this.pageNum, this.pageSize)
},
        }
    }
</script>
```

新增的代码以粗体显示。至此，分页功能就实现完毕，读者也可以试着给图书的评论数据添加分页功能。

17.13 会 话 跟 踪

传统 Web 项目的会话跟踪是采用服务端的 Session 来实现的，当客户初次访问资源时，Web 服务器为该客户创建一个 Session 对象，并分配一个唯一的 Session ID，将其作为 Cookie（或者作为 URL 的一部分，利用 URL 重写机制）发送给浏览器，浏览器在内存中保存这个会话 Cookie。当客户再次发送HTTP请求时，浏览器将Cookie随请求一起发送，服务端程序从请求对象中读取Session ID，然后根据 Session ID 找到对应的 Session 对象，从而得到客户的状态信息。

传统 Web 项目的前端和后端是在一起的，所以会话跟踪实现起来很简单。当采用前后端分离的开发方式时，前后端分别部署在不同的服务器上。由于是跨域访问，前端向后端发起的每次请求都是一个新的请求，在这种情况下，如果还想采用 Session 跟踪会话，就需要在前后端都做一些配置。

对于前端而言，配置很简单，只需要在 main.js 文件中添加下面这句代码即可。

```
axios.defaults.withCredentials = true
```

这会让前端的每次请求带上用于跟踪用户会话的 Cookie 报头。

服务端也比较简单，只需要在响应报头中带上 Access-Control-Allow-Origin 和 Access-Control-Allow-Credentials 这两个报头。前者必须指定明确的访问源（即前端项目部署的服务器域名或 IP），不能使用星号（*）；后者设置为 true 即可。代码如下所示：

```
response.setHeader("Access-Control-Allow-Origin", "http://localhost:8080");
response.setHeader("Access-Control-Allow-Credentials", "true");
```

服务端可以通过拦截器的方式来统一设置这两个响应报头。

目前还有一种流行的跟踪用户会话的方式就是使用一个自定义的 token，服务端根据某种算法生成唯一的 token，必要的时候可以采用公私钥的方式来加密 token，然后将这个 token 放到响应报头中发送到前端，前端在每次请求时在请求报头中带上这个 token，以便服务端可以获取该 token 进行权限验证以及管理用户的状态。在前端可以利用 axios 的拦截器（参见 15.8 节）进行 token 的统一处理，包括结合 Vuex 进行 token 的状态管理。

17.14 项 目 调 试

在项目开发过程中，不可避免地会遇到一些 Bug，即使再有经验的开发人员也无法完全通过代码走读的方式来解决全部 Bug，这就需要我们对程序进行调试，设置断点跟踪代码的执行，最终找到问题所在并解决它。

前端程序的调试不如某些高级语言（如 C++、Java 等）的集成开发环境提供的调试那么容易，但利用一些扩展插件也能实现在编辑器环境和浏览器环境中进行调试。本节将介绍如何在 Visual Studio Code 环境中调试和在浏览器中调试。

17.14.1 在 Visual Studio Code 中调试

在 Visual Studio Code 开发环境最左侧的"活动栏"上单击 Extensions 图标按钮，如图 17-23 所示。

图 17-23 安装扩展插件

在搜索框中输入 debugger，在出现的插件中选中 Debugger for Chrome 或者 Debugger for Firefox，根据自己电脑上已安装的浏览器来选择对应的插件。

接下来修改 Webpack 的配置以构建 source map，这是为了让调试器能够将压缩文件中的代码映射回原始文件中的位置，这可以确保即使在 Webpack 优化了应用中的资源后也可以调试应用程序。

编辑项目根目录下的 vue.config.js 文件，添加下面的代码：

```
module.exports = {
  configureWebpack: {
    devtool: 'source-map'
  },
```

```
      ...
    }
```

单击左侧"活动栏"上的"调试"图标按钮，然后单击上方的齿轮图标，选择 Chrome 环境（如果你刚才安装的是 Debugger for Firefox，那么这一步就选择 Firefox 环境），如图 17-24 所示。

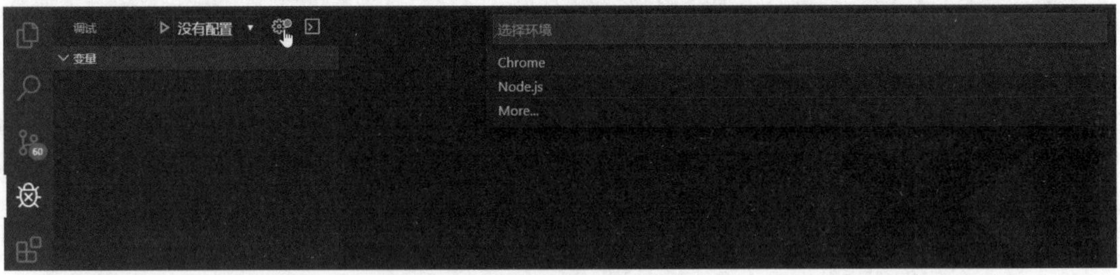

图 17-24　配置 launch.json

选中 Chrome 后，会生成一个 launch.json 文件。编辑这个文件，代码如下所示：

```
{
  "version": "0.2.0",
  "configurations": [
    {
      "type": "chrome",
      "request": "launch",
      "name": "vuejs: chrome",
      "url": "http://localhost:8080",
      "webRoot": "${workspaceFolder}/src",
      "breakOnLoad": true,
      "sourceMapPathOverrides": {
        "webpack:///./src/*": "${webRoot}/*"
      }
    }
  ]
}
```

粗体显示的代码是修改和新增的代码。

Firefox 的配置代码如下所示：

```
{
  "version": "0.2.0",
  "configurations": [
    {
      "type": "firefox",
      "request": "launch",
      "name": "vuejs: firefox",
      "url": "http://localhost:8080",
      "webRoot": "${workspaceFolder}/src",
      "pathMappings": [{ "url": "webpack:///src/", "path": "${webRoot}/" }]
```

```
        }
    ]
}
```

配置好调试环境后，就可以开始调试程序。打开一个组件，如 BookCommentList 组件，在 data 上添加一个断点，如图 17-25 所示。

在终端窗口中运行项目，然后单击左侧"活动栏"上的"调试"图标按钮，切换到调试视图，选择 vuejs: chrome 或者 vuejs: firefox 配置，按 F5 键或单击左侧的绿色 play 按钮，开始调试，如图 17-26 所示。

图 17-25　添加断点　　　　　　　　　　　　　图 17-26　准备调试

这将开启一个浏览器窗口访问我们的项目，在图书详情页中查看图书评论，这将跳转到 Visual Studio Code 中设置的断点处，如图 17-27 所示。

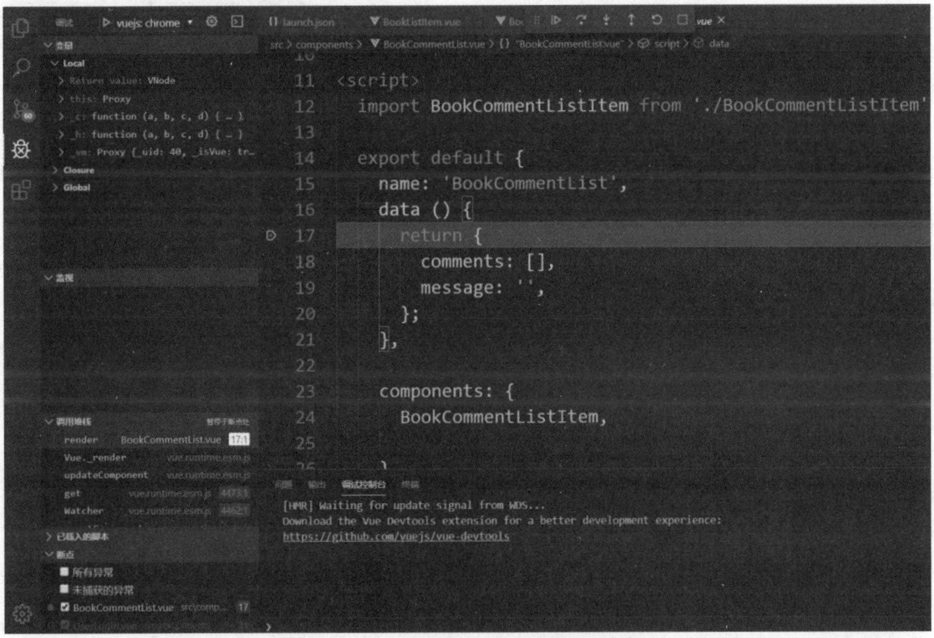

图 17-27　调试界面

可以使用上方的调试工具栏单步执行，跟踪代码的执行情况，查看数据是否正确。

17.14.2　在浏览器中调试

在浏览器中调试 Vue 程序是利用 2.3 节介绍的 vue-devtools 工具来完成的。首先确保该扩展程序已经安装并启用，在浏览器窗口中按 F12 键调出开发者工具窗口，找到 Vue，如图 17-28 所示。

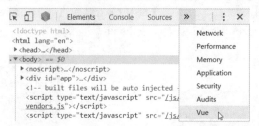

图 17-28　在浏览器开发者窗口中调出 Vue 视图

Vue 调试视图如图 17-29 所示。

在该视图中可以查看组件的嵌套关系、Vuex 中的状态变化、触发的事件，以及路由的切换过程等。图 17-30 所示是 Vuex 状态视图。

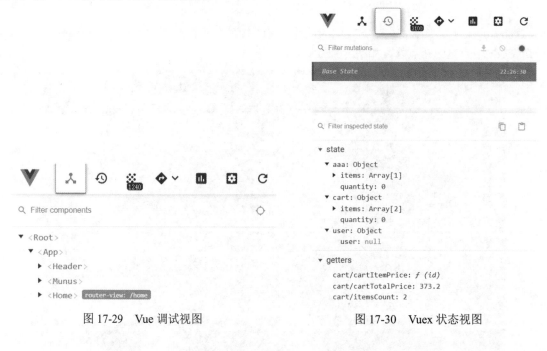

图 17-29　Vue 调试视图　　　　　　　　　　图 17-30　Vuex 状态视图

17.15　小　　结

本章以一个电商网站项目为例，介绍了 Vue.js 这个优秀的前端框架如何在实际项目开发中应用。虽然本章项目是以图书为例，但也适用于其他类型的商品。

　　本章项目已经尽可能多地融入了前面章节的知识，以及一些实际项目开发中的技巧，但一个项目不可能涵盖所有 Vue.js 的知识点，也不可能体现出所有项目可能遇到的各种问题的解决方案，这就需要读者在以后的开发中逐步去掌握。

　　本章项目并不是一个可直接应用于生产环境的项目，还存在着一些功能上的欠缺（如管理后台的实现），以及细节上处理的不足，但作为学习使用相信已经足够了。

　　Vue 的生态中有很多优秀的第三方插件和库，合理地使用插件和库可以提高我们的开发效率。读者可以在下面的网址中找到适合自己项目的插件和库：

　　https://github.com/vuejs/awesome-vue#components--libraries

第 18 章　部署 Vue.js 项目到
生产环境

项目开发完毕，测试无问题后，就要准备构建发布版本，部署到生产环境。

18.1　构建发布版本

在构建发布版本前，注意将项目代码中用于调试的 alert()语句与 console.log()语句删除或注释起来，在生产环境下，这对用户体验不好。在项目开发过程中，最好统一使用 console.log，这样即使忘了删除，至少调试信息不会出现在页面中。

如果项目中很多地方使用了 console.log 或 alert，一一删除比较费劲，那么可以在构建发布版本时统一删除。Vue CLI 3.0 在构建发布版本打包时，使用了 terser-webpack-plugin 插件进行优化，该插件只有在构建发布版本打包的时候才会调用。该插件有一个配置文件 terserOptions.js，我们只需要在该配置文件中配置一下删除 console.log 和 alert 就行了。

terserOptions.js 文件在项目的 node_modules\@vue\cli-service\lib\config 目录下。编辑该文件，添加下面的代码：

```
module.exports = options => ({
  terserOptions: {
    compress: {
      ...
      warnings: false,
      drop_console: true,
      drop_debugger: true,
      pure_funcs: ['console.log', 'alert']
    },
    ...
  },
  ...
})
```

粗体显示的代码是新增的代码。

接下来在项目目录下执行下面的命令构建发布版本。

```
npm run build
```

构建完成后，会在项目根目录下生成一个 disk 文件夹，其下就是项目的发布版本。打包后的目录结构如图 18-1 所示。

在 js 文件夹下，除了一些 js 文件外（由于项目采用了异步加载路由组件，所以会产生多个 js 文件），还有一些 .map 文件。项目打包后，代码都是经过压缩的，如果运行时出现错误，输出的错误信息无法准确定位是哪里的代码出现了问题，有了 map 就可以

图 18-1　bookstore 项目打包后的目录结构

像未压缩的代码一样，准确地输出是哪一行哪一列出现了错误。在 17.14.1 节也提到过 map 文件的作用。

在生产环境下，这些 map 文件并没有什么作用，你不能指望终端用户去帮你调试代码，查找 Bug。如果想要在打包的时候去掉这些 map 文件，可以编辑 vue.config.js 文件，添加下面的代码：

```
module.exports = {
  ...,
  productionSourceMap: process.env.NODE_ENV === 'production' ? false : true
}
```

再次构建发布版本，你会发现 js 目录下的 map 文件没有了。

18.2　部　　署

构建好发布版本后，下一步要做的事情就是将项目部署到一个 Web 服务器上，根据项目应用的场景会选择不同的服务器。这里以 nginx 为例，介绍如何部署，以及部署时的注意事项。

nginx 是一个高性能的 HTTP 和反向代理 Web 服务器，同时提供了 IMAP/POP3/SMTP 服务。首先下载 nginx，下载网址是 http://nginx.org/en/download.html。

下载后是一个压缩包，解压缩后，执行目录下的 nginx.exe 启动服务器，nginx 默认监听 80 端口，打开浏览器，在地址栏中输入 http://localhost/，出现如图 18-2 所示的页面即代表 nginx 服务器运行正常。

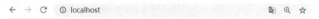

图 18-2　nginx 服务器的首页

该页面是 nginx 目录下 html 文件夹下的 index.html，有经验的读者就会想到把项目的构建版本

直接复制到 html 目录下是否就可以完成部署了呢？确实如此，这也是最简单的部署方式。

不过要注意的是，复制的内容不包括 disk 文件夹本身。复制完毕后，打开浏览器，试着访问 http://localhost/，你会发现无法请求到数据，这是因为我们还没有为 nginx 配置反向代理，因此请求不到服务端的数据。读者可能有疑问，之前开发项目的时候不是已经配置过反向代理了吗？注意，那只是在开发环境下的配置，只适用于脚手架项目内置的 Node 服务器。

在 nginx 目录中，找到 conf 目录下的 nginx.conf 文件，该文件是 nginx 的默认配置文件。编辑该文件，输入下面的内容：

```
location /api/ {
  proxy_set_header X-Real-IP $remote_addr;
  proxy_pass http://111.229.37.167/api/; //服务端的数据接口 URL
  # 以下配置关闭重定向，让服务端看到用户的 IP，而不是 nginx 服务器的 IP
  proxy_redirect off;
  proxy_set_header X-Forwarded-For $proxy_add_x_forwarded_for;
  proxy_set_header Host $http_host;
  proxy_set_header X-Real-IP $remote_addr;
  proxy_set_header X-Nginx-Proxy true;
}
```

打开命令提示符窗口，在 nginx 目录下执行 nginx -s reload 重启服务器，再次访问 http://localhost/，你会发现可以正常接收到数据了。不幸的是，当你刷新页面的时候，就会出现 404 错误，这就是 history 模式引起的问题。在 14.7 节已经介绍过 history 模式会引发的问题，要解决这个 404 错误，需要在服务器上做一些配置，让 URL 匹配不到任何资源时，返回 index.html。不同的 Web 服务器配置方式不一样，Vue Router 官网给出了一些常用的服务器配置，其中就包括 nginx。

再次编辑 conf/nginx.conf 文件，添加下面的内容：

```
location / {
  root   html;
  index  index.html index.htm;
  try_files $uri $uri/ /index.html;
}
```

粗体显示的代码是新增的代码。

再次执行 nginx -s reload 重启服务器，访问 http://localhost/，此时一切正常。

18.3　小　结

本章详细介绍了如何构建发布版本，并以 nginx 服务器为例，介绍了如何将打包后的项目部署到 Web 服务器上。由于打包后的前端项目都是一些静态文件，所以部署到任何 Web 服务器上都是非常简单的，如果是前后端分离的项目，那么还需要配置一下反向代理，此外就是要解决路由使用了 history 模式所引发的 404 问题，这两点都需要根据选择的 Web 服务器做相应的配置。